汶川特大地震对水环境的影响

王金生　施泽明　岳卫峰　滕彦国 等　著

科学出版社

北　京

内 容 简 介

本书系统研究了汶川特大地震对水环境的影响，在震区自然地理条件及河流与水文地质特征分析基础上，探讨了地震灾区主要污染源（不同类型矿山、磷石膏堆放场、铜尾矿库）对沱江、岷江和嘉陵江流域的影响，进行了水系沉积物中重金属元素的污染评价，分析了沱江流域水系沉积物重金属元素赋存形态与典型堰塞湖沉积物中的污染物特征，进而研究了地震对地表水饮用水源地的影响；同时对地震灾区主要含水层渗透性受到的影响进行了研究，对地震前后区域地下水水位、水质和典型水质指标的变化进行了综合评价，探讨了地震对灾区地下水饮用水源地的影响，并分析评价了地震对成都平原区的地下水环境的影响。最终提出了地震对水环境影响的应对策略。

本书可供环境应急技术人员参考，同时可供环境科学与工程及水利工程专业的人员与高等院校的师生使用。

图书在版编目（CIP）数据

汶川特大地震对水环境的影响/王金生等著. —北京：科学出版社，2017.9

ISBN 978-7-03-054163-5

Ⅰ. ①汶…　Ⅱ. ①王…　Ⅲ. ①地震–影响–区域水环境–研究–汶川县　Ⅳ. ①X143

中国版本图书馆 CIP 数据核字（2017）第 198837 号

责任编辑：朱　丽　孙　曼 / 责任校对：严　娜
责任印制：张　伟 / 封面设计：耕者设计工作室

科学出版社出版
北京东黄城根北街 16 号
邮政编码：100717
http：//www.sciencep.com

北京中石油彩色印刷有限责任公司印刷
科学出版社发行　各地新华书店经销

*

2017 年 9 月第　一　版　开本：B5（720 × 1000）
2017 年 9 月第一次印刷　印张：11 1/4
字数：224 000

定价：78.00 元

（如有印装质量问题，我社负责调换）

前　言

2008年5月12日14时28分，四川省汶川县附近（北纬31.0°，东经103.4°）发生里氏8.0级特大地震灾害，影响范围波及大半个中国。这是新中国成立以来破坏性最强、波及范围最大的一次地震。地震发生在地形陡峭的山区，其所诱发的地质灾害规模之大、数量之多、影响之严重，均为世界地震灾害史所罕见。受空前严重的滑坡和泥石流影响，几乎所有的生命线工程都遭到了破坏，通信中断，电力中断，交通中断，救灾队伍和救援物质无法运送，给救援抢险工作造成极大的困难。地震对灾区的生态环境也造成难以逆转的负面影响。地震形成的34个规模不等的堰塞湖，仍严重威胁着下游地区人民生命和财产的安全。

汶川特大地震牵动着全国人民、世界华人乃至世界各族人民的心，也牵动着广大环境保护工作者的心。汶川特大地震发生后，胡锦涛总书记和温家宝总理不仅深入灾区指导抗震救灾工作，而且对抗震救灾和灾后重建工作做出一系列指示和部署。环境保护部的有关领导和专家在第一时间奔赴抗震救灾第一线，组织力量紧急开展风险排查、次生污染应急处置、饮用水源地严密监测监控等重要工作，为确保灾区饮用水源安全、核与辐射环境安全做出突出贡献。

当前，抗震救灾形势依然严峻，任务十分艰巨，仍处在刻不容缓的紧要关头。根据中央政治局会议精神，要坚持以人为本，在继续做好被困群众搜救工作的同时，把安置受灾群众、恢复生产、灾后重建摆在更加突出的位置，扎扎实实做好抗震救灾各项工作。要全力开展卫生防疫工作，加强疫情监测报告，确保大灾之后无大疫。要严密防范次生灾害，加强地震监测预报，做好余震防范工作，重点做好堰塞湖险情处置。要抓紧抢修基础设施，尽快全面恢复灾区交通、通信、供电、供水。在确保安全的前提下，灾区企业要自力更生、奋起自救，农村要组织抢收、抢种，尽快恢复工农业生产。要认真做好灾后重建前期工作，统筹规划、科学评估、分步实施，抓紧制定灾后重建规划和具体实施方案，建立对口支援机制，举全国之力，加快恢复重建。

在此背景下，环境保护部紧急启动灾后环境安全评估专项计划，其目的就是科学而客观地掌握地震灾害所造成的环境改变和破坏，了解地方环境常规和应急管理能力的损害，识别在灾后紧急救援、过渡性安置和重建过程中可能存在的短期和长远的环境影响，进而提出环境保护对策建议和具体应对、防范措施，最大限度地降低发生灾后次生环境污染的风险，保障人民群众的生命、健康、财产和社会经济的安全。

针对地震灾区的水环境安全状况，采用野外调查和室内分析结合、GIS 技术和 RS 技术结合、多种评价方法相结合等研究方法，深入调查和评估了灾区的河流和地下水饮用水源地污染状况，并提出了应对措施。这些研究工作可以为灾后重建工作提出明确的环境保护要求和技术支持，切实防止和减缓今后类似灾害的生态环境后果。

本书共 5 章，主要完成情况如下：

第 1 章：王金生，滕彦国，岳卫峰；第 2 章：岳卫峰，王金生，滕彦国；第 3 章：施泽明；第 4 章：王金生，岳卫峰；第 5 章：王金生，施泽明，滕彦国，岳卫峰。全书由王金生、岳卫峰统稿。

本书是在环境保护部专项计划“汶川特大地震灾后环境安全评估与应对措施项目”的子项目“饮用水源与水环境污染评估及应对措施”和子项目“土壤污染评估及应对措施”部分研究成果的基础上完成的，北京师范大学与成都理工大学研究团队做出了卓越贡献，作者对参加研究的李剑、王红旗、豆俊峰、何政伟、左锐等团队成员表示感谢！

作　者

2016 年 12 月

目　录

前言
第1章　绪论……1
1.1　“5·12”汶川特大地震……1
1.2　地震对河流环境影响概述……2
1.2.1　地震对河流环境影响简述……2
1.2.2　汶川地震对河流环境的影响状况……3
1.3　地震对地下水环境影响概述……4
1.3.1　地震对地下水环境影响简述……4
1.3.2　汶川地震对地下水环境的影响状况……8
第2章　震区自然地理概况……10
2.1　汶川地震重灾区域……10
2.2　区域自然地理概况……10
2.2.1　地形地貌……10
2.2.2　地层构造……12
2.2.3　气候特征……13
2.3　区域河流水文特征……14
2.4　区域水文地质特征……14
第3章　地震对地表水环境的影响……17
3.1　灾区河流流域主要污染源评估……17
3.1.1　不同类型矿山污染物特征……17
3.1.2　磷石膏堆放场的污染物特征……21
3.1.3　铜矿尾矿库的污染物特征……26
3.1.4　受损污染源与流域的关系……27
3.2　震后污染源对主要河流的影响……28
3.2.1　污染源对沱江流域的影响……28
3.2.2　污染源对岷江流域的影响……33
3.2.3　污染源对嘉陵江流域的影响……41
3.2.4　水系沉积物中重金属元素的污染评价……46
3.2.5　沱江流域水系沉积物重金属元素赋存形态……56

3.3　典型堰塞湖沉积物中的污染物 ······ 62
3.3.1　云湖森林公园堰塞湖 ······ 62
3.3.2　天池乡政府堰塞湖 ······ 65
3.4　地震对灾区地表水饮用水源地的影响 ······ 66
3.5　地震对地表水环境影响研究进展 ······ 74
3.5.1　沱江流域 ······ 74
3.5.2　岷江流域 ······ 76
3.5.3　嘉陵江流域 ······ 77
第 4 章　地震对地下水环境的影响 ······ 79
4.1　地震对灾区含水层富水性的影响 ······ 79
4.2　地震对灾区地下水饮用水源地的影响 ······ 81
4.2.1　地下水饮用水源地分布 ······ 81
4.2.2　不同时期水质综合评价 ······ 83
4.2.3　地震前后典型水质指标变化分析 ······ 119
4.3　地震对成都平原地下水环境的影响 ······ 121
4.3.1　成都平原区基本概况 ······ 121
4.3.2　地震对区域地下水水位的影响 ······ 125
4.3.3　地震对区域地下水水质的影响 ······ 137
4.4　地震对地下水环境影响研究进展 ······ 156
4.4.1　汶川地震对地下水水位影响研究进展 ······ 156
4.4.2　汶川地震对地下水水质影响研究进展 ······ 159
第 5 章　地震对水环境影响的应对策略 ······ 162
5.1　震区主要河流环境保护对策 ······ 162
5.1.1　沱江流域 ······ 162
5.1.2　岷江流域 ······ 163
5.1.3　嘉陵江流域 ······ 164
5.2　震区地下水环境保护对策 ······ 165
5.2.1　妥善处置固体废弃物等潜在污染源 ······ 165
5.2.2　严密监测地下水饮用水源地水质变化 ······ 166
5.2.3　高度重视震后灾区地下水运动规律和水环境变化的研究 ······ 167
5.2.4　尽快建立地下水饮用水源地监控及预警体系 ······ 168
参考文献 ······ 169

第1章　绪　　论

1.1　“5·12”汶川特大地震

2008年5月12日14时28分04秒，四川省汶川县发生8.0级地震，这是中华人民共和国成立以来影响最大的一次地震，震级是自1950年8月15日西藏墨脱地震（8.5级）和2001年昆仑山地震（8.1级）后的第三大地震，直接严重受灾地区达10万km^2。这次地震危害极大，影响极广，波及8个省市，其中四川省的灾区面积是28万km^2，重灾区达到12.5万km^2，极重灾区达到1.1万km^2。本次地震共造成6.9万余人遇难，3.7万余人受伤，1.7万余人失踪。其中四川省6.8万余名同胞遇难，1.7万余名同胞失踪，共有5335名学生遇难，1000多名学生失踪。直接经济损失达8452亿元。

除直接损失外，此次地震造成的间接影响也非常大。地震引起的各种次生灾害频繁发生，许多工矿企业的生产活动受到严重影响，发生重特大环境污染事件、影响人民群众饮水安全和身体健康的可能性急剧增加。地震导致大范围和大面积的滑坡、崩塌、泥石流，引起一系列连锁的生态破坏，造成大范围植被破坏、水土流失加剧、野生动物栖息地破坏与隔离、河道堵塞、耕地毁坏，生态服务功能受损，人居环境受到严重威胁和破坏。

地震灾区是中国生物多样性最丰富的地区之一，也是我国重要的水资源核心区，是四川盆地重要的水源补给区，关系到整个四川的供水安全问题，是长江上游重要的水源涵养和水土保护区。该地区水资源丰富，有几十座梯级水电站，大大小小的水电站有上百座，地震之后都面临各种各样的问题，水安全保障和供水安全问题的矛盾十分突出。另外，该地区矿产资源丰富，地震发生之后，一些化工厂也面临着应急处置的问题，这些都为水安全保障带来了巨大压力。

同时由于该地区地质构造活动十分活跃，对地表岩体的改造十分强烈，形成山峦叠嶂、沟谷纵横的地形特点，相对破碎的地表结构使得该区域地表水系较为发育，河网密布。此次汶川特大地震，无疑将使得该区域地表岩土结构遭受巨大冲击。据不完全统计，受灾地区形成不同规模数千处滑坡与崩塌点，一些大型滑坡堵塞河道构成30多处堰塞湖，不仅改变了原有的河道形态和山区河流水动力规律，而且流域内变化了的水循环体系和水力场对河流两岸岩体的稳定性产生较大影响。由此，地震灾害导致的水循环、水文过程及水资源变化，给重建过程中的经济社会活动及生态环境恢复等带来一些新的问题，需要给予关注和考虑（王根绪和程根伟，2008）。

汶川特大地震发生后，环保系统紧急启动应急预案，受灾地区的环保部门在各省环境监测部门的支持下，积极开展了环境应急监测，对监控灾区环境质量，确保饮水安全做出了积极努力。随着抗震救灾工作转入灾后恢复重建阶段，人们对地震灾害的应对也从应急救灾、善后，过渡到重建上来。重建工作应重点考虑地震对环境的影响及环境承载力的问题，主要包括地震自身过程，以及灾后的救灾和善后过程对生态环境的影响评价；对地区、资源、环境、人口的承载率评价研究；对受影响地区生态环境的治理。

国务院发布的《汶川地震灾后恢复重建总体规划》（国务院抗震救灾总指挥部灾后重建规划组，2008）（2008 年 9 月 23 日公布）中提到，灾后恢复重建规划范围为四川、甘肃、陕西 3 省处于极重灾区和重灾区的 51 个县（市、区），总面积 132596km^2，乡镇 1271 个，行政村 14565 个，2007 年末总人口 1986.7 万人。该规划在环境整治方面提出：加强对污染源和环境敏感区域的监督管理，做好水源地和土壤污染治理、废墟清理、垃圾无害化处理、危险废弃物和医疗废弃物处理；恢复重建灾区环境监测设施，提升环境监管能力；加强生态环境跟踪监测，建立灾区中长期生态环境影响监测评估预警系统。

1.2 地震对河流环境影响概述

1.2.1 地震对河流环境影响简述

自古以来，人们就发现了地震发生前后水文与地球化学的变化，如水位、水体颜色发生异常变化及出现奇特的气味等，直到 20 世纪 60 年代才开始利用科学仪器进行一些以地震预报为目的的地震前兆的系统研究。早期的研究成果曾被多位学者介绍过（King，1986；Thomas，1988；Ma et al.，1990；Igarashi and Wakita，1995；Roeloffs and Quilty，1995），然而关于地震对地表水水质影响的研究却不多。地震对河水水质影响的途径主要是通过河水的补给来源，水文气候条件，流域内的岩石、土壤、植被条件，以及人为活动。由于地震效应，作为坡面流及地表渗入水线汇的河流，其水质不可避免地受到震区面源污染的影响。地震造成河道堵塞，堰塞湖水颜色多呈绿色，透明度差，并且由于岸坡物质大量地泄入河道，河水中固体矿物质含量、河水的化学成分也必然发生变化。

国内外许多学者也密切关注了地震对河流水质及水文地球化学的影响，并得到了一些成果。国际上一些大型地震灾区的水环境调查与监测表明，水体自然环境特性会发生不同程度的改变。例如，台湾集集地震后，河流中电导率及 NH_4^+、Mg^{2+}、

SO_4^{2-}、NO_3^-等的含量显著增加，而F^-、K^+、Ca^{2+}等的含量显著减少（Chiung and Sheu，2007）；冰岛2002年发生5.8级地震后2～9天，地表水中B^-、Ca^{2+}、K^+、Na^+、S^{2-}、Cl^-、SO_4^{2-}等的含量迅速增加了12%～19%，但Na^+/Ca^{2+}，$\delta^{18}O$和δD急剧减小（王根绪和程根伟，2008）。Lillemor对冰岛北部Tjornes断裂带（Tjornes Fracture Zone，TFZ）地震前后水体中离子的研究发现，2002年9月16日5.8级地震发生至7个月后4.1级地震来临期间Na^+/Ca^{2+}大幅下降，此后3个月又开始上升（Liu et al.，2007）。上述现象的产生，主要由于在地震孕育过程中地壳产生形变，在断层或构造运动剧烈地区，可能迫使不同化学成分流体运移或形成相应水文和地球化学的变化。

刘伟龙等（2009）对“5·12”汶川地震的一些受影响地区进行水样分析，结果显示河流及支流补充水中阳离子平均含量依次为$Ca^{2+}>Mg^{2+}>Na^+>K^+$，阴离子平均含量依次为$SO_4^{2-}>NO_3^->Cl^->PO_4^{3-}$。同时与其他水体相比，河流中的$PO_4^{3-}$（平均0.1764mg/L）含量最高。在空间位置上，对样体中的Na^+/Ca^{2+}进行回归拟合发现，其比值在0.106左右波动。

由于地震诱发滑坡、泥石流等次生灾害，山体破碎的严重程度将影响流域水体的水质变化。在地震灾害发生情况下，流域水体主要水质指标较平常有较大的变化，总的来说，水体水质呈恶化的趋势。晏坤等（2003）对龙洞沟有无山地灾害发生情况下的Ⅱ类指标进行对照显示，总含盐量和Ca^{2+}含量这两类水质指标自出现泥石流后，监测数值有大幅度的减少；而Na^+、K^+、ESP（Na^+、K^+在总含盐量中的百分比）这三类指标恰恰相反，在发生灾害后指标检测数值有很明显的增加，特别是ESP更是呈几何倍数的增长。在流域水体中，总N、总P的量较平常有明显的上升，整个流域两个指标分别超标2.3～3.36倍和4.55～9.52倍，使水体呈现富营养化。

地震诱发的次生灾害也可以看作一种污染流域水体的污染源。震后次生灾害带出的泥沙还作为一种载体把土壤中的各类有害化学物质带入水体中，污染水源，对水环境造成更为严重的破坏；大量进入水体的泥沙和固体物质会影响河水的色度、浊度等水质指标，对水体也是一种物理污染（晏坤等，2003）。

过去几十年来，开展了大量的地震对地表水系影响的水文和地球化学参数研究。然而，由于各地环境差异较大，被记录的有用信息相当少，并且是一些非结论性的观测结果。对于评价地震对地表水系的影响，由于缺乏足够的数据资料而存在巨大困难，需要进行大量的观察和监测，并开发一些尽量接近实际的地球化学非均质模型，利用统计方法分析观测数据（金继宇，2006）。

1.2.2 汶川地震对河流环境的影响状况

汶川特大地震对河流环境的影响主要涉及岷江、沱江、嘉陵江三大流域。岷江流域主要包括大渡河、文锦江、郫江等支流；沱江流域包括绵远河、石亭江、鸭子河等；嘉陵江流域包括涪江、嘉陵江及渠江。

汶川特大地震造成龙门山地区的矿山受到不同程度的损毁，其中北川—绵竹—什邡—都江堰一线矿山损毁最严重，江油—广元、都江堰—宝兴—汉源一线矿山损毁程度中等，其余地区矿山损毁程度轻微；矿种损毁程度最高的是磷矿、煤矿和铜矿；磷矿污染物类型为 Cd、As、Hg 及放射性元素 U、Th，煤矿污染物类型为 Cd 及放射性元素 U、Th，铜矿污染物类型为 Cu、Pb、Zn、Mn、Cd、As 多金属复合污染；影响区域主要为沱江流域。

矿山破坏主要通过水系对下游流域造成影响，影响的主要途径是：矿山→水系→土壤。绵远河、石亭江沿线、文锦江上游矿点附近、大渡河磷矿和铅锌矿附近、嘉陵江广旺煤矿区附近的水及水系沉积物中重金属元素含量偏高，沿线农田土壤中的 Cd 含量超过国家土壤二级质量标准《土壤环境质量标准》(GB 15618—1995)。

彭县铜矿尾矿库在本次特大地震中受损严重，地震造成尾矿库护坡垮塌，尾矿塌方，排水系统损毁，尾矿酸性水及其夹杂尾矿渣外渗进入水系和周边农田土壤。尾矿库附近水系及水系沉积物中重金属元素出现局部异常，上下游农田土壤质量评价显示，Cd、Cr、Cu、Pb、Zn 含量明显偏高，Cd 含量远超过国家土壤二级质量标准，上下游影响范围达数公里。

对矿区地震造成的堰塞湖水系沉积物及河口不同期次洪水形成的沉积物的研究发现，堰塞湖水系沉积物中重金属元素含量均高于邻近正常水系沉积物，沉积时间越长，元素含量越高。显示上游矿山运移物质在堰塞湖中淤积，一定程度上堵截了对下游环境的影响，因此，堰塞湖是一个巨大的元素储存库。

1.3 地震对地下水环境影响概述

1.3.1 地震对地下水环境影响简述

1. 地震与地下水动态变化关系及震例分析

1）地震与地下水动态变化关系

地下水是地壳中最活跃的组分之一，分布于深达 20～30km 的岩体中。由于其存在的普遍性、流动性与难压缩性，当形成一封闭条件下的承压系统时，就能够客观、灵敏地反映地壳中的应力、应变状态。当今的地震成因机制研究表明，地震孕育过程是与受力岩体裂隙演变过程密切联系的。这一论断客观地揭示了地下流体在地震研究中的地位与作用。因为岩体裂隙演化过程的每个细节都不可避免地要改变岩体中的孔隙压力，进而在地下水动态中表现出来。因此，研究能直接反映裂隙演变的充填在岩体中的地下水在地震前后的动态变化已被许多地震学者视为研究地震成因、解决地震预报的途径。可见，地震与地下水动态变化有着密切的联系。

关于地震前后地下水动态发生异常变化的现象在国内外有大量记载，最直接的宏观现象是井泉上溢、干涸和地面的喷沙、冒水。中国古籍所载最古老的历史地震，也是世界史中第一次文字记载的地震，是由《太平御览》所引的“墨子曰：三苗欲灭时，地震泉涌”，大约在公元前23世纪，距今已4000多年之久。另外，日本、西欧等地也有地震前后地下水、气出现异常的记录（国家地震局科技监测司，1990）。地下水水位的连续记录始于18世纪50年代，国外在个别矿区或大城市地区进行观测为矿井疏干与城市供水提供依据，1899年在意大利的一口深井首先记录到远震地震波引起的水位振荡现象。20世纪60年代先后发生了日本的新潟地震、中国的邢台地震、苏联的塔什干地震，这三次地震很大程度上促进了地下水动态的研究。新潟地震前后出现了不少温泉动态变化的现象，邢台地震前后发现大量地下水升降、水质变化的事实，而塔什干地震前三四个月疗养院的热水中的溶解氡浓度上升近两倍。此后，地下水动态研究作为地震预报研究的重要组成部分被全面深入地开展起来。通过对地下水动态的分析可获得多种地壳应力、应变信息，如地球固体潮、气压变动、地震波扰动、地球自由振荡、地面水体负荷、液核动力学效应等。可以说，地下水是一个内涵十分丰富的信息源，它的观测值具有明确的物理含义，因此，苏联、日本等相继建立了地震地下水动态观测网和地下水研究机构，我国也逐步建立了自己的动态观测网（杨竹转，2004）。40多年来，地震地下水研究取得了多方面的成果，大致可分为以下几个方面：一是从寻找地震前兆信息出发进行的地下水动态的震例总结研究，探索地下水地震前兆的映震机理；二是开展地震地下水动态的影响因素分析及排除方法的研究；三是研究远震、近震引起的地下水同震现象，探索地下水同震与震源机制、地震波等因素的关系；四是探寻地下水反映的与断层预滑动、慢滑移等活动相关的低频信息；五是研究地震地下水各种现象的应力、应变机理（尹宝军等，2009）。

影响地下水动态变化的因素众多，这些影响因素分为宏观和微观因素，宏观因素包括由降水、灌溉、注水、开采等引起的使含水层的水量增减的因素；微观因素包括气压、固体潮、邻层抽水、机械振动等使含水层系统应力、应变改变的因素（车用太等，2006）。部分学者通过采用先进的技术和方法消除非地震因素对地下水水位变化的影响，分析地震前地壳变化因素对地下水水位的影响效果，研究地震的孕育规律，并以此进行地震预报。目前，这方面的研究得到了深入的开展，取得了卓有成效的研究成果。而对于地震后引起的地下水变化研究，目前主要集中在地下水水位变化上。地震后地下水水位的变化所带来的影响具有长期性和连续性。例如，地震后地下水水位的变化会影响地下水的供给；水位的抬升使得地下有害废料库处于危险中；地震砂土液化引起的地面大位移或流滑具有很大的破坏性（例如，1995年日本阪神7.2级地震砂土液化引起了大范围的地基侧向流动，造成了港湾设施、电气、水道、煤气管道、建筑物等的破坏）；水位变化还会影响其他流体，如油、气等的运移，进而影响油的生产，所以有专家据此建议用地震波促进油的产出。另外，一些研究者认为，主震产生的孔隙压力变化可以影响或控制余震的发生时间，深部流体流动会影响地震活动迁移等，井水位的变化直接反映所在含水层水的流动、孔隙压力的变化，可以作为下一次地震的前兆。因此，地震后水位变化的研究对于减轻次生灾害、研究地壳活动规律、跟踪后续地震、追溯地震前兆等都具有重要的理论和现实意义（杨竹转，2004）。

2）震例分析

1976 年 7 月 28 日，唐山发生 7.8 级地震，地震前地下水水位的短期异常出现在震前两三个月，其异常形态表现为震中及邻近地区水位加速下降，外围局部地区上升。震前地下水水位的临震异常主要出现在震前一两天，几小时甚至几分钟。其异常形态表现为震中及邻近地区水位突升，水量剧增，外围局部地区水位下降。震后唐山市各含水层水位大幅度上升，主要是含水层受挤压，弹性释水造成的（国家地震局地下水影响因素研究组，1985）。1980 年 11 月 6 日，新疆玛纳斯发生 5.8 级地震，地震前地下水水位的短期异常出现在震前 4 个多月，为下降型异常，且异常幅度较大。震时、震后水位变化方向与震前变化方向相反。1983 年 6 月 24 日越南 7.1 级地震，地下水水位异常全部为短临异常，最早的异常出现在震前 40 天，最晚的出现在震前 1 天，异常形态以上升型核畸变型为主。1986 年 11 月 15 日台湾花莲海域 7.6 级地震，地下水水位异常全部为临震异常，异常出现在震前 1～4 天，无短期异常。异常形态单一，异常全部发生在趋势下降的背景下（国家地震局科技监测司，1990）。1999 年 9 月 21 日，台湾集集发生 7.3 级地震，地震引起车龙埔断层发生严重错动。由于断层错动之前震源附近地区应力场的可能改变，地层的地下水水位同时发生异常变化。2001 年 11 月 14 日昆仑山口西 8.1 级地震，我国西部新疆、青海、陕西、甘肃、四川和云南 6 省区的地下水水位和水温均出现了异常变化，水位异常基本上是上升类型，而云南思茅井水位异常为突降类型，幅度为 1.105m，震后延时 180d；另外，四川会理井井涌，陕西三原井震后塑性变形。六省水温异常基本为降温状态，只有云南小哨井呈升温异常（付虹等，2004）。2004 年 12 月 26 日，印度尼西亚发生 8.7 级地震，地震和海啸给印度安达曼地区的人民生活和自然资源造成了大规模的破坏，海水入侵使得岛上作为唯一淡水水源的地下水受到了不同程度的污染。Singh（2008）在地震前后对安达曼地区进行了详细的水文地质调查。结果显示，由于降雨充沛，一年之后，该地区多个观测井中的水量和水质均得到恢复。

2. 地震对地下水环境的影响分析

地震对地下水环境的影响是一个长期积累的过程。在地震孕育过程中地壳产生形变，在断层或构造运动剧烈地区，可能迫使不同化学成分流体运移或形成相应水文和地球化学的变化。地震发生中对地层结构的破坏，必然导致一些原本隐藏在地层岩石中的污染物大量向外释放，进而进入地下水的迁移途径，势必影响地下水源的供水水质安全。地震对毒性污染物处理设施的破坏也会导致地下水污染，因为容纳和处理毒性废物的结构，如地下填埋、水塘或咸湖等，通常由岩石和土壤组成，它们会被地震活动破坏。而地面上的建筑，如水箱、水塔和其他混凝土的结构，也很容易被损坏、颠覆和摧毁。另外，大批人畜尸体腐烂后会释放大量的有毒、有害污染物，再加上灾后抢险期、重建期产生的医疗废物、生活垃圾、粪便等也会随雨水向下浸透，从而造成地下水污染。除了上述直接影响外，地震还会给地下水带来潜在的威胁。由于地层运动而造成的新的地下水体的特征难以被完整和定量地描述，浅层地下水可能会被人类活动、工业和农业废弃物污染，而作为未来水供应主要来源的深层地下水所受的影响也是未知的。

地下水的污染可能来源于地表污染，或者是地下水水位以上或以下的一些地下污染。地表污染包括：被污染的地表水的渗透、废弃物和污染物的地下填埋、污水污泥的随意弃置、动物排泄物、化肥、杀虫剂、泄漏事件、空气中颗粒物污染等。地下水水位以上的污染包括：化粪池、污水箱、地下管道的破裂造成污水进入地下；咸湖或者其他池塘中的有毒物质通过自然的水体循环进入地下水；地下填埋、废弃物处置或者地下挖掘，如枯井、地下存储池的泄漏等。地下水水位以下污染包括：废弃水井中的污染废弃物和地下采矿过程对地下水造成的污染等。保加利亚地震的例子表明，很多黑海沿岸的居民使用的公共下水道和化粪池由于建筑设计问题，造成地下水水体污染。当时黑海沿海地区地质滑坡的断面深度为5～20m，道路被阻断，很多房屋、电力供应和污水排放系统被摧毁，造成浅层地下水的严重污染，这些浅层地下水是当地水供应的主要水源（童国庆，2008）。

国际上一些大型地震灾区的水环境调查与监测表明，水体自然环境特性会发生不同程度的改变。例如，在台湾、日本及土耳其等地，地震后区域地下水化学观测结果反映出水化学组分中个别离子含量在地震后可能出现根本性变化（Tsunogai et al.，1995；Claesson et al.，2004）。在日本神户大地震后地下水中 Cl^- 和 SO_4^{2-} 含量显著升高。我国自 1966 年河北邢台地震后，开始了地下水水化学与地震动态的监测与研究工作。目前，在辽宁、京津冀、江苏、东南沿海、甘宁青、川滇、乌鲁木齐等 7 个监测区的近 400 个监测点开展的监测项目包括常量元素、微量元素、放射性元素及气体成分等 30 多个项目。张立海等（2007）根据地下水化学监测资料，研究了地震活动中经常出现的地下水化学异常组分及其突变特征。结果表明，在强烈地震活动前后，经常发生地下水化学异常突变。反应最敏感的地下水化学组分为放射性元素 Rn，其不仅在 7 级以上地震中普遍出现异常，而且在 5～6 级或更小的地震中也会出现异常；Rn 异常范围不同，其最大半径可达 500～600km，异常集中分布在距震中 200km 以内。另外，还有一些组分发生异常，如微量元素（B、F、Li 和 Sr）、常量成分（SiO_2和 Cl^-）、气体组分（CO_2、N_2、CH_4、H_2和 He）及气体总量等，它们仅在 7 级以上地震中较为常见。

总之，地震活动是在一定地质构造背景下地壳运动的结果。在其孕育过程中，引起地应力场、地温场等的异常变化。特别是在强震发生过程中，不仅推动地壳岩石固体物质发生运动，也促使赋存在岩石空隙中的地下水发生显著的动态变化，从而在地震及前后一段时间内，常常形成水位异常、水温异常及水化学异常。因此，对地下水进行动态监测，特别是对构造活动反应特别敏感的“地下水化学组分”的监测分析，为评价构造活动程度和预测预报地震提供依据。同时，对地震后震区地下水环境进行监测和评价，并提出主要受污染水体的保护和修复措施，确定使用受污染水源地时所需的集中式和分散式供水应急措施，以确保受灾群众生活和生产用水安全，恢复水环境功能，为灾后重建工作提出明确的环境保护要求和技术支持。

1.3.2 汶川地震对地下水环境的影响状况

汶川特大地震对地下水的影响主要包括对地下水水位、地下水水质和含水层结构的影响。根据地震前、震后应急期和重建期的水质资料，对灾区 24 个城市集中式地下水饮用水源地的水质状况进行了评价，分析了地震对水源地水质的影响；根据地震前后地下水水位和水质资料，对成都平原区受地震影响的状况进行了分析；根据地震前后抽水试验结果的对比，初步分析了汶川地震对含水层结构的影响。

通过对地震前、震后应急期和重建期三个时段的水质监测结果进行对比分析可知，氨氮、砷和亚硝酸盐含量在地震后有不同程度的超标现象，尤其是砷，地震两周后在地下水水源地中普遍检出，形成峰值后逐步减小，其出现机理不详；重建期的监测结果表明上述几个监测项目均已恢复正常，24 个集中式地下水饮用水源地水质均达到Ⅲ类水质标准。

德阳和绵竹部分地下水水源地中的四氯苯、六氯苯、硝基苯、2, 4-二硝基甲苯、2, 4, 6-三硝基甲苯、硝基氯苯、2, 4-二硝基氯苯、敌敌畏、乐果、甲基对硫磷、马拉硫磷、对硫磷、六六六、DDT、氯菊酯和溴氢菊酯等 16 项半挥发性杀虫剂的含量大多数低于监测限，均低于标准值。

剔除综合影响因素，用含水层的单位涌水量变化率大于 10%表征地震对含水层的影响。地震前后的抽水试验结果表明，彭州主断裂附近丹景镇、隆丰镇和军乐镇一带埋深 20～30m 的上部含水层的单位涌水量变化率普遍存在增高现象，最大达到 113%，地震对上部含水层的影响大于下部含水层。

据成都平原区 2008 年地下水水位和地下水水质的监测资料，本次地震对成都平原地下水水位和水质的影响均较小，没有出现地下水水位强烈变化带，也没出现重大地下水水质污染区，大部分地下水水源地的水质监测指标符合《地下水质量标准》（GB/T 14848—1993）Ⅲ类水质标准。在震后超标或震前震后浓度有明显变化的指标是总硬度、硝酸根和亚硝酸根浓度。

第 2 章　震区自然地理概况

2.1　汶川地震重灾区域

汶川特大地震范围波及大半个中国，直接受灾区达 10 万 km^2。主要包括四川省的成都、德阳、绵阳、广元、阿坝和雅安，陕西省的汉中、安康，甘肃省的陇南、甘南、天水、平凉、庆阳、定西等 14 个地市。根据此次地震的影响范围、程度及受损状况，本次评估的重点区域是四川重灾区所涉及的成都、德阳、绵阳、广元和雅安 5 个地市（图 2-1）。

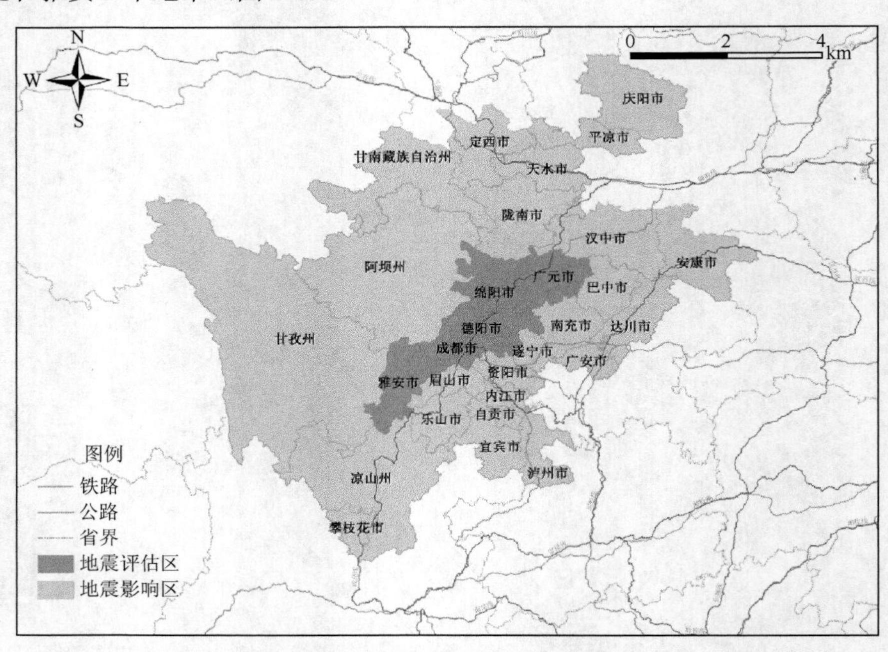

图 2-1　地震灾区评估区域示意图

2.2　区域自然地理概况

2.2.1　地形地貌

评估区地处四川盆地西部，由东部丘陵、中部平原、台地及西部山区组成。

总体的地貌景观是西高东低、北高南低。北、西、南部均为山地，海拔为 800～5400m；中部为冲积平原，海拔为 350～700m；东部为浅丘区。

依据地形地貌特征，评估区可划分为 4 个Ⅰ级、4 个Ⅱ级地貌单元。

1. 青藏高原东缘侵蚀构造山地

青藏高原东缘侵蚀构造山地属于青藏高原的最东边部分，大致以汶川—茂汶断裂为界，西侧为侵蚀褶皱高山，东侧为侵蚀断块山。

（1）四川西部侵蚀褶皱高山：由南而北分为大雪山和邛崃山，山脉走向为南北，主要由印支期的褶皱系组成。山峰一般海拔在 4000m 以上。流水侵蚀作用特别强烈。

（2）龙门侵蚀断块山：山脉走向为北东，由呈北东向展布的推覆体构成。以北川—映秀断裂为界，西侧为中高山，山峰一般海拔为 3000～4000m；东侧为中低山，山峰一般海拔为 1000～2000m。山地的流水侵蚀作用也十分强烈。

2. 龙门山山前凹陷堆积平原

龙门山山前凹陷堆积平原由中更新世—全新世沉积物为主体组成。中更新统沉积物遭后期流水侵蚀已形成高出现代河床 30～100m 的台地。堆积台地主要分布于平原的东北部和南部。在龙门山前左右两端台地之间是由晚更新世—全新世沉积物构成的平原——成都平原。

成都平原是成都经济区人口最密集、经济最发达的区域，位于经济区中部，是由多个冲积扇体联合组成的堆积平原，自南而北主要有绵远河冲积扇、石亭江冲积扇、湔江冲积扇、文锦江冲积扇、斜江冲积扇等。海拔为 450～750m，地势平坦，由西北向东南微倾，平均坡度仅 3‰～10‰，地表相对高差在 20m 以下。平原的西缘部分为冲积扇体，冲积扇的扇根部分均位于山口处，在扇体外围即其东南侧主要为二级阶地，一级阶地仅限于现代河床附近。

平原的两端及两侧均展布堆积台地。这些台地主要由Ⅲ级、Ⅳ级或Ⅴ级阶地组成。这些台地一般高出当地现代河床 30～100m，常由中生界红层构成基座，基座上依次覆盖风化砾石层、亚黏土层。在部分台地上，局部出露由中新生界红层构成的基岩残丘。

3. 四川西南部侵蚀剥蚀构造山地

四川西南部侵蚀剥蚀构造山地位于经济区南部，即成都平原的南面，发育喜山期褶皱和断裂构造，其中大部分山地已遭受强烈剥蚀，原生构造地形已被破坏，但部分地区仍保存比较完整的背斜山和向斜谷，山峰一般海拔为 1000～2000m，流水侵蚀作用强烈。

4. 四川东部构造剥蚀低山丘陵

四川东部构造剥蚀低山丘陵位于成都平原以东的经济区东部，由中生界红层组成。褶皱较为平缓，断裂也不发育，一般为宽缓的褶皱构造地形，如龙泉山即为一背斜山。

2.2.2 地层构造

1. 大地构造位置

评估区跨扬子地台与松潘—甘孜褶皱系、昆仑—秦岭地槽褶皱系一级构造单元，包括龙门山—大巴山台缘坳陷、上扬子地台坳、四川台坳、西秦岭地槽褶皱带、巴颜喀拉地槽褶皱带五个二级构造单元。

2. 地层

评估区属沉积岩广泛发育区，下元古界至新生界第四系均有分布，评估区大面积出露的为侏罗系、白垩系、第四系地层。各地层主要岩性简述如下：

第四系（Q）：冲洪积层，主要岩性为黏土、亚黏土、砂砾层、砾石层，局部含泥炭。分布在平坝地区及山间河谷地区，出露面积较广。

下第三系（E）：主要岩性为棕红色黏土岩、钙泥质粉砂岩、砖红色含泥砂岩。该地层仅在调查区的乐山、眉山、雅安地区零星出露。

白垩系（K）：分布于区内广大丘陵低山区及平坝地区，主要岩性为紫红色、灰白色砂质泥岩、棕红色岩屑砂岩、砾岩、砂岩、长石石英砂岩、黏土岩、粉砂岩、页岩等。眉山地区此层含石膏、芒硝等矿产。

侏罗系（J）：分布于区内广大丘陵低山区及平坝地区，主要岩性为棕红色泥岩、紫红色黏土岩、夹砂质页岩、砂质泥岩、岩屑石英砂岩等。

三叠系（T）：主要分布于区内盆周山区，主要岩性为砂岩、灰色岩屑砂岩、长石石英砂岩、粉砂岩、细砂岩、黏土岩、泥页岩等。此层含煤。

二叠系（P）：乐山市峨眉山地区出露较广，其他地区零星分布，主要岩性为玄武岩、灰岩、泥灰岩、白云岩、炭质页岩、含铜砂页岩，在龙门山地区其岩性为灰绿色玄武岩、凝灰质千枚岩。

石炭系（C）：主要沿调查区西部、西北部山区零星分布。主要岩性为灰岩、千枚岩、板岩、结晶灰岩等。

泥盆系（D）：主要分布于龙门山区，出露面积较小，主要岩性为千枚岩、含炭千枚岩、石英岩夹结晶灰岩、灰岩、页岩、砂岩等。

志留系（S）：绵阳西北部分布较广，主要岩性为千枚岩、绢云千枚岩、片岩、板岩、变质石英砂岩等。

其他年代地层，包括奥陶系（O）、寒武系（∈）、震旦系（Z）、前震旦系等，仅在西部山区零星出露。

3. *岩浆岩*

评估区岩浆岩不发育，仅零星分布，主要有晋宁期斜长花岗岩、晋宁-澄江期的花岗岩、澄江期的酸性岩（γ_2^3）及碱性花岗岩（$\gamma\xi_2^3$）。还有华力西期基性火山岩、印支期黑云母花岗岩、二云母花岗岩。此外，还零星出露一系列中基性岩脉，如辉绿岩脉、正长斑岩脉、花岗伟晶岩脉和石英脉等。

4. *变质岩*

评估区岩石变质不深，二叠系以前的地层普遍遭受区域变质。变质作用以区域动热变质岩为主，晋宁期，前震旦系发生中深变质，主要岩石类型为片麻岩、片岩；印支期，震旦至二叠系遭受低温动热变质作用，主要变质矿物为绢云母、绿泥石，总体变质程度浅，基本保留了原岩特征。此外，还有沿断裂分布的动力变质岩。

5. *构造*

评估区经历了晋宁、澄江、加里东、华力西、印支、燕山及喜马拉雅期等构造旋回，现存构造形迹主要是印支期末褶皱造山作用和喜马拉雅期推覆构造运动的产物。主要构造形迹在龙门山区表现为一系列北东向展布的深断层、褶皱构造。在丘陵区主要为一系列平缓开阔褶皱。

评估区西部断裂构造比较发育，本次汶川特大地震所涉及龙门山断裂带的3条主要大断裂自西向东分别是：①龙门山后山大断裂：汶川—茂县—平武—青川；②龙门山主中央大断裂：映秀—北川，属于逆-走滑断裂；③龙门山主山前边界大断裂：都江堰—江油，属于逆冲断裂。其次有九顶山断裂、柳江断裂、金坪断裂、凰仪断裂、成都—蒲江断裂、龙泉山大断裂、岷江断裂、虎牙断裂、雪山断裂、古城断裂。除此而外，区内还有仁寿断裂、井研断裂等大大小小的断裂构造。

遥感解译资料表明，评估区有一系列北东向、南北向的隐伏线性构造及环形构造。

2.2.3　气候特征

评估区属四川盆地偏湿性亚热带东南季风气候，总的气候特点是气候温和、热量丰富、雨量充沛、四季分明、雨热同季、湿度大、云雾多、日照少。年平均温度为 14.1～17.7℃，气温由西向东增高，但日年变化小；年均降水量为 727～1707mm，地理及季节分布不均，沿龙门山带雨量较多，东西两侧较小，夏季降水多较集中，冬、春季少，盆周低山区多夜雨；年平均湿度为 70%～80%；年平均日照为 769～1451h，仅为可照时数的 20%～30%，日照自西向东偏少；全年无霜期在平原丘陵区大于 337d，盆周低山区河谷带为 280～310d。评估区宜于人类居住和农、林作物生长。

2.3　区域河流水文特征

评估区水系发达，有大小河流 200 余条，主要涉及长江三条主要支流：岷江、沱江、嘉陵江。

岷江又称都江，源于岷山南麓，在宜宾流入川江，灌县（即都江堰）以上一段比降为 8.2‰，流速最大可达 6～7m/s，岷江在都江堰分为内、外两江，两江于彭山江口汇合。岷江主要支流是大渡河、青衣江，两江于乐山城西汇合后，在闻名于世的乐山大佛脚下注入岷江。岷江的乐山—宜宾一段比降仅 0.5‰，适宜航运。岷江全长 735km，流域面积 14 万 km^2。流经的四川盆地西部是中国多雨地区，因此水量丰富，年径流量超过 900 亿 m^3。

沱江又名中江，发源于龙门山的主峰九顶山，自西北向东南到金堂县赵镇接纳沱江支流——毗河、清白江、湔江及石亭江四条上游支流后，穿龙泉山金堂峡，经简阳市、资阳市、资中县、内江市等至泸州市汇入长江。南流全长 712km，流域面积为 3.29 万 km^2。从源头至金堂赵镇为上游，长 127km，称绵远河。从赵镇起至河口称沱江，长 522km。流域多年平均降水量为 1200mm，年径流量为 351 亿 m^3。除在金堂南东穿过龙泉山形成峡谷段外，整个沱江水势较为平稳。

嘉陵江发源于秦岭山地和岷山，全长 1119km，流域面积为 16 万 km^2，昭化以上一段为嘉陵江上游，其西支称白龙江，东支称西汉水。昭化至合川为中游，长 630km，河道弯曲犹如环状。合川以下的下游段切穿华蓥山的三条支脉形成有“小三峡”之称的沥鼻、温塘、观音峡谷。嘉陵江主要支流是渠江和涪江，渠江源于大巴山南麓，涪江出自岷山南段，两江在合川注入嘉陵江。流域内年降水量在 1000mm 以上，其中 50%集中在 7～9 月。

2.4　区域水文地质特征

地震灾区涉及的四川省范围内的地下水资源较丰富，主要有 3 个一级水文地质区：川东盆地水文地质区（涉及 4 个亚区）、川西南山地水文地质区、川西高山高原水文地质区。重点描述如下：

1. 川东盆地水文地质区

以本次地震的龙门山—泸定—小相岭为界，即以北川—汶川—泸定—马边为界的以东地区，面积 $17.3\times10^4km^2$，为一完整的水文地质单元。既有完整形态的盆地，又有平原、平坝，并以低山丘陵为主。区内降水丰沛，气候温暖湿润，地表水系发育，地层为冰水堆积、冲洪积的砂卵石层和泥砾岩地层；低山丘陵地区以侏罗、白垩系红色沉积的砂泥岩地层为主。按次一级地貌单元及地层分布可将该区划分为 4 个亚区。

1）盆西平原松散岩类孔隙水水文地质亚区

西以龙门山山前丘陵为界，东以龙泉山为界，期间平原、平坝连片分布，面积约 $1.32\times10^4km^2$，以松散岩类孔隙潜水为主的成都平原，面积约 $0.65\times10^4km^2$。该亚区地下水资源最为丰富，地下水开发利用程度很高。

2）盆中红层丘陵风化带裂隙水水文地质亚区

此亚区位于龙泉山与华蓥山之间，面积约 $8.02\times10^4km^2$，以中生界侏罗、白垩系的红色砂、泥岩风化裂隙水为主。

3）盆东平行岭谷岩溶水、红层裂隙水水文地质亚区

此亚区位于华蓥山以东，面积约 $2.2\times10^4km^2$，由一系列平行狭窄的条形中低山和谷地丘陵组成，地层以侏罗、白垩系红色地层为主，部分背斜核部出露寒武、二叠、三叠系碳酸盐岩和砂、页岩地层。因其地层和地貌有规律地组合，构成独立的水文地质单元。

4）盆周中低山地岩溶水为主的水文地质亚区

主要分布于大巴山、龙门山、九顶山、邛崃山、夹金山等大小相岭等地区，面积约 $5.76\times10^4km^2$，地层以古生界碳酸盐岩类地层为主，山高谷深、悬崖峭壁、雨量充沛、裂隙溶洞水极丰富。

2. 川西南山地水文地质区

泸定—木里弧形断裂和小相岭（即泸定—马边）以南地区，面积 $6.00\times10^4km^2$。地形地貌呈山地地形特征，主要由中低山及山间盆地和河谷平原组成。该区山峦起伏、地形峻峭、气候温热、干湿分明。由于区内地质构造复杂，纵横交错（以南北构造为主），形成的岩类齐全，分布杂乱，形成了复杂的水文地质结构，各类地下水类型均有分布。总的来看，该水文地质区以纵贯南北、地形较为平坦的安宁河平原及山间盆地松散堆积层孔隙水与古生界碳酸盐岩裂隙溶洞水为主，且水量较为丰富；该水文地质区东部分布新生代裂隙水及岩溶水盆地，并各自形成结构完整的水文地质单元和储水构造。

3. 川西高山高原水文地质区

以龙门山大断裂至泸定沿弧形断裂至木里的以西地区，面积为 25.68×10^4km^2，该区东部及南部的平武、茂汶、马尔康、九龙、巴塘、得荣一带，山高谷深，高差极大，构造发育，岩石破碎，构造裂隙、风化裂隙水发育。而西部广大地区海拔 4000m 以上，高原面平坦，高寒地冻，风化作用强烈，表层岩体破碎，风化带厚度为 200m，主要为风化带裂隙水。北部红原-若尔盖草原松散堆积层广布，孔隙水丰富，该区人口稀少，主要是以分散式利用地下水为主，总体上，地下水开发利用的水量较少。

第3章　地震对地表水环境的影响

3.1　灾区河流流域主要污染源评估

汶川特大地震对河流流域的影响主要涉及沱江、岷江和嘉陵江三大流域。三大流域分布有大量的矿山及矿石加工企业，汶川特大地震很大程度上造成了矿山和矿石加工企业设施和设备的破坏，大量的废水废气外泄，加剧了该区生态环境的脆弱性，已对整个成都平原乃至长江中下游的生态安全构成了严重威胁。

通过对龙门山区矿产分布和矿山损毁的调查，特别是对重灾区——都江堰所在的成都市和绵竹-什邡所在的德阳市的详细调查，查明了矿山分布和损毁的程度，并进行了主要污染物的评估。

3.1.1　不同类型矿山污染物特征

1. 矿山类型

龙门山区地质构造复杂，成矿条件有利，区内矿产资源丰富，有30个矿种，其中金属矿7种；共有矿产地326处，其中大型矿52处，中型矿94处，小型矿73处。

汶川特大地震影响区的主要矿产类型主要有磷矿、煤矿、金矿、铜矿、铅锌矿、铝土矿、硫铁矿、石灰岩和白云岩等，其中磷矿、煤矿和金矿的规模大、分布广。

2. 受损矿山分布及污染物特征

由于矿山基本沿龙门山中央断裂东侧分布，为高山峡谷地貌，属主震区，矿山设施几乎全部受到不同程度的损毁。矿种上，受损程度最高的是磷矿、煤矿、铜矿。空间上，北川—绵竹—什邡—都江堰一线矿山受损最严重，江油—广元、都江堰—宝兴—汉源一线矿山受损程度中等，其余地区矿山受损程度轻微（图3-1）。

1）岷江流域

岷江流域上游龙门山造山带主要分布矿产有三叠系须家河组煤矿、水泥灰岩、蛇纹石及彭县铜矿。煤矿位于文锦江和邮江一带，蛇纹石矿和水泥灰岩位于都江堰附近，彭县铜矿及其尾矿位于彭县龙门山镇。其中彭县铜矿尾矿库损毁严重（图3-2、图3-3），文锦江和邮江一线煤矿对下游影响较大，见表3-1。

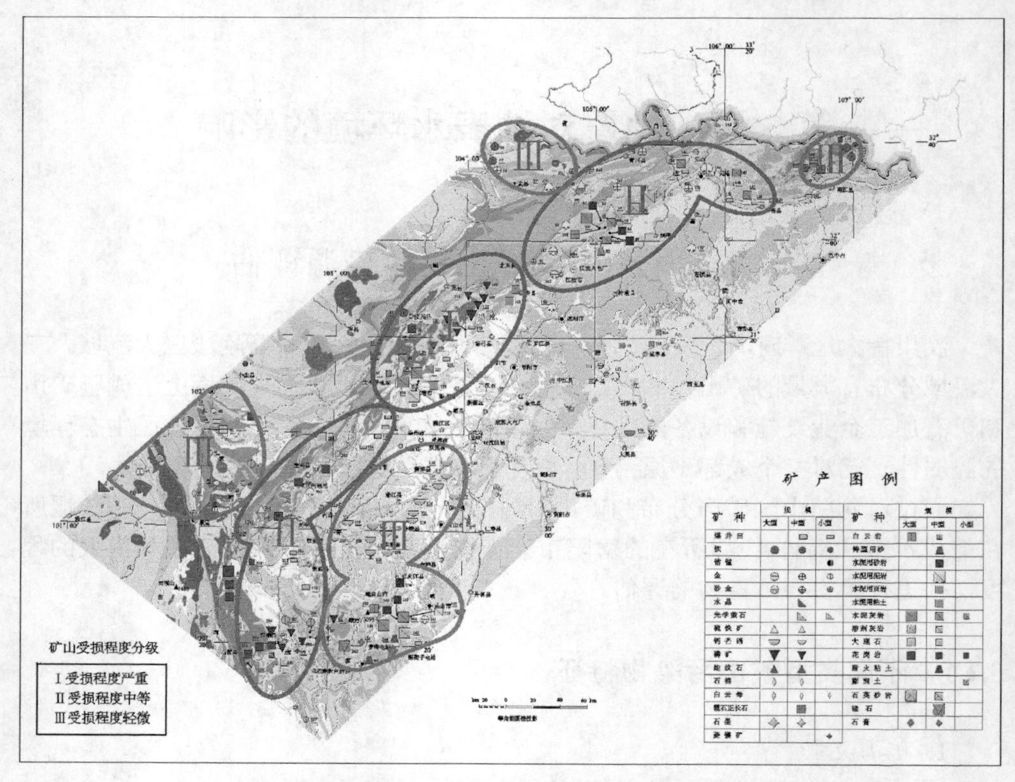

图 3-1　地震灾区矿山受损程度空间分布图

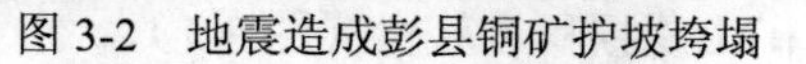

图 3-2　地震造成彭县铜矿护坡垮塌　　图 3-3　彭县铜矿尾矿库损毁

表 3-1　须家河组煤及其风化土壤有毒有害元素含量（mg/kg）

岩类	Cd	Hg	F	S	Pb	U	Th
煤、煤矸石（*n*=23）	0.19	0.10	487	2447	24.4	2.99	11.91
各地层岩石（*n*=12）	0.14	0.013	759	1822	12.1	3.03	10.3

注：数据引自马振东《成都经济区龙门山重要矿山生态地球化学评价》（内部报告）；*n* 为样品数，下同。

位于四川盆地西缘龙门山褶皱带终端的大宝山区的彭县铜矿，呈北东向展布的映秀—北川大断裂紧邻其右，矿区内广泛出露的地层为白水河群下部的马松岭组。目前铜矿已经关闭，但位于龙门山镇的彭县铜矿尾矿库，规模较大，汶川特大地震将尾矿库护坡、排水系统严重损害，造成尾矿垮塌，矿山酸性水外渗。此次污染源调查主要采集尾矿铜沙。其元素含量见表 3-2。

表 3-2　彭县铜矿尾矿元素含量（mg/kg）

类型	As	Cd	Cr	Cu	Hg	Mn	Ni	Pb	Th	U	Zn
彭县铜矿尾矿	24.6	4.26	109.5	373	0.17	1612	27.8	315	3.0	1.01	1135
彭县铜矿废渣	111	21.3	80.0	307	0.82	897	27.9	904	9.2	1.02	3530

由表 3-2 可见，彭县铜矿尾矿中重金属元素富集，Cd 4.26mg/kg、Cr 109.5mg/kg、As 24.6mg/kg，均超过当地土壤中平均含量的几十倍，并且 Cu、Pb、Zn、Mn 的含量均很高。这些重金属元素在雨水的冲刷、淋溶作用下，有一部分会渗透进入地下水系统，也有一部分会直接进入土壤，可见彭县铜矿尾矿库污染物类型为多种金属复合污染，并且对周围的环境已经造成了影响。

大渡河流域受灾较严重的地区为汉源县，流域内分布有铅锌矿、锰矿等金属矿和磷矿、煤矿、硅石、石棉及花岗岩等非金属矿，其中磷矿、铅锌矿损毁严重。

2）沱江流域

沱江流域主要包括绵远河、石亭江及鸭子河，为此次特大地震重灾区，地震造成金河—清平磷矿全线坍塌，什邡市红白镇金河磷矿，绵竹市金花、天池、清平等重点磷矿开采区，很多矿井口都发生了塌埋，90%矿山被毁，绵竹市天池煤矿损毁严重（图 3-4～图 3-7）。

图 3-4　震前清平磷矿矿区

图 3-5　震后清平磷矿矿区

图 3-6　损毁的天池煤矿一段矿区

图 3-7　煤矿损毁造成酸性矿坑水外泄

除了金河和清平磷矿外，四川主要的磷矿及磷化工企业都处于此次地震的中心地带，设施设备受损同样严重，废气废水大量外泄，尾矿堆垮塌，从而导致大量的有毒有害物质外泄。该区的磷矿主要分为“清平式”磷矿和“什邡式”磷矿，磷矿石、矿渣中的有毒有害元素含量列于表 3-3 中。

表 3-3　磷矿石及围岩中元素含量（mg/kg）

类型	As	Cd	Cr	Hg	Mn	Ni	Pb	Th	U
磷矿石（n=4）	20.4	2.29	123.8	0.69	162	48.8	63.0	3.8	31.0
磷矿围岩	45.5	0.61	18.0	0.13	247	14.7	55.8	6.4	3.5
磷肥（n=5）	25.9	1.16	53.4	1.46	232	30.9	25.0	4.3	20.9

由表 3-3 可见，磷矿、围岩及其产品磷肥中有毒有害元素种类多、含量高，其污染物类型主要为 Cd、As、Hg 及放射性元素 U、Th。更值得注意的是，磷肥中的 Cd 为 1.16mg/kg、As 为 25.9mg/kg、Hg 为 1.46mg/kg、U 为 20.9mg/kg，含量非常高，远超当地土壤背景值，而这些重金属会直接进入土壤中，从而对土壤环境造成危害。

该流域的煤矿主要是产出在二叠系龙潭组（吴家坪组）的天池煤矿，元素含量见表 3-4。

表 3-4　天池煤矿矿石及煤矸石中元素含量（mg/kg）

类型	As	Cd	Cr	Hg	Mn	Ni	Pb	Th	U
天池煤矿石	2.88	13.0	398	0.59	85.0	48.0	17.0	6.7	8.1
天池煤矸石	2.75	3.4	632	0.89	29.0	37.0	70.0	80.1	43.7

由表 3-4 可见，煤矿石、煤矸石中有毒有害元素种类多、含量高，其污染物类型主要为 Cd、Hg 及放射性元素 U、Th，煤矿石中 Cd 的含量高达 13.0mg/kg，这些元素在煤燃烧过程中释放到空气中，对整个大气环境造成危害。

3）嘉陵江流域

涪江流域涪江上游平武县一线主要分布有铁锰矿、金矿、水泥灰岩矿，铁锰矿相对较小，金矿由于大多为砂金矿，损毁程度无以估算。

嘉陵江主干流域重灾区为青川县，区内矿产分布有三叠系须家河组煤矿、水泥灰岩、金矿，损毁严重的是青川附近的广旺集团煤矿和水泥灰岩矿，其中煤矿影响相对较大。

3.1.2　磷石膏堆放场的污染物特征

磷石膏是湿法生产磷酸过程中的副产物。磷石膏主要成分为二水硫酸钙（$CaSO_4 \cdot 2H_2O$），其含量约为 70%。除了硫酸钙外，磷石膏还含有未分解的磷矿，未洗涤干净的磷酸、氟化钙、铁铝氧化物、酸不溶物、有机物等多种杂质（马林转等，2007）。纯净的二水硫酸钙是单斜晶系的白色粉末，副产品磷石膏由于含有少量杂质呈浅灰白色。

重灾区石亭江沿线分布多家磷肥厂，通过对红白镇—观鱼镇的详细调查发现，地震造成了部分磷肥厂厂房损毁（如宏达磷肥厂蓥华分厂）。由于磷石膏大多围绕厂区露天堆放（图 3-8、图 3-9），没有垮塌，只是运输散落对附近区域有所影响。

图 3-8　厂区内磷石膏堆放场

图 3-9 磷肥厂生产区磷石膏的运输与堆放

采集了临杰化工厂和观鱼磷肥尾矿（磷石膏堆放场）附近的土壤，分析结果见表 3-5。

表 3-5 磷石膏堆放场附近土壤中元素含量（mg/kg）

取样点位置	As	Cd	Cr	Cu	Hg	P	Pb	Zn	Th	U
临杰化工厂附近	6.88	0.61	72.5	22.0	0.08	1759	32.2	95	11.7	2.49
观鱼磷肥尾矿附近	3.93	1.04	80.0	25.0	0.14	1181	36.9	160	10.2	2.06

由表 3-5 可见，磷肥厂和磷石膏堆放场附近土壤中 Cd 含量明显偏高，其中观鱼磷肥尾矿附近土壤中 Cd 含量高达 1.04mg/kg，是国家土壤二级质量标准的两倍多，显示磷肥生产及磷石膏堆放是沱江流域土壤 Cd 异常的重要外源输入。

大量磷石膏堆置地表，在自然风化或降雨淋溶的作用下，磷石膏中的重金属元素不断析出，对周围环境存在较大的生态风险（李佳宣等，2010）。为查明磷石膏堆放对周围农田土壤污染的范围和程度，对石亭江上游磷石膏堆周围耕地表层土壤进行了剖面采样分析，以探讨磷石膏堆放对周围土壤造成的重金属污染状况。

1. 磷石膏中重金属含量特征

磷石膏堆不同部位重金属元素含量分析结果见表 3-6。

表 3-6　磷石膏堆不同部位重金属元素含量（mg/kg）

元素	宏达磷石膏中重金属含量			蓥峰磷石膏中重金属含量		
	HD-1（底部）	HD-2（腰部）	HD-3（顶部）	YH-1（底部）	YH-2（腰部）	YH-3（顶部）
Cd	1.106	0.737	0.581	0.51	0.236	0.285
Cu	38.195	14.843	30.27	10.44	8.278	7.96
Pb	29.603	32.025	35.284	65.361	36.451	29.081
U	7.76	6.316	3.808	2.41	6.375	5.757
Zn	92.687	82.076	41.016	110.337	12.468	56.767
Hg	1.452	1.7025	1.8174	0.06025	0.41655	0.62
As	1.39105	0.68415	0.9518	0.8981	0.7755	0.2977

由表 3-6 可见，磷石膏堆不同部位重金属含量有较大差异。总体表现为底部＞腰部＞顶部的特征。造成这种现象的原因，可能是底部、腰部的磷石膏堆放时间较长，在雨水的淋滤作用下，顶部析出的重金属元素逐渐向下运移，从而造成底部重金属含量高于顶部；另外，这也反映出不同时期磷石膏中重金属元素的含量差异。

2. *磷石膏堆放场附近土壤水平剖面重金属元素含量分布特征*

距磷石膏堆放场不同距离水平剖面土壤中重金属含量的测定结果见表 3-7。

表 3-7　距磷石膏堆放场不同距离水平剖面土壤中重金属含量（mg/kg）

元素	宏达土壤中重金属含量					蓥峰土壤中重金属含量				土壤二级质量标准（pH＜6.5）
	HDT01	HDT02	HDT03	HDT04	HDT05	YHT01	YHT02	YHT03	YHT04	
	250m	350m	600m	1000m	2000m	100m	250m	800m	1500m	
Cd	3.09	1.58	1.83	1.08	0.85	1.06	0.81	0.33	0.31	0.30
Cu	134.15	60.20	44.49	29.59	28.91	40.98	40.35	29.20	28.53	50
Pb	197.64	88.42	65.30	39.70	29.42	60.13	46.63	28.93	27.59	250
U	8.03	4.79	4.26	3.88	3.27	4.22	3.45	3.30	3.22	/
Zn	740.18	324.38	251.08	145.96	109.92	222.94	151.38	96.82	95.78	200
Hg	0.55	0.13	0.07	0.06	0.04	0.07	0.06	0.04	0.05	0.30
As	5.03	3.28	2.43	0.79	0.68	2.30	2.24	1.26	1.18	40

从表 3-6 和表 3-7 可以看出，磷石膏堆放场周围土壤中重金属的含量远高于磷石膏中重金属的含量，可见磷石膏中重金属的淋滤及大气沉降造成其在周边土壤中有较大的累积。9 个土样中，各元素的检出率均为 100%。Cd 的检出范围为 0.31～3.09mg/kg，均值为 1.22mg/kg，超过了国家土壤三级质量标准；Cu 的检出

范围为 28.53～134.15mg/kg，均值为 48.49mg/kg；Pb 的检出范围为 27.59～197.64mg/kg，均值为 64.86mg/kg；Zn 的检出范围为 95.78～740.18mg/kg，均值为 237.60mg/kg，超过了国家土壤二级质量标准《土壤环境质量标准》(GB 15618—1995)。

土壤水平剖面上，离磷石膏堆放场最近的采样点，元素的含量最高，特别是 Zn 和 Cd，根据国家土壤二级和三级质量标准发现，Zn 的含量在 HDT01、HDT02 和 YHT01 采样点远高于三级标准，最高超三级标准达 3 倍，HDT03 采样点也超过土壤二级质量标准；所有采样点的 Cd 的含量均超过国家土壤二级质量标准，其中 HDT01、HDT02、HDT03、HDT04 和 YHT01 采样点超过三级标准，最高超标近 3 倍；HDT01 点 Hg 含量超过二级标准。

此外，不同磷肥厂磷石膏堆周围土壤中各元素含量差异较大，宏达磷肥厂的磷石膏堆周围土壤中各元素的含量总体上高于蓥峰磷肥厂磷石膏堆周围土壤中各元素的含量，个别元素甚至高出几倍。

磷石膏堆放场附近土壤水平剖面重金属元素含量的空间分布见图 3-10。

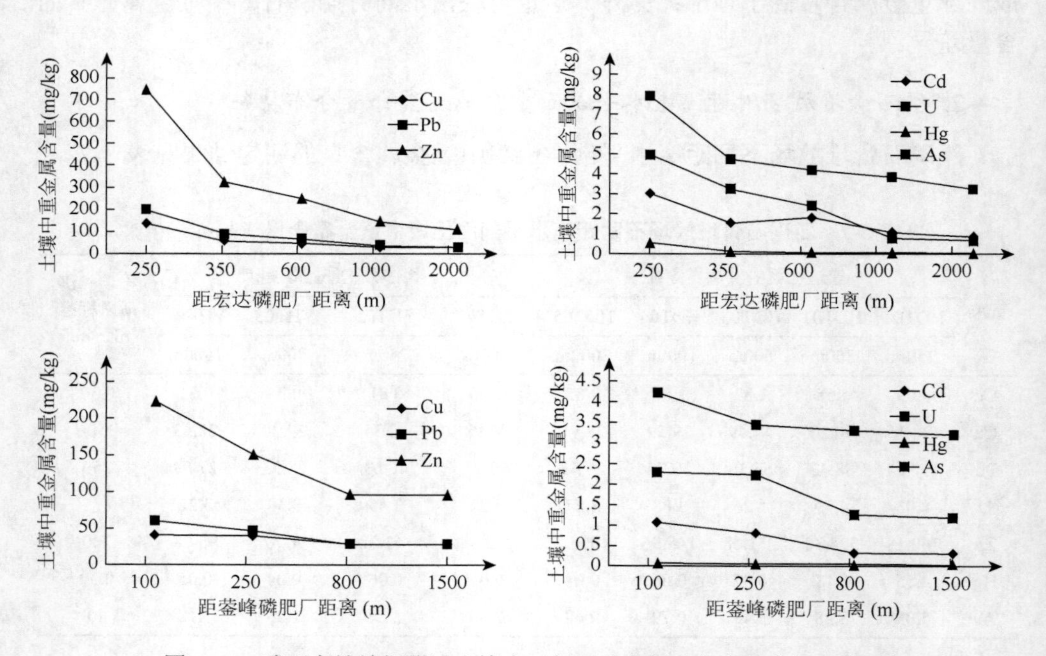

图 3-10　磷石膏堆放场附近土壤水平剖面重金属元素含量空间分布图

由图 3-10 和表 3-7 可见，土壤中重金属元素随距磷石膏堆放场距离的增加而呈明显的递减趋势。剖面各点 Cd 元素含量均超过国家土壤二级质量标准，可见，磷石膏堆放场对周围农田土壤的影响范围已超过 2000m。

3. 磷石膏堆放场附近土壤垂向剖面重金属元素含量分布特征

重金属元素在剖面中的垂直分布与迁移，受生物和元素地球化学迁移因素的影响。土壤中的重金属元素也会在降水的淋溶作用下向土壤深处迁移（李佳宣等，2010）。在蓥峰磷肥厂和宏达磷肥厂磷石膏场附近土壤采集了两个垂向土壤剖面，分析结果见表 3-8 和图 3-11。

表 3-8　磷石膏堆周围土壤垂向剖面重金属含量（mg/kg）

地点	深度（cm）	As	Cd	Cu	Hg	Pb	Th	U	Zn
蓥峰	10	12.8	0.71	41.7	0.15	59.6	9.50	2.99	138
	50	7.74	0.44	28.3	0.10	33.4	13.7	2.74	107
	100	12.4	0.32	46.3	0.11	32.2	13.9	2.71	96.3
宏达	10	9.63	2.6	48.5	0.12	146	10.4	2.11	366
	50	9.39	0.47	27.2	0.080	29.6	10.1	2.43	96.3
	100	7.32	0.24	25.8	0.026	12.7	7.90	1.57	50.4

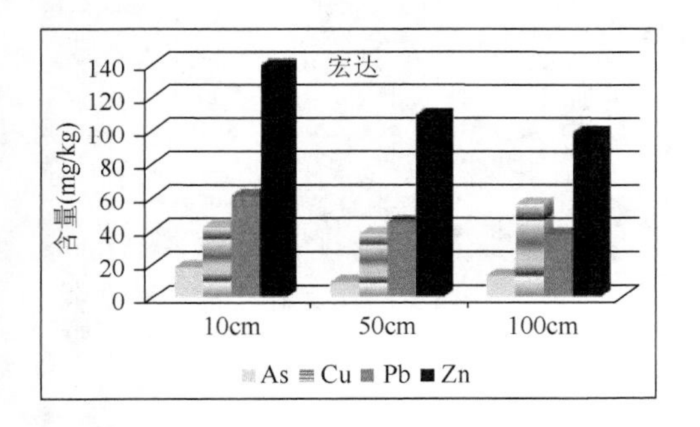

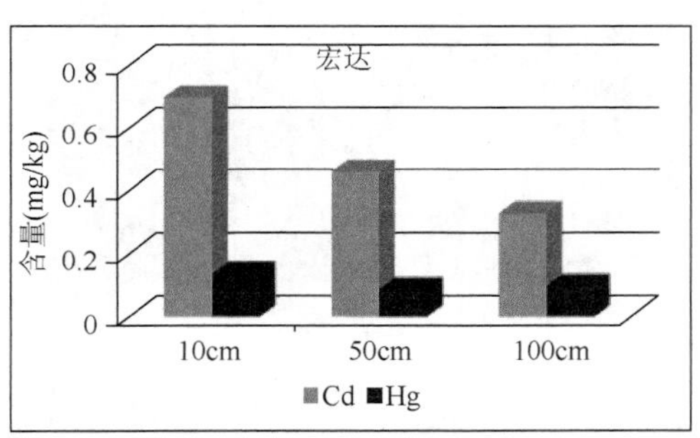

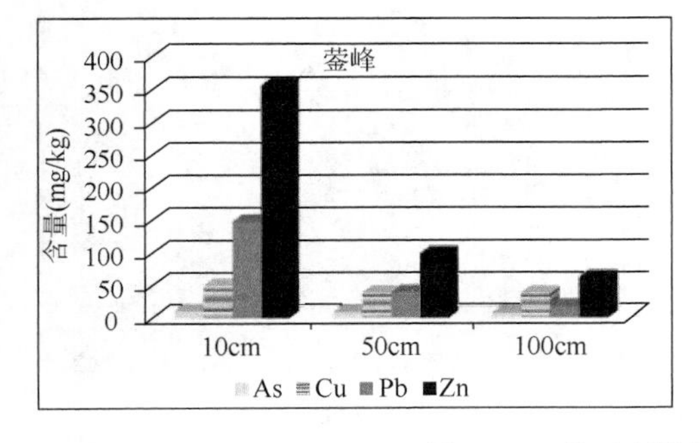

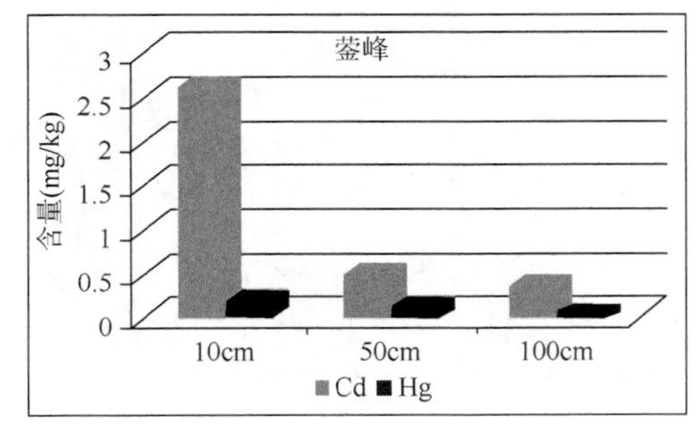

图 3-11　磷石膏堆周围土壤重金属含量

由表 3-8 和图 3-11 可知，在宏达磷石膏堆周围土壤纵向剖面上，所有元素的含量都随着深度的增加而降低，特别是 Cd、Hg、Pb 和 Zn，下降幅度很大，表层土壤中Cd和Pb含量为底层的近十倍，表层土壤中Hg和Zn含量为底层的五倍多。在蓥峰磷石膏堆周围土壤纵向剖面上，Cd和Zn的下降趋势很明显，表层土壤中Cd的含量是底层的两倍多，表层土壤中Zn的含量也是底层的近两倍，Pb随着深度的增加含量也在降低。

参照国家土壤二级质量标准可见，磷石膏场周边土壤影响深度已达50cm左右。

3.1.3　铜矿尾矿库的污染物特征

地震造成彭县铜矿尾矿库损毁严重，不仅护坡垮塌，而且排水系统毁坏。原先的干坝，由于雨水和尾矿平坝上居民生活用水的排放，造成矿山酸性水外渗，进入湔江及周边农田土壤（图3-12）。

图3-12　彭县铜矿尾矿库损毁对周边环境影响示意图

为查明彭县铜矿尾矿库损毁对周边环境的影响，在尾矿库上游已关闭的彭县铜矿老矿区、尾矿库下游及小鱼洞大桥附近分别采集了控制样，分析结果见表3-9。

表 3-9　彭县铜矿尾矿库附近区域土壤元素含量（mg/kg）

取样点位置	As	Cd	Cr	Cu	Hg	Pb	Zn	Th	U
彭县铜矿老矿区	17.06	1.98	663.3	169.8	0.12	122.9	525	9.5	2.08
尾矿山下游 1000m	8.15	0.66	140.5	67.7	0.16	48.7	179	13.2	2.97
小鱼洞大桥	12.35	1.43	270.9	55.8	0.23	56.0	249	13.8	4.01

由表 3-9 可见，上游老矿区 Cd、Cr、Cu、Pb、Zn 含量明显偏高，其中 Cd 含量为国家土壤二级质量标准的近 4 倍，重金属含量远高于下游流域土壤中含量。尾矿库下游 1000m 附近和小鱼洞大桥附近土壤，也同样呈现 Cd、Cr、Cu、Pb、Zn 含量高值，而且放射性元素 U、Th 含量偏高，其中小鱼洞大桥，距尾矿库达数公里，仍有很明显的影响，需尽快加强彭县尾矿库的研究和整治。

3.1.4　受损污染源与流域的关系

汶川特大地震造成龙门山地区矿山受到不同程度的损毁，其中北川—绵竹—什邡－都江堰一线矿山损毁最严重，江油—广元、都江堰—宝兴—汉源一线矿山损毁程度中等，其余地区矿山损毁程度轻微；矿种损毁程度最高的是磷矿、煤矿、铜矿。对河流环境的影响主要涉及岷江、沱江、嘉陵江三大流域。岷江流域主要包括大渡河、文锦江、郫江等支流；沱江流域包括绵远河、石亭江、鸭子河等；嘉陵江流域包括涪江、嘉陵江及渠江。

岷江流域主要分布矿产有煤矿、水泥灰岩、蛇纹石及彭县铜矿。煤矿位于文锦江和郫江一带，蛇纹石矿和水泥灰岩位于都江堰附近，彭县铜矿及其尾矿位于彭县龙门山镇。其中彭县铜矿尾矿库规模较大，此次特大地震将尾矿库护坡、排水系统严重损害，造成尾矿垮塌，矿山酸性水外渗。而尾矿中重金属元素富集，Cd、Cr、和 As 的含量均超过当地土壤中平均含量的几十倍，并且 Cu、Pb、Zn、Mn 的含量均很高，这些重金属元素也会随着尾矿渣和废水进入河道，通过水系对整个流域带来影响；文锦江和郫江一线煤矿的煤矿石和煤矸石中重金属元素的含量也比较高，此次地震对煤矿的破坏也很严重，大量酸性水外泄；下游的大渡河受灾较严重地区为汉源县，流域内分布有铅锌矿、锰矿等金属矿和磷矿、煤矿、硅石、石棉及花岗岩等非金属矿，其中磷矿、铅锌矿损毁严重，这些重金属元素也会通过各种途径对整个流域造成影响。

沱江流域主要有“清平式”磷矿和“什邡式”磷矿及产出在二叠系龙潭组（吴家坪组）的天池煤矿。该区为此次特大地震重灾区，地震造成金河-清平磷矿全线坍塌，什邡市红白镇金河磷矿，绵竹市金花、天池、清平等重点磷矿、煤矿开采区和加工企业损毁严重，90%矿山被毁，80%以上的磷化工厂设施损毁，废气废水大量外泄，尾矿堆垮塌，大量的有毒有害物质外泄。

嘉陵江主干流域重灾区为青川县，区内矿产分布有煤矿、水泥灰岩、砂金矿，损毁严重的是青川附近的广旺集团煤矿和水泥灰岩矿，其中煤矿对下游的影响相对较大。涪江上游平武县一线主要分布有铁锰矿、金矿、水泥灰岩矿，铁锰矿相对较小，金矿由于大多为砂金矿，对下游的影响不明显。

3.2　震后污染源对主要河流的影响

3.2.1　污染源对沱江流域的影响

沱江发源于川西北九顶山南麓，绵竹市断岩头大黑湾，全长 712km，流域面积为 3.29 万 km^2。从源头至金堂赵镇为上游，从赵镇起至河口称沱江。汶川特大地震中德阳市属于重灾区，本次调查了沱江流域主要支流：绵远河和石亭江。

1. 绵远河

1）水系

绵远河水样中部分元素含量分布见图 3-13。

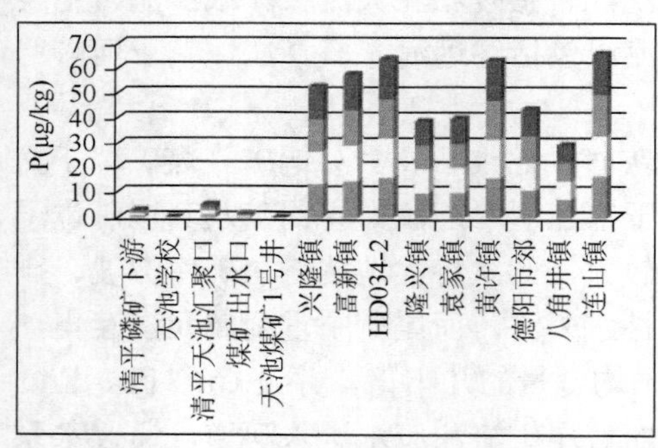

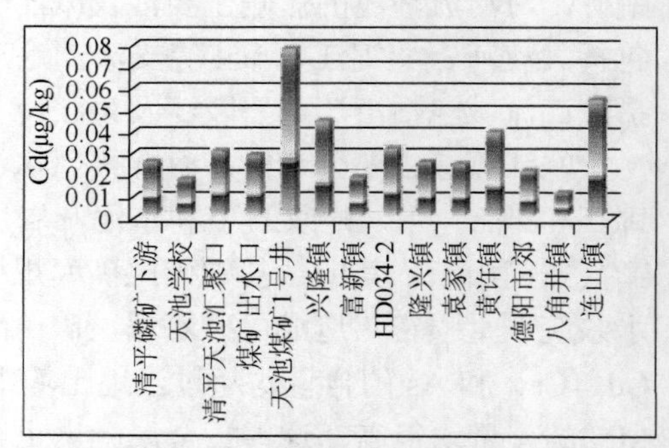

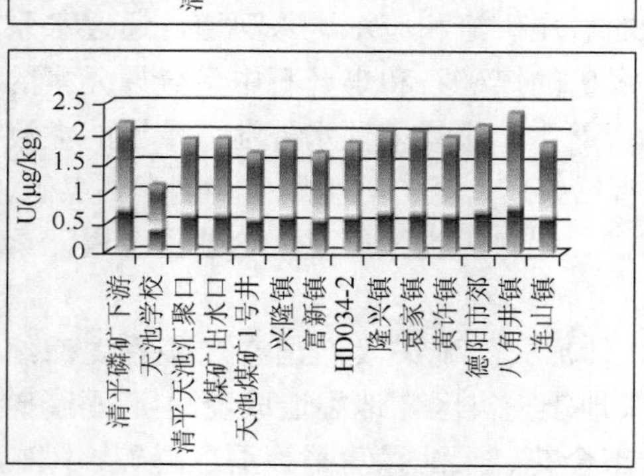

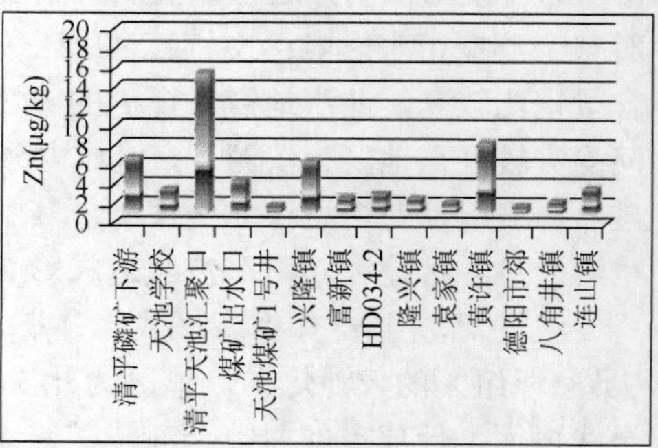

图 3-13　绵远河水样中部分元素含量分布图

由图 3-13 可见，Cd、Zn 重金属元素在矿区的含量高于下游，P 含量可能由于地震期间雨季影响及下游农田生产施肥，在下游相对富集。由于磷矿中放射性元素含量较高，绵远河放射性元素 U 的含量平均近 2μg/kg，应引起重视。

2）水系沉积物

绵远河水系沉积物中部分元素含量分布见图 3-14。

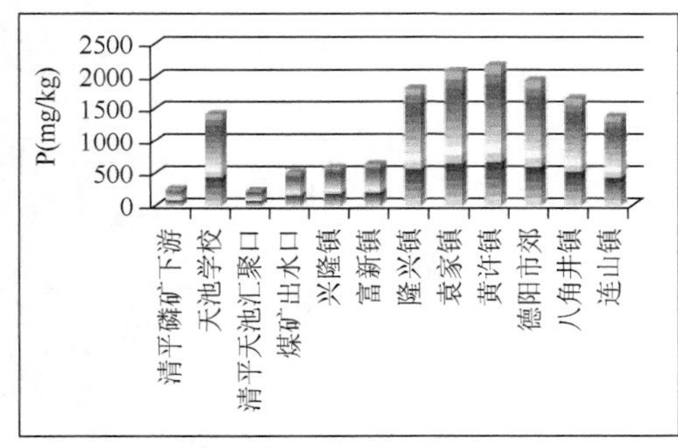

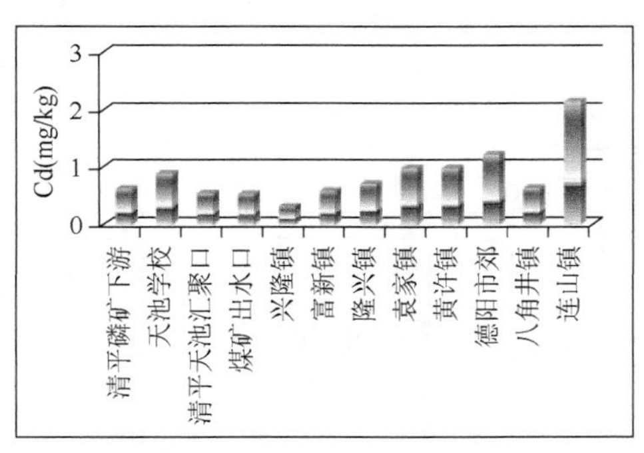

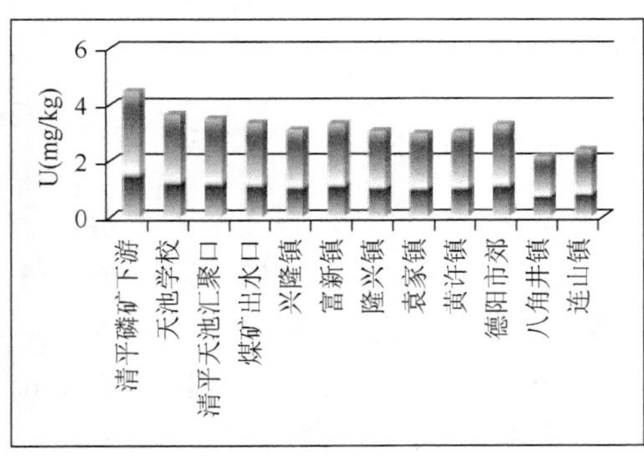

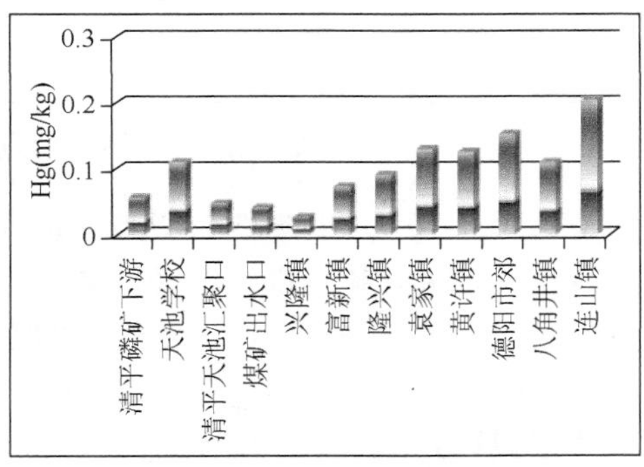

图 3-14　绵远河水系沉积物中部分元素含量分布图

由图 3-14 可见，水系沉积物中重金属元素及 P 含量明显在下游相对富集，大概由于上游水量、流速较大，加之上游地势较陡，物质难以沉积。由于放射性元素 U 在水中溶解度较大，因此，从上游而下放射性元素 U 含量递减，但总体含量偏高，平均高达 3.16mg/kg。

绵远河沿线土壤中主要元素的含量及沿线分布见表 3-10 和图 3-15。

表 3-10　绵远河沿线土壤中元素含量（mg/kg）

时间	As	Cd	Cr	Cu	Hg	Pb	Zn	Th	U
震后（n=8）	10.61	1.23	83.6	37.3	0.16	44.6	178.4	10.9	3.1
震前	11.05	0.93	127.7	43.8	0.15	32.1	101.2	10.0	3.3

注：震前土壤数据均是根据四川省地质调查院提供的图件资料整理。

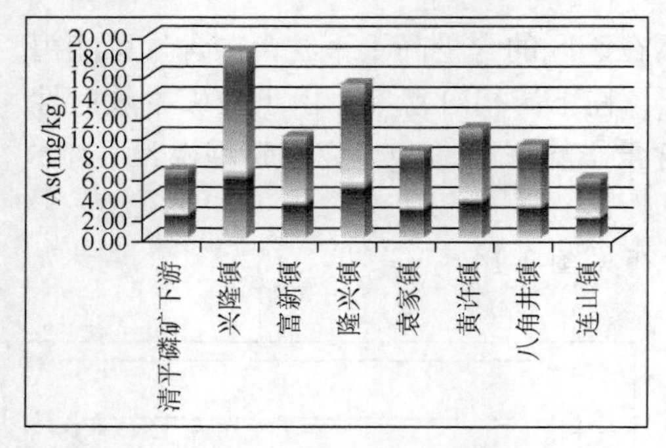

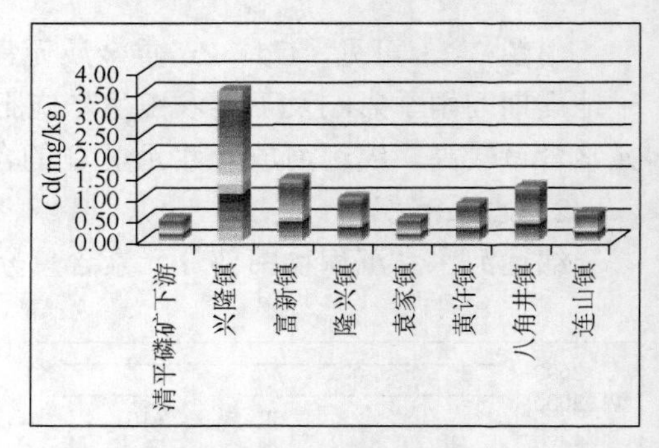

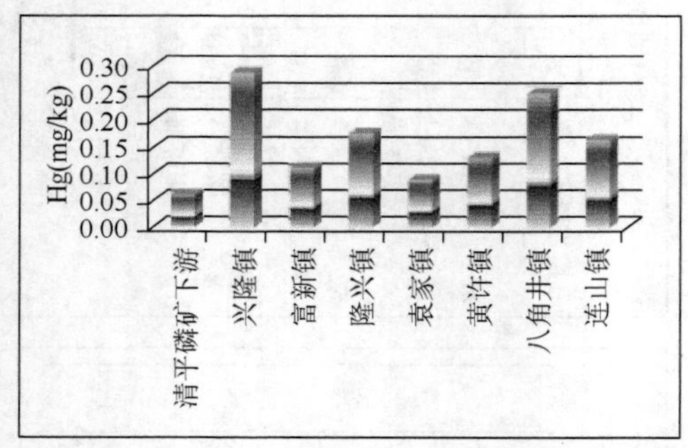

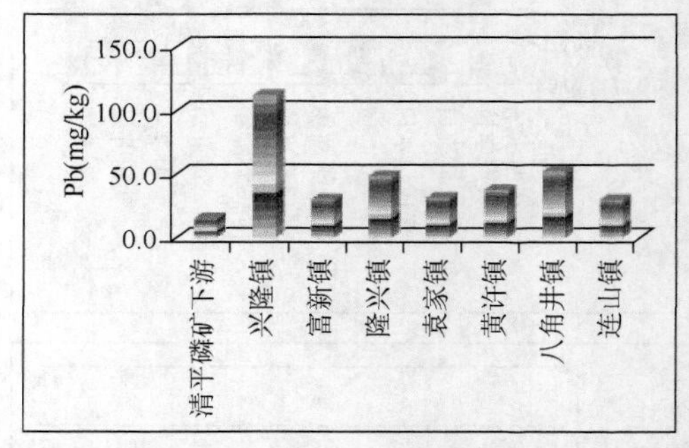

图 3-15　绵远河沿线土壤中部分元素含量分布图

由表 3-10 和图 3-15 可见，绵远河沿线土壤中元素分布，自上游到下游，重金属元素含量总体呈现逐渐降低的趋势。其中在汉旺下游的兴隆镇出现一个高值点，显示上游清平磷矿和天池煤矿的损毁对矿区附近有较大影响。

参照国家土壤二级质量标准（GB 15618—1995），绵远河沿线土壤除 Cd 在大多数点超标外，其余元素不超标。震后与震前土壤中元素平均含量相比（表 3-10），Cd、Pb、Zn 有所增加，其余元素含量变化不大。

2. *石亭江*

1）水系

石亭江水样中部分元素含量分布见图 3-16。

由图 3-16 可见，石亭江水样中各元素变化趋势基本一致，含量呈现明显下游富集，主要是由于石亭江下游为磷矿附属磷肥生产基地，隶属宏达集团，磷肥厂及其尾矿区域重金属元素及磷和放射性元素明显富集。地震造成磷肥厂设施破坏，携带有大量重金属元素的废气、废水和废渣进入水环境，从而对周围水环境造成危害。

2）水系沉积物

石亭江水系沉积物中部分元素含量分布见图 3-17。

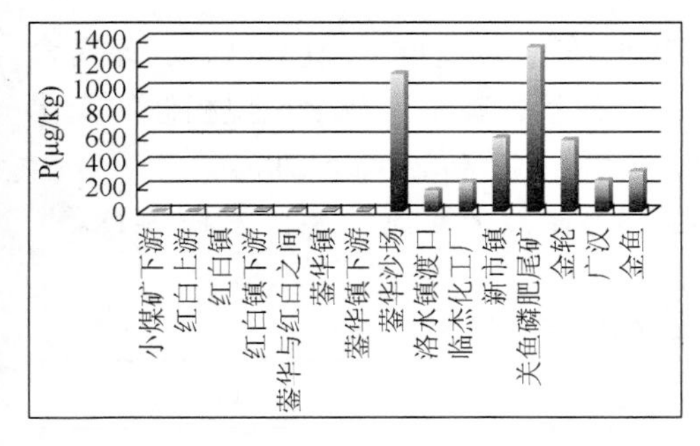

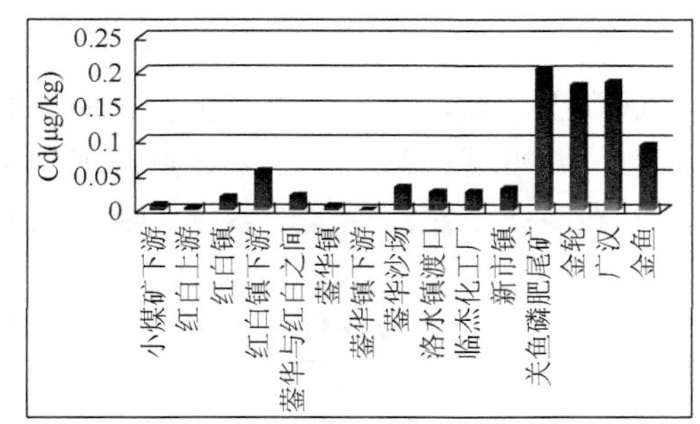

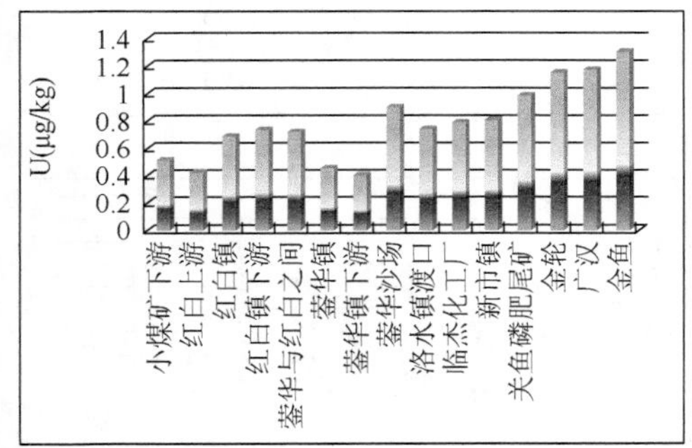

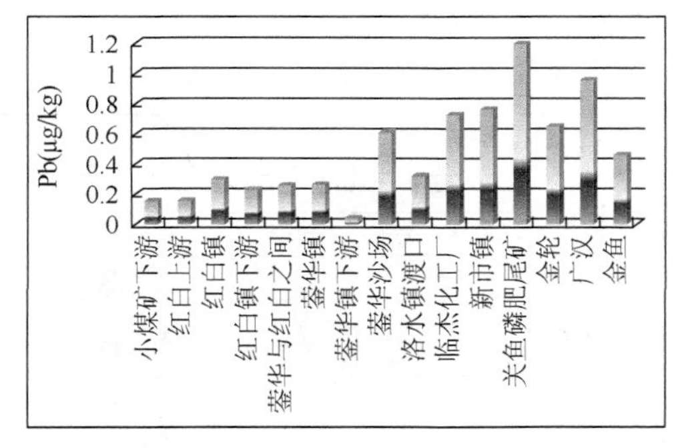

图 3-16　石亭江水样中部分元素含量分布图

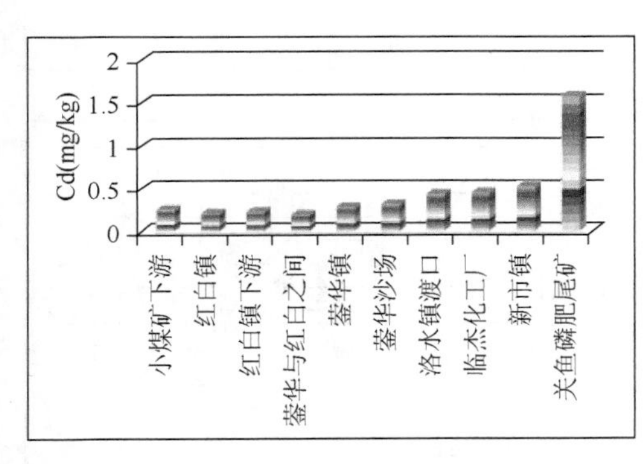

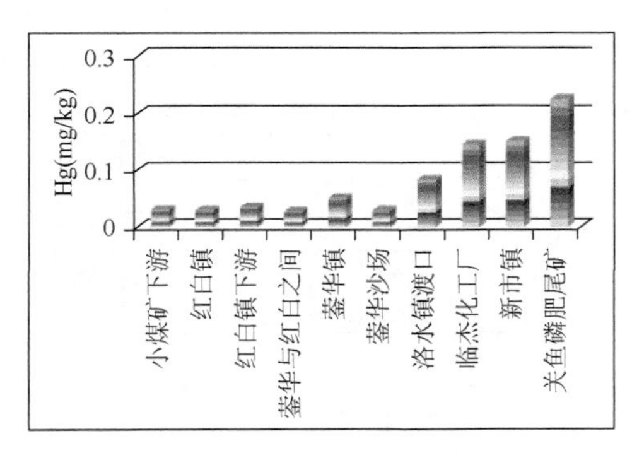

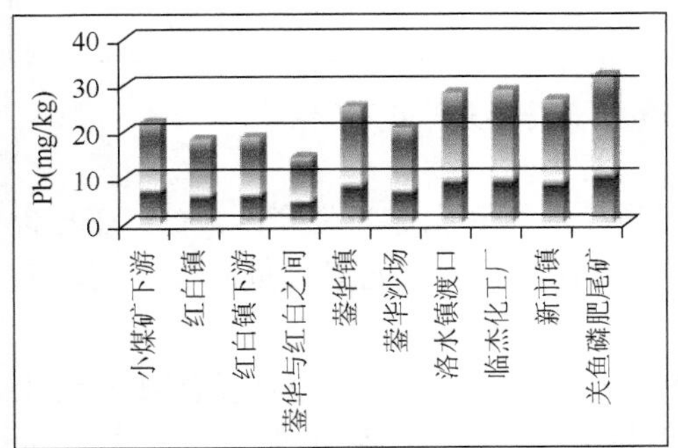

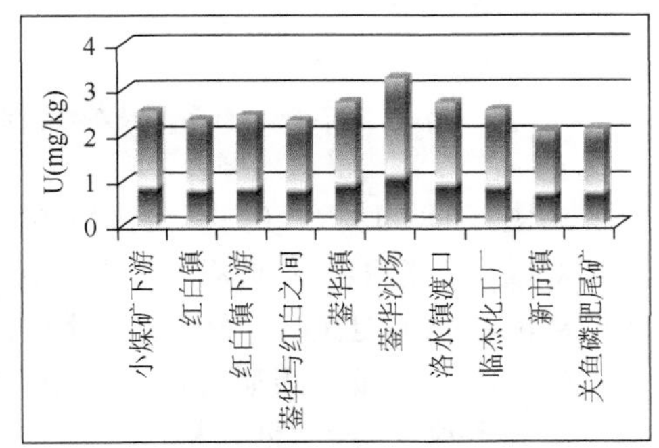

图 3-17　石亭江水系沉积物中部分元素含量分布图

由图 3-17 可见，石亭江水系沉积物与其水样呈现同样的变化规律，其元素含量远高于水样，可见元素在沉积物中富集；各元素在整个河流上呈现相似的变化趋势，几乎都在最后一个采样点出现高值，Cd 的含量高达 1.5mg/kg。

石亭江及沱江沿线土壤中主要元素的含量及沿线分布见表 3-11 和图 3-18。

表 3-11　石亭江及沱江沿线土壤中元素含量（mg/kg）

时间	As	Cd	Cr	Cu	Hg	Pb	Zn	Th	U
震后（*n*=9）	8.38	0.73	89.8	32.3	0.16	37.4	138.6	11.6	2.3
震前	10.28	0.76	138.9	41.5	0.21	35.7	101.0	11.3	3.7

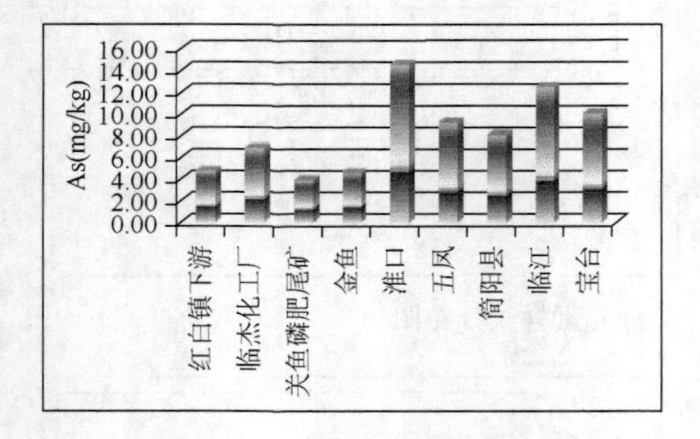

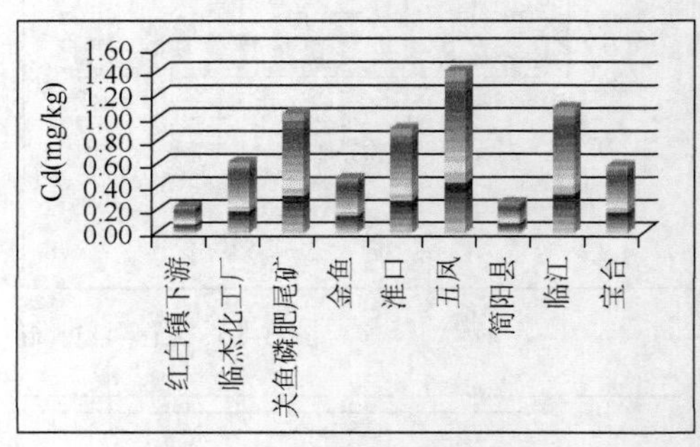

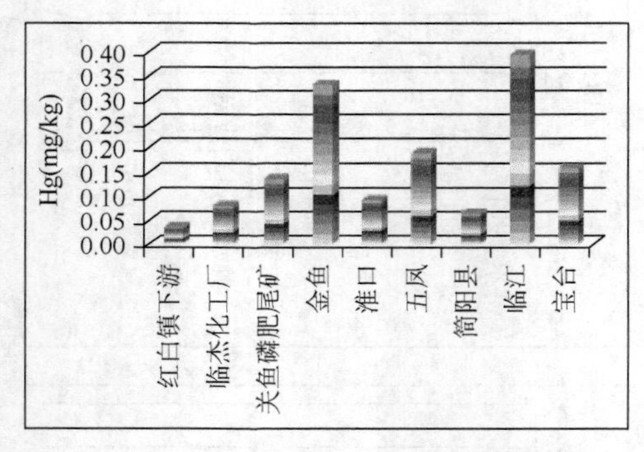

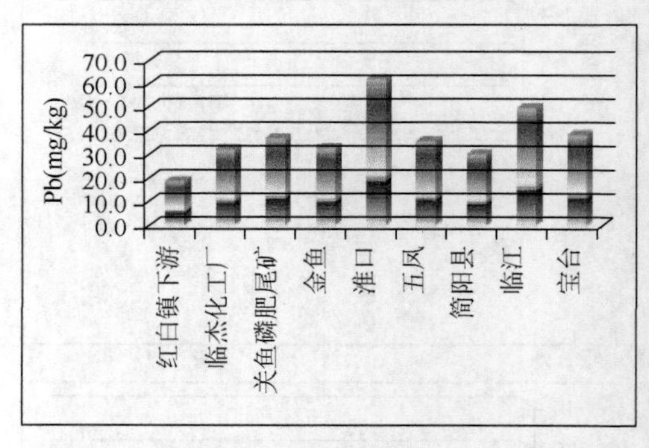

图 3-18　石亭江及沱江沿线土壤中部分元素含量分布图

由图 3-18 可见，红白镇至金鱼镇为石亭江沿线磷肥加工生产区，Cd、Hg 含量相对较高，在淮口附近石亭江与绵远河汇流到沱江后，元素含量明显升高，显示两河汇流叠加对沱江沿线土壤的影响。

参照国家土壤二级质量标准（GB 15618—1995），震后石亭江及沱江沿线土壤中，大多数土壤点 Cd 超标，其余元素不超标。震前与震后相比（表 3-11），元素含量稍有起伏，但主要元素含量变化不大。

3. 沱江流域

沱江流域特别是绵竹—什邡一带为本次地震的重灾区，为查明上游矿山损毁对下游流域农田的影响，在沱江流域绵远河—鸭子河一带进行了面积土壤采样，分析结果统计见表 3-12。

表 3-12　沱江流域土壤中元素含量统计（mg/kg）

元素	样品数	最小值	最大值	平均值	标准偏差	变异系数	震前平均值
As	25	3.12	13.16	7.29	2.22	0.30	9.37
Cd	25	0.32	1.84	0.75	0.36	0.48	0.69
Cr	25	66.3	147.4	88.5	17.06	0.19	114.9
Cu	25	19.5	55.5	37.0	9.73	0.26	35.9
Hg	22	0.04	0.51	0.20	0.12	0.61	0.17
Pb	25	21.8	63.3	39.1	8.69	0.22	33.7
Zn	25	76.3	182.8	119.7	29.25	0.24	97.4
Th	25	9.5	15.1	12.7	1.22	0.10	10.8
U	25	2.3	5.8	3.2	0.79	0.25	3.2

由表 3-12 可见，相对于国家土壤二级质量标准，震后沱江流域土壤中除 Cd 元素超标外，其余元素均不超标。震前震后元素含量比较，总体起伏不大，显示矿山损毁对周边农田土壤的质量目前没有明显影响。从各元素在沱江流域水系、沉积物及沿线土壤中的分布特征来看，各元素在各环境中的变化趋势基本一致，在沉积物和土壤中的高值相对水体要稍微滞后，这也证明了矿山环境破坏对周围的影响途径是水系。

3.2.2　污染源对岷江流域的影响

岷江流域位于青藏高原东缘盆山系统内部，水系发源于漳腊镇北侧的弓嘎岭地区，呈南北向向南经茂县、都江堰流入四川盆地，在乐山与大渡河、青衣江并流后最终于宜宾汇入长江。汶川特大地震中都江堰、汉源属于重灾区，本次调查了岷江支流：湔江丹景山支流、文锦江、邮江、大渡河，其中以文锦江、大渡河为主，考虑上游矿山损毁对下游流域的影响，因此，在彭县至邮江一线进行了面积采样。

1. 湔江丹景山支流

1）水系

湔江丹景山支流水样中部分元素的含量分布见图 3-19。

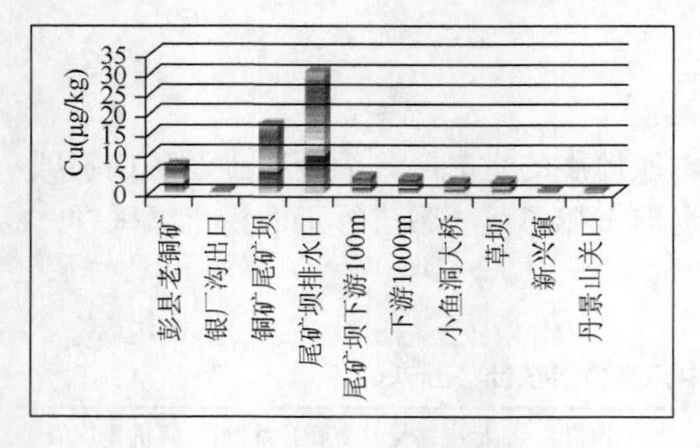

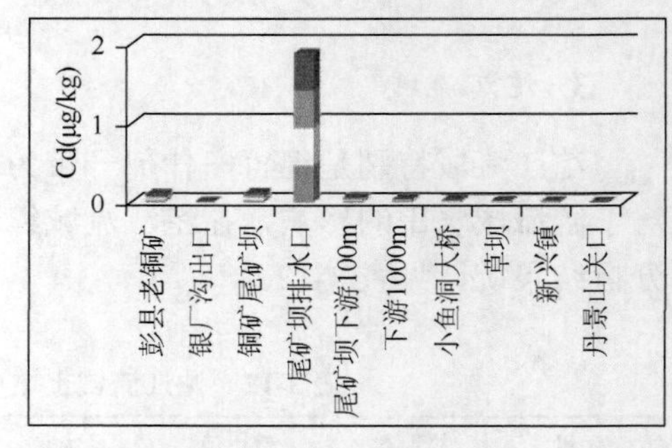

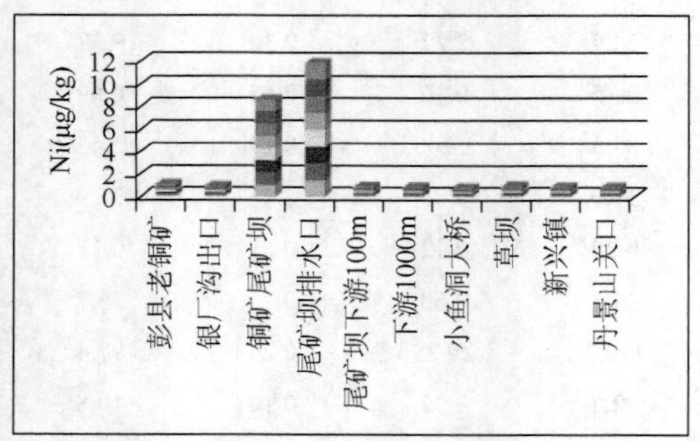

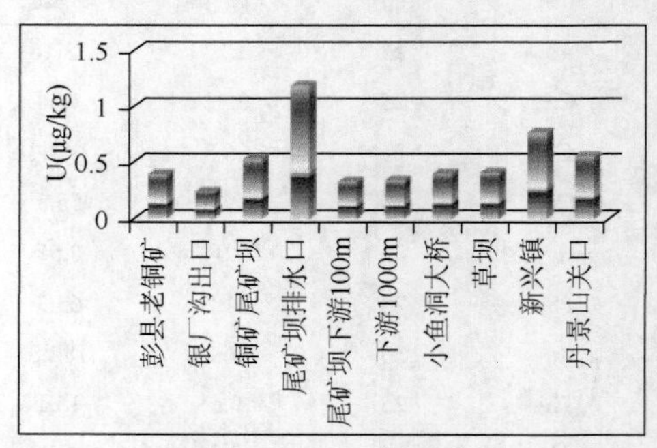

图 3-19　湔江丹景山支流水中部分元素含量分布图

由图 3-19 可见，水样中湔江铜矿尾矿坝附近，重金属元素呈现明显的极高值，显示湔江铜矿尾矿坝垮塌对于环境的影响很大。

2）水系沉积物

湔江丹景山支流水系沉积物中部分元素含量分布见图 3-20。

由图 3-20 可见，湔江丹景山支流水系沉积物中元素含量突变仍出现在彭县铜矿尾矿坝附近，随着水系沉积物中元素的释放，其对于下游流域的影响将会十分严重。

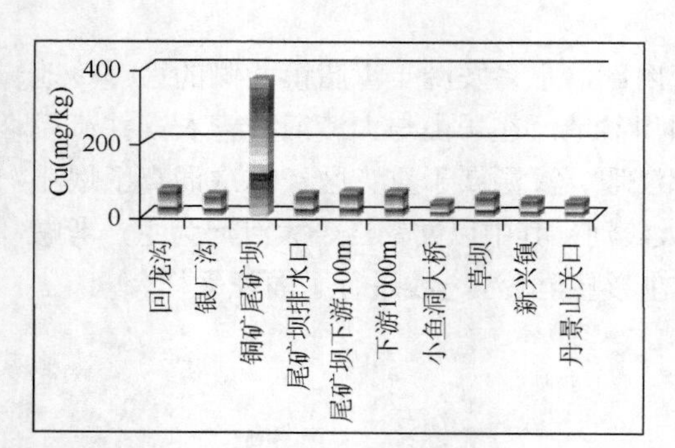

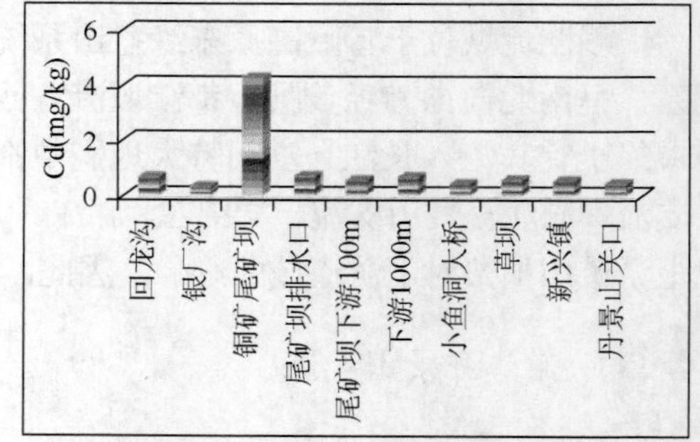

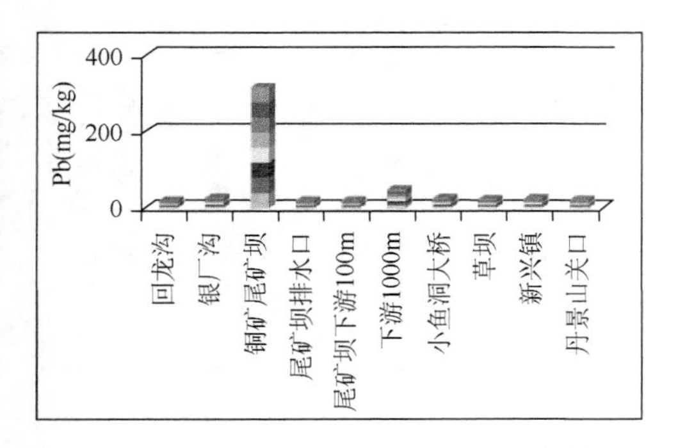

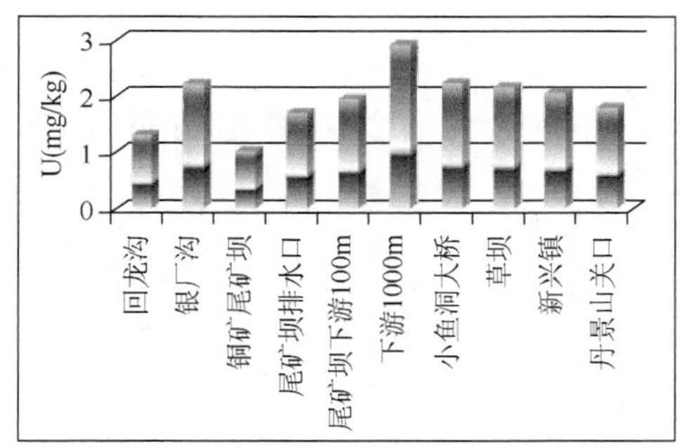

图 3-20　湔江丹景山支流水系沉积物中部分元素含量分布图

2. 邮江

1）水系

邮江水样中部分元素含量分布见图 3-21。

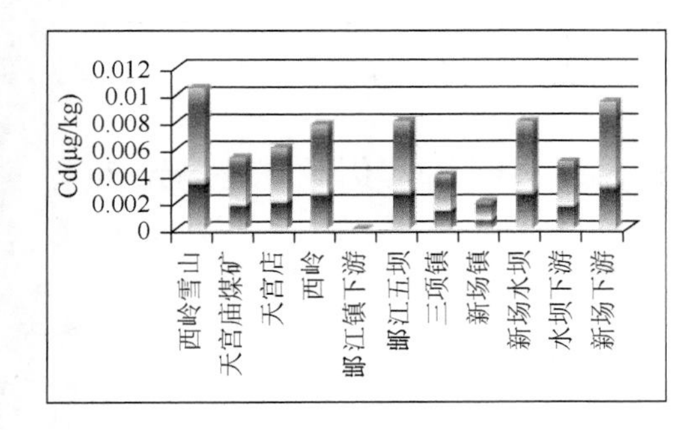

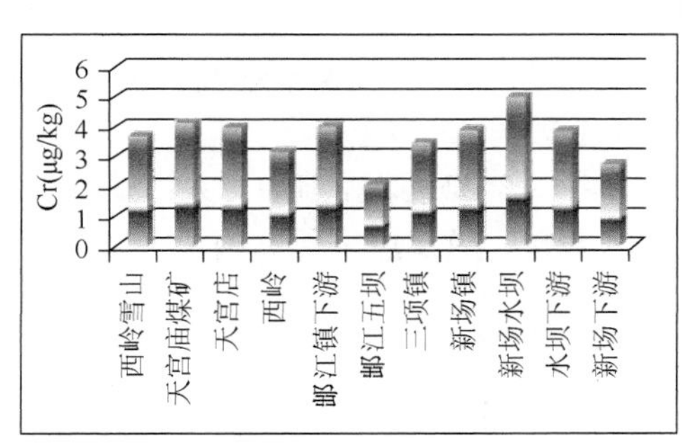

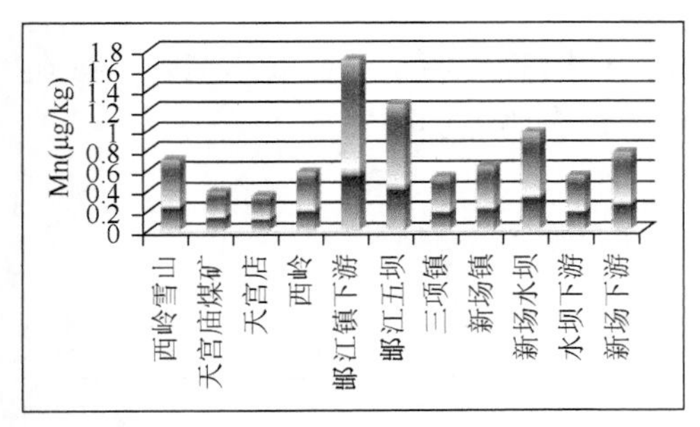

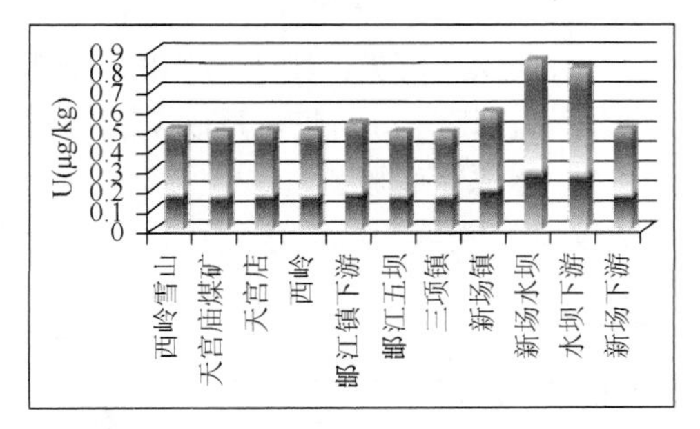

图 3-21　邮江水样中部分元素含量分布图

由图 3-21 可见，邮江沿线小矿点分布较多，水系经过不同地层，元素变化无明显规律。

2）水系沉积物

邮江水系沉积物中部分元素含量分布见图 3-22。

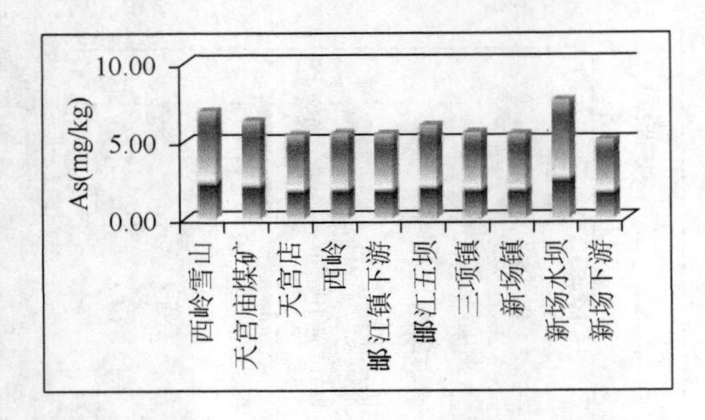

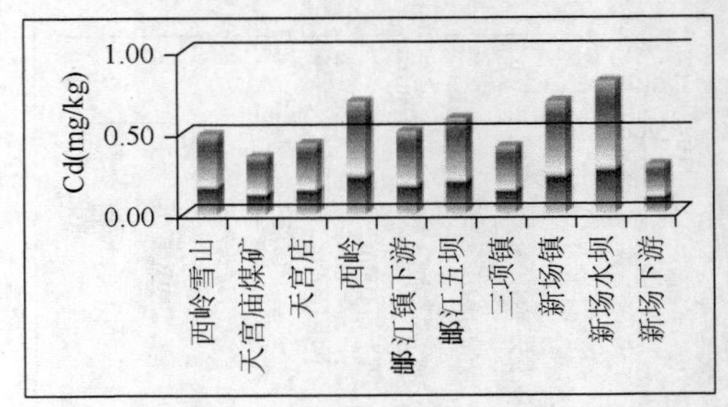

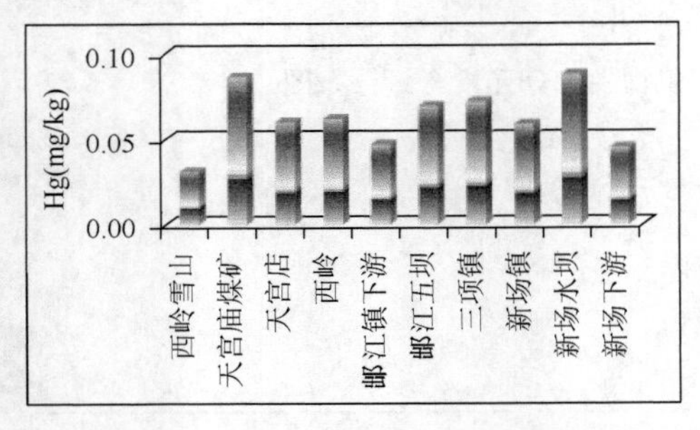

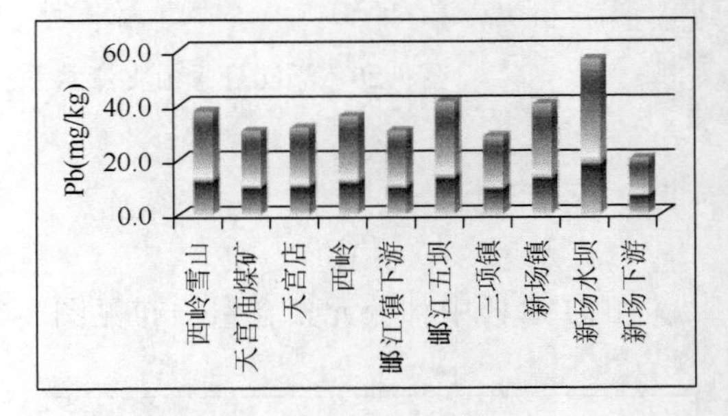

图 3-22　邮江水系沉积物中部分元素含量分布图

由图 3-22 可见，邮江水系沉积物中元素含量沿线分布起伏不大，受局部小矿点的影响，局部点呈现高值。

3. 文锦江

1）水系

文锦江沿线水样中部分元素含量分布见图 3-23。

由图 3-23 可见，由于沿线矿点，特别是小煤矿的影响，Hg、Cd、Pb、As 在煤矿附近出现异常高值，反映矿山水排放对水系有明显影响。

2）水系沉积物

文锦江沿线水系沉积物中部分元素含量分布见图 3-24。

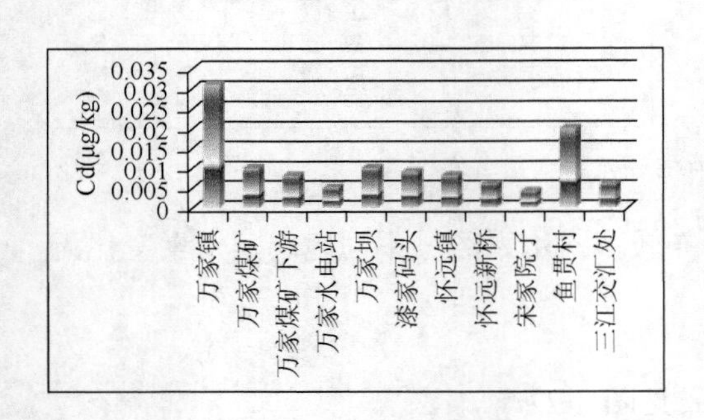

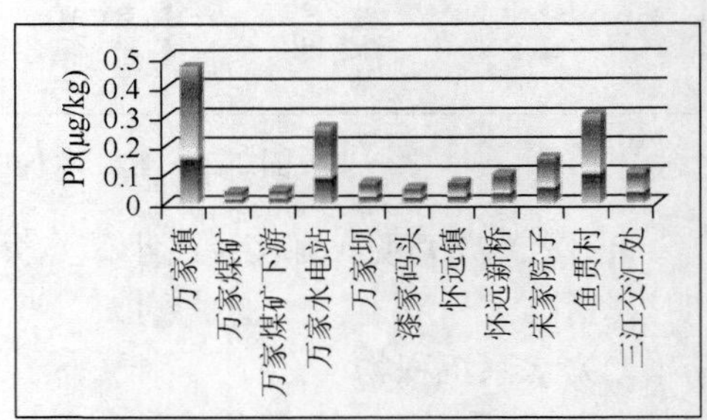

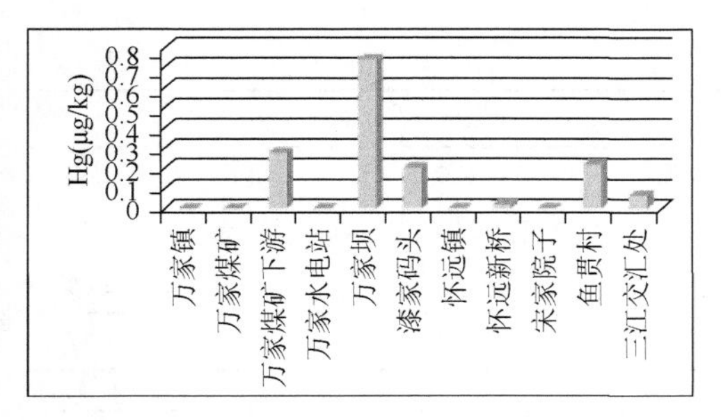

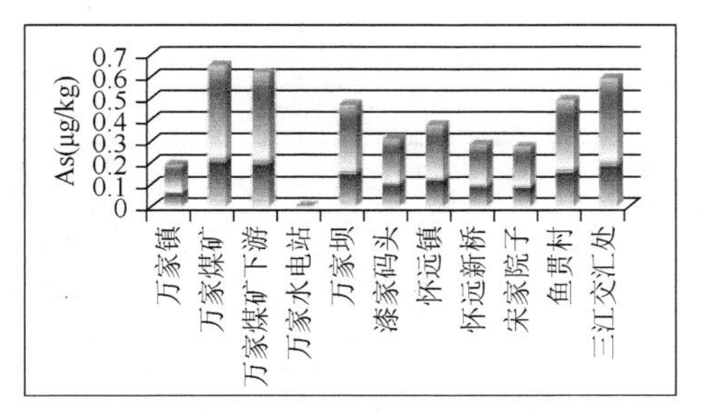

图 3-23　文锦江水样中部分元素含量分布图

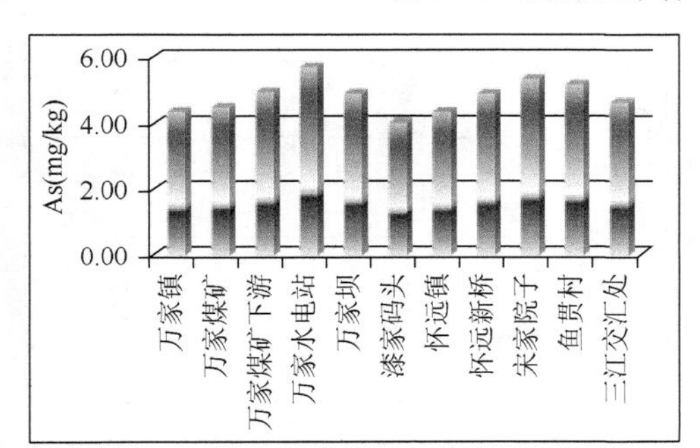

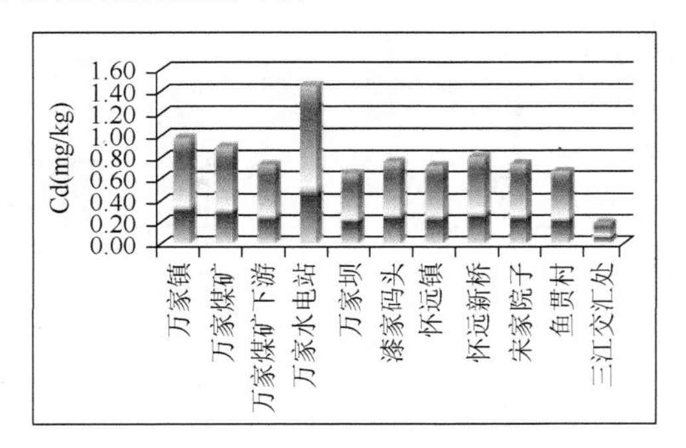

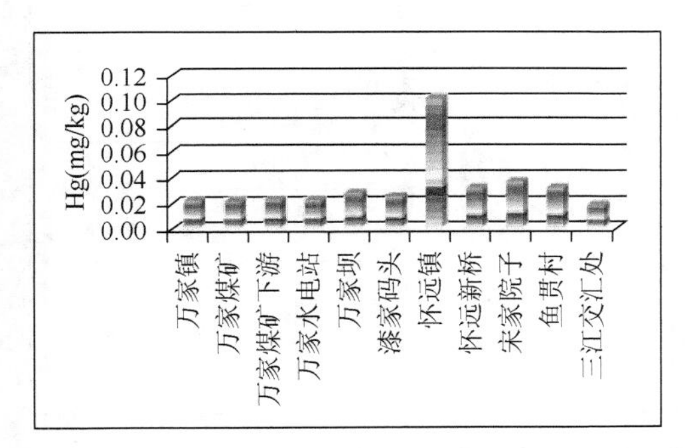

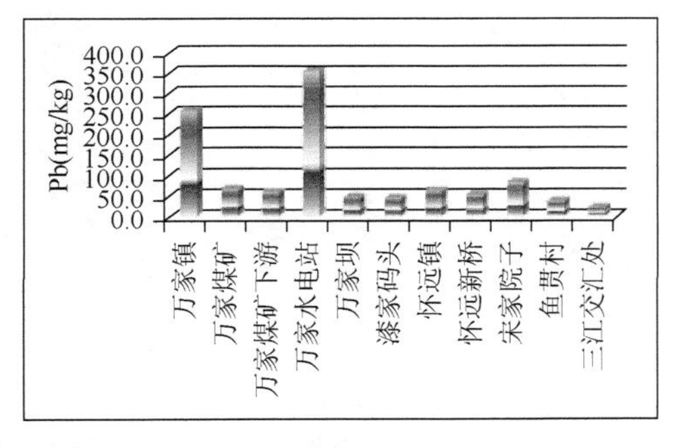

图 3-24　文锦江沿线水系沉积物中部分元素含量分布图

由图 3-24 可见，水系沉积物中元素含量总体分布起伏不大，Hg 在怀远镇出现一个高异常值，Pb 在万家镇上游和水电站附近出现高异常值，可能与局部矿山水和尾矿堆的排放有关。

沿文锦江从万家镇—元通镇—三江交汇处采集了 5 件样品，主要反映上游小型矿点（如煤矿）对周边农田土壤的影响，分析结果及空间分布见表 3-13 和图 3-25。

表 3-13　文锦江沿线土壤中元素含量（mg/kg）

地点	As	Cd	Cr	Cu	Hg	Pb	Zn	Th	U
万家镇漆家码头	7.50	0.53	86.2	44.0	0.12	50.4	130	11.2	2.54
怀远镇附近	9.64	1.09	107.6	37.3	0.19	84.7	189	12.3	2.55

续表

地点	As	Cd	Cr	Cu	Hg	Pb	Zn	Th	U
怀远镇宋家院子	8.55	0.73	83.6	30.8	0.14	61.7	148	17.1	2.42
元通镇鱼贯村	6.64	0.56	71.1	24.4	0.06	34.7	112	9.3	2.27
三江交汇处	10.65	0.45	79.3	36.9	1.18	39.2	120	13.7	2.08
平均值	8.60	0.67	85.6	34.7	0.34	54.1	140	12.7	2.37

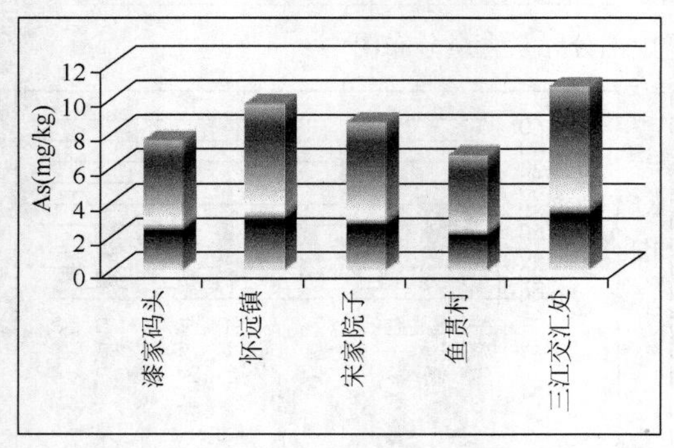

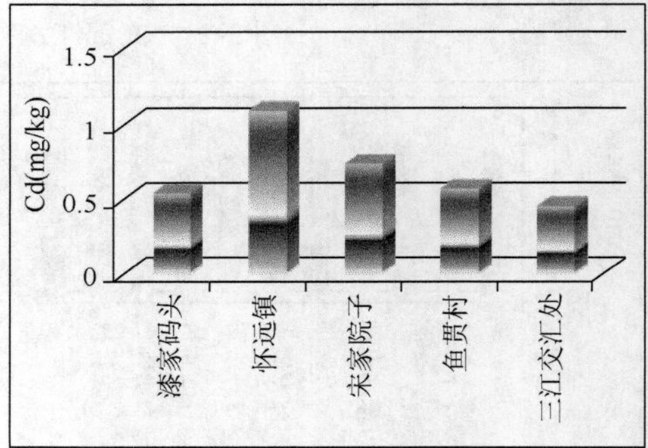

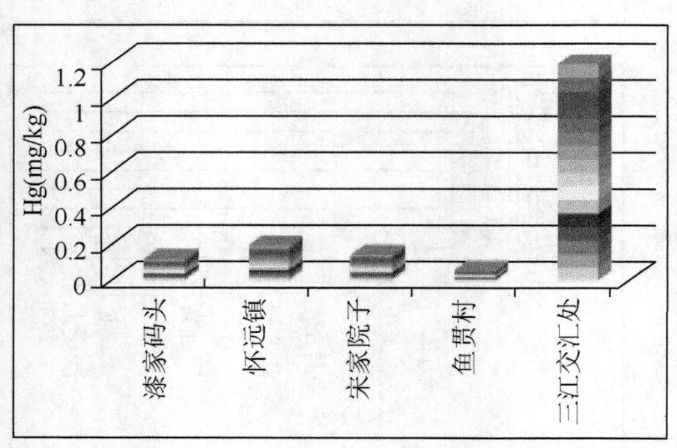

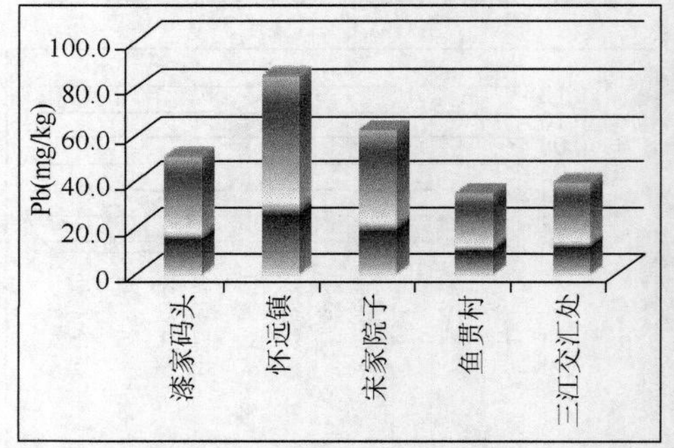

图 3-25　文锦江沿线土壤中部分元素含量分布图

在万家镇、怀远镇附近有些小型煤矿点，从表 3-13 和图 3-25 可以看出，除 Hg 在三江交汇处异常外，其余元素的含量从万家镇、怀远镇附近向下基本呈递减趋势，说明矿区周边农田土壤受影响较大，但进入成都平原三江汇流后，又基本下降到允许的正常范围。

在矿区影响区万家镇—元通镇土壤中 Cd 含量超过国家土壤二级质量标准，在三江交汇处可能由于局部人为活动影响，Hg 超标，其余元素均不超标。

4. 大渡河

1）水系

大渡河沿线水样中部分元素含量分布见图 3-26。

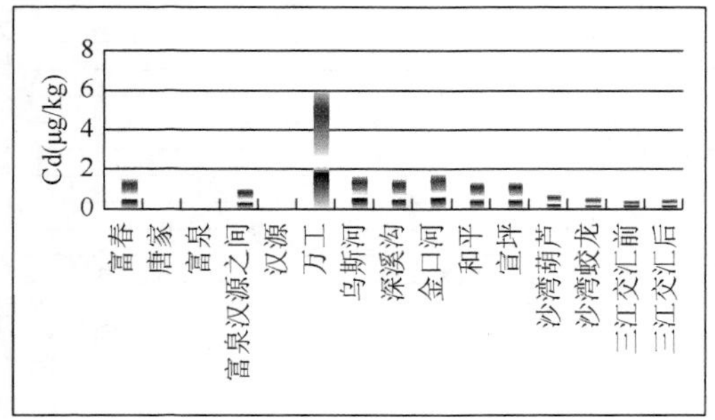

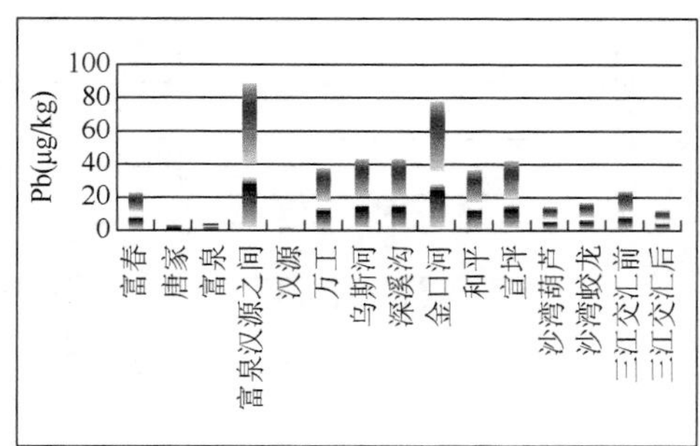

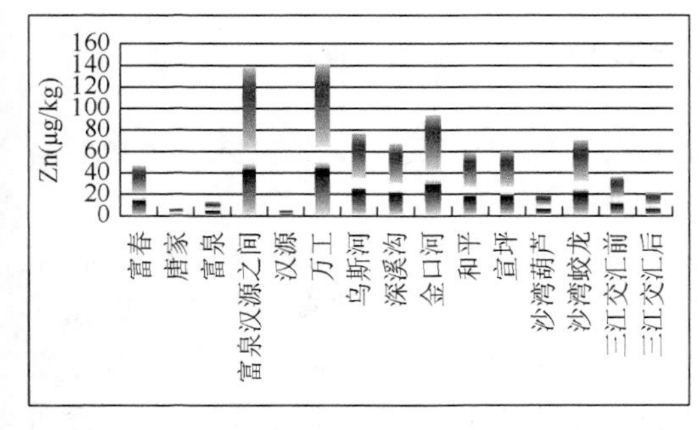

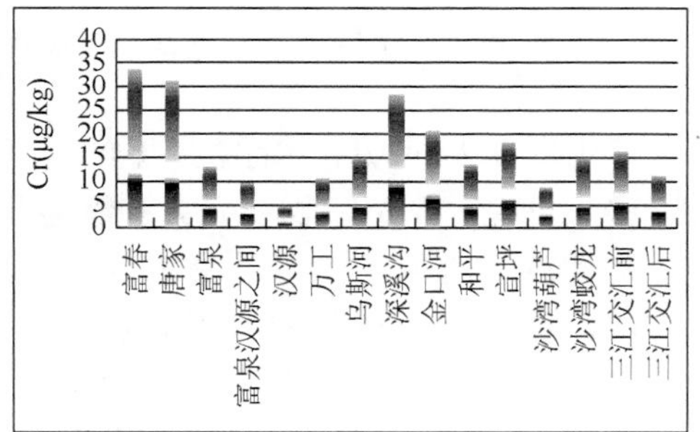

图 3-26　大渡河沿线水样中部分元素含量分布图

由图 3-26 可见，大渡河水样中元素含量分布呈现明显的分段性，在汉源金河口一线受上游磷矿和铅锌矿影响，重金属元素呈现明显的高值区，尤其是 Cd 的含量高达 6μg/kg，Pb 最高值为 90μg/kg，Zn 为 140μg/kg，远远高于自然水体中的含量，而这几种元素在铅锌矿中的含量极高，可见矿山开发对水系的影响非常明显。

2）水系沉积物

大渡河沿线水系沉积物中部分元素含量分布见图 3-27。

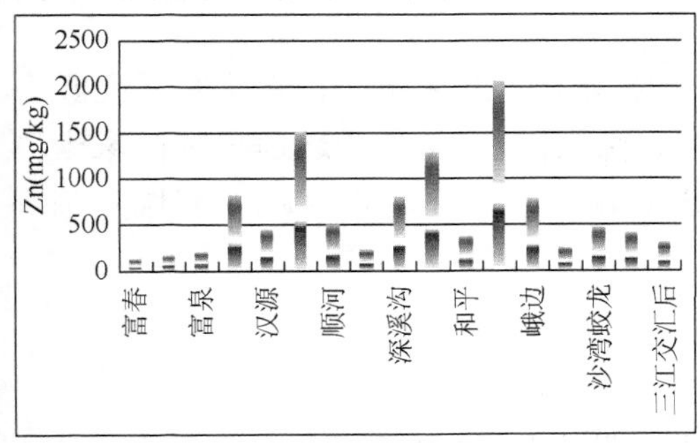

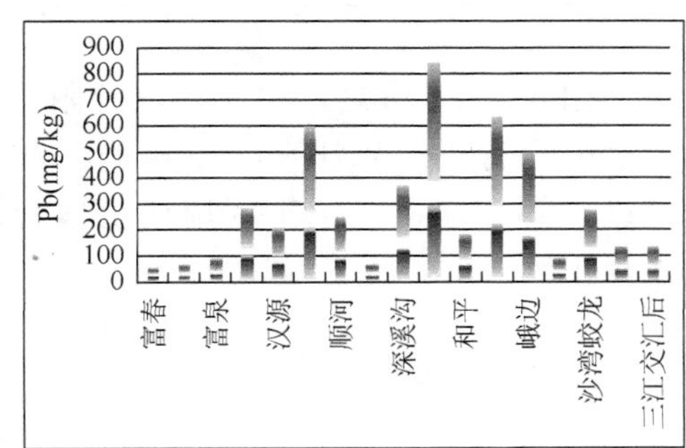

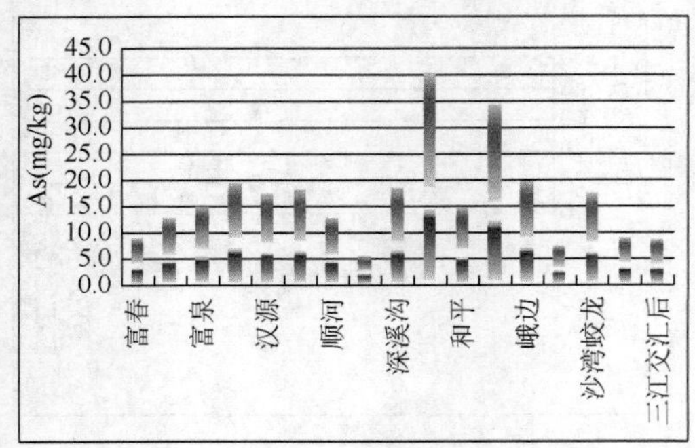

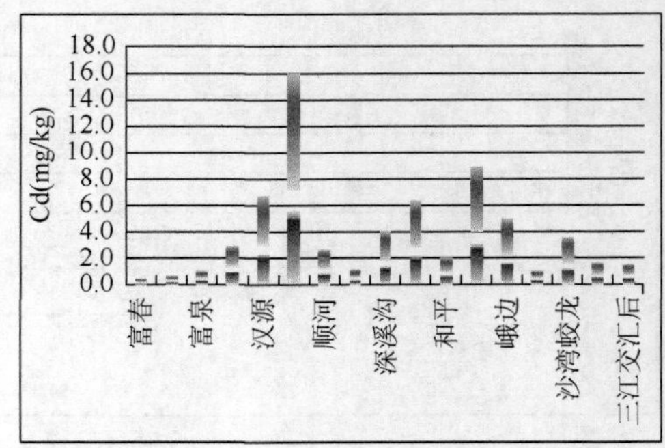

图 3-27　大渡河沿线水系沉积物中部分元素含量分布图

由图 3-27 可见，水系沉积物与水系呈现同样的变化趋势，高值区向下游略有迁移，反映水系沉积物中元素有缓慢释放迁移的趋势。

大渡河流域的汉源县是本次特大地震的重灾区，区内主要分布有磷矿和铅锌矿，在汉源的唐家和万工分别采集了两个土壤样，其上游有磷矿点，唐家、万工附近有铅锌矿和选冶场。大渡河在乐山与青衣江汇聚到岷江，因此，分别在青衣江乐山夹江段、岷江的眉山青神县和乐山悦来采集了控制对比样，分析结果见表 3-14。

表 3-14　大渡河及其附近区域土壤中元素含量（mg/kg）

地点		As	Cd	Cr	Cu	Hg	Ni	Pb	Zn	Th	U
大渡河	汉源唐家	10.84	1.07	67.6	25.2	0.06	22.4	2.87	109.9	15.4	2.87
	汉源万工	22.78	4.39	71.6	43.2	0.24	22.5	2.60	889.7	16.1	2.60
岷江	眉山青神	6.67	0.34	71.5	22.4	0.10	22.4	1.74	24.9	10.9	1.74
	乐山悦来	7.51	0.30	67.4	23.1	0.05	22.5	1.70	27.9	13.9	1.70
青衣江	乐山夹江	5.52	0.44	114.0	39.0	0.06	26.8	2.10	38.3	12.5	2.10

由表 3-14 可见，大渡河汉源附近土壤由于受矿区影响，其重金属元素含量远高于青衣江乐江夹江段和岷江青神、悦来段，Cd 含量远远超过国家土壤二级质量标准，显示矿区周边土壤受影响较大，向下游进入岷江流域又基本恢复正常。

5. 岷江流域

岷江流域是本次特大地震重灾区，为查明矿山破坏对环境的影响，在岷江流域进行了面积采样，分析结果统计见表 3-15。

表 3-15　震后岷江流域土壤元素含量统计（mg/kg）

元素	样品数	最小值	最大值	平均值	标准偏差	震前平均值
As	12	5.52	10.96	8.29	1.83	9.70
Cd	12	0.30	0.65	0.45	0.10	0.46
Cr	12	67.4	153.2	92.4	23.15	107.1
Cu	12	21.6	49.5	36.0	9.24	38.7
Hg	12	0.05	1.18	0.19	0.31	0.17
Pb	12	24.9	52.7	36.0	7.40	37.9
Zn	12	78.0	131.0	109.5	18.77	109.5
Th	12	10.9	16.4	13.6	1.64	12.83
U	12	1.7	3.0	2.3	0.43	2.83

由表 3-15 可见，剔除矿区土壤，下游岷江流域农田土壤中元素含量基本符合国家土壤二级质量标准，与震前土壤元素含量十分接近，显示目前地震造成矿山破坏没有对下游岷江流域农田土壤造成影响。

3.2.3　污染源对嘉陵江流域的影响

嘉陵江流域自北向南流的干流与自西北向东南流的涪江和自东北向西南流的渠江在合川附近汇合，构成巨大的扇形向心河网。流域主要包含涪江、嘉陵江和渠江，本次地震影响较大的是涪江和嘉陵江，因此，对涪江和嘉陵江进行了系统的采样分析研究。

1. 涪江

涪江是嘉陵江的支流，发源于四川省松潘县与九寨沟县之间的岷山主峰雪宝顶。涪江向南流经平武县、江油市西南部，绵阳市、三台县、射洪县、遂宁市等区域，在重庆市合川市市区汇入嘉陵江。涪江全长 700km，流域面积 3.64 万 km^2，多年平均径流量 $572m^3/s$。为查明矿山对涪江的影响，自平武县上游水晶镇开始，沿平武县—江油市—射洪县—大英县—遂宁市，直至重庆市合川市，进行了系统采样。

1）水系

涪江沿线水样中部分元素含量分布见图 3-28。

由图 3-28 可见，水中 Pb、Cu 的含量分布在平武南坝镇至江油段出现异常高值，可能由地震造成龙门山前缘地带矿山破坏引起，其余元素含量总体起伏不大。

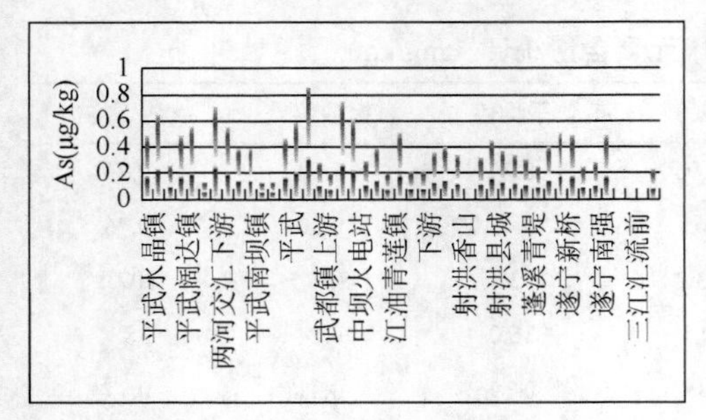

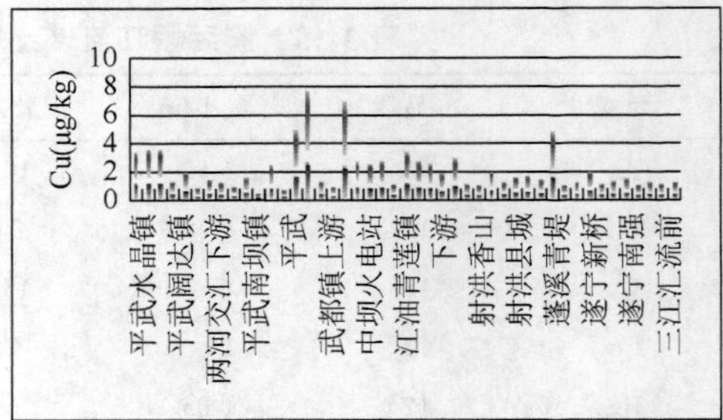

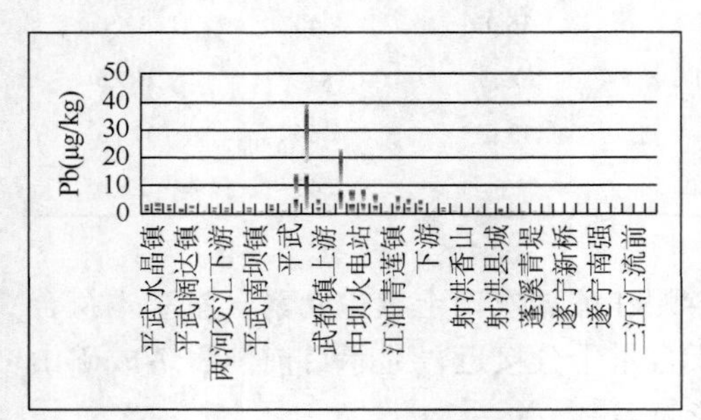

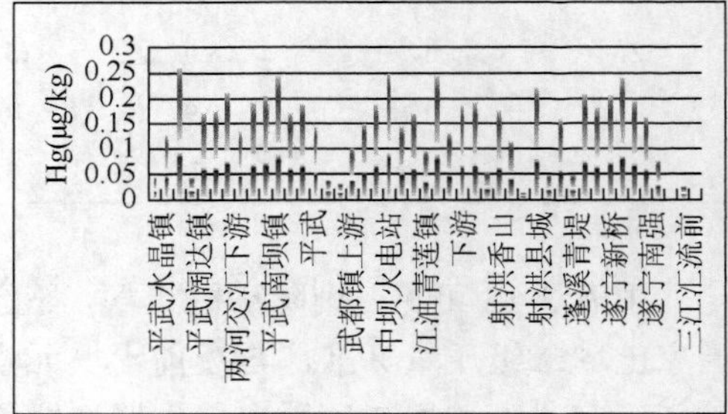

图 3-28　涪江沿线水样中部分元素分布图

2）水系沉积物

涪江沿线水系沉积物中部分元素含量分布见图 3-29。

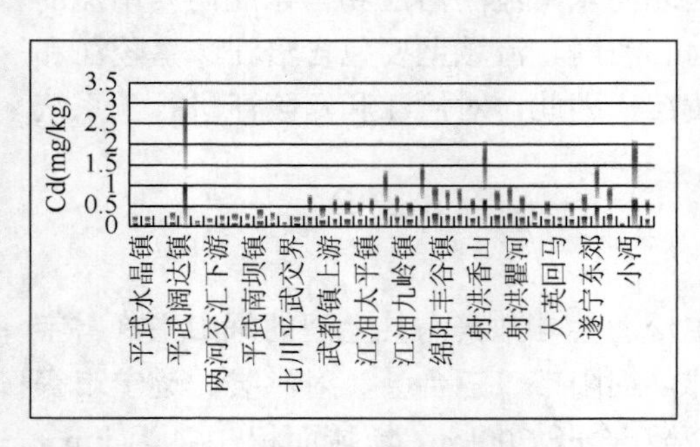

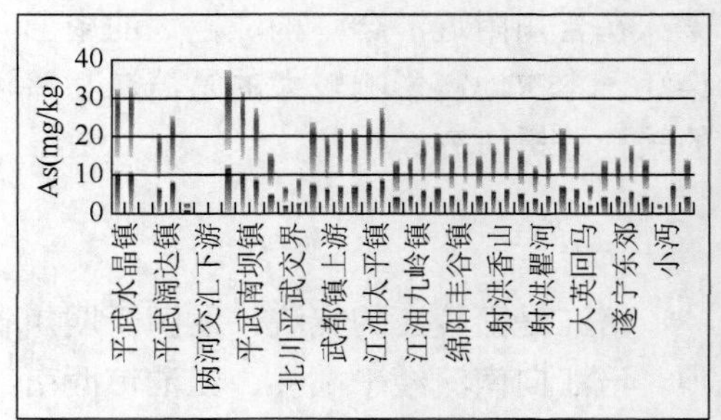

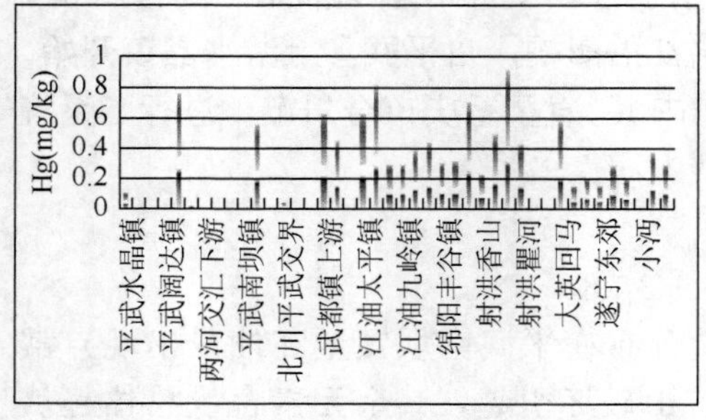

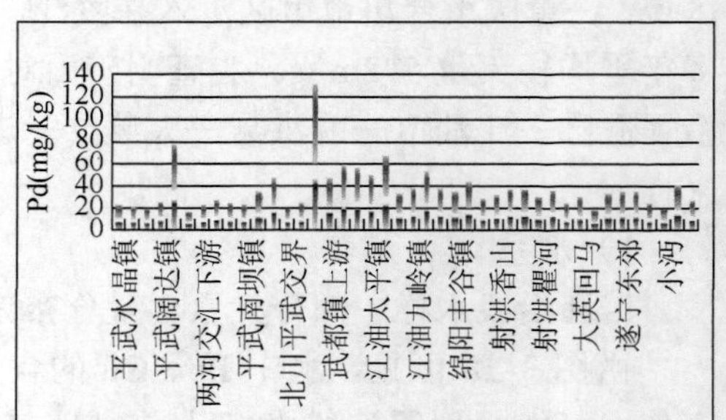

图 3-29　涪江水系沉积物中部分元素含量分布图

由图 3-29 可见，涪江水系沉积物中元素高值区与水系比较，向下游有所迁移，在平武武都镇—江油—绵阳一带出现相对高值区，反映江油上游矿山破坏对水系造成了较明显的影响。

在涪江沿线系统采集了土壤样品，分析结果见表 3-16，部分元素含量空间分布见图 3-30。

表 3-16　涪江沿线土壤中元素的含量统计（mg/kg）

元素	样品数	最小值	最大值	平均值	标准偏差	震前平均值
As	23	3.37	35.61	14.42	8.81	11.71
Cd	23	0.16	0.67	0.40	0.12	0.36
Cr	23	55.7	93.2	77.2	8.88	77.1
Cu	23	25.1	50.7	36.5	6.42	30.1
Hg	18	0.06	1.84	0.31	0.44	0.075
Pb	23	20.1	53.9	32.3	7.16	31.1
Zn	23	81.4	159.1	114.8	19.76	86.7
Th	23	11.2	17.0	13.9	1.50	14.2
U	23	1.6	3.1	2.3	0.38	2.4

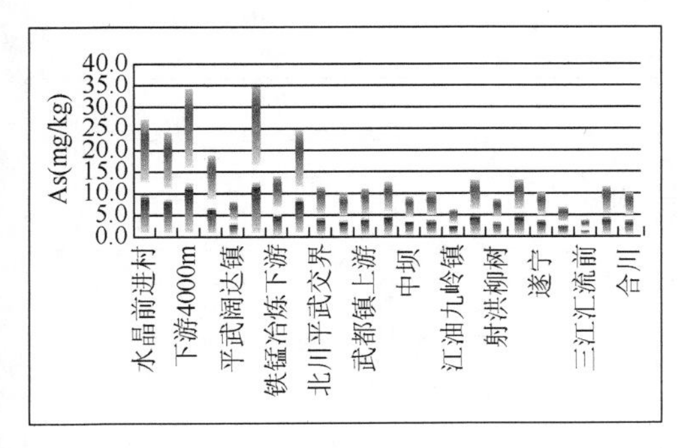

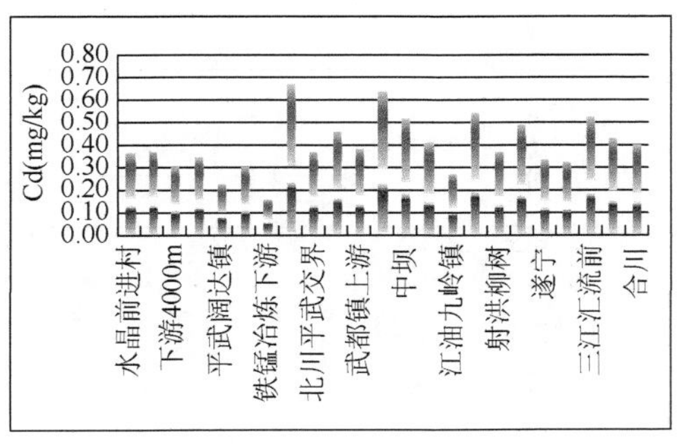

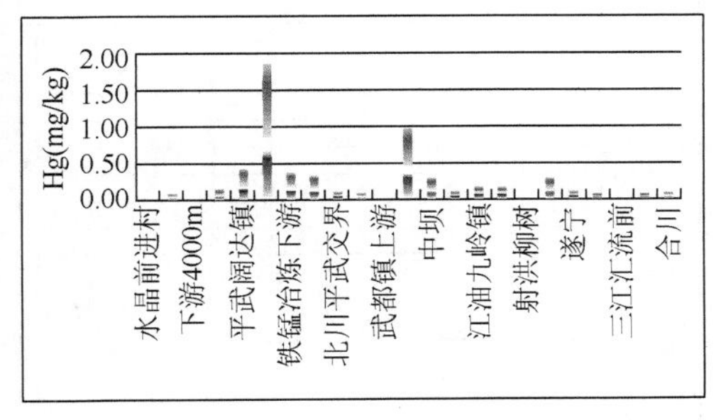

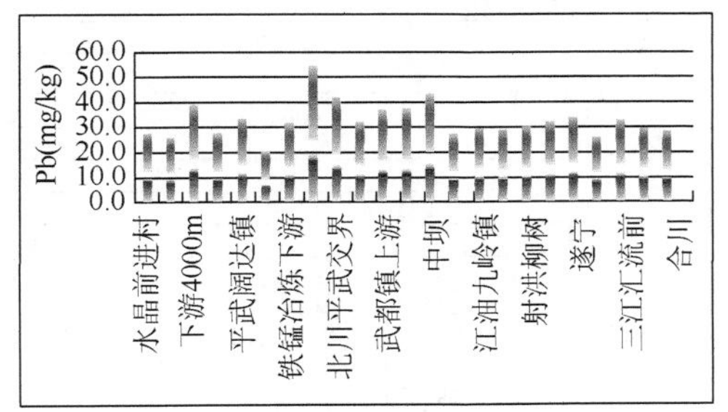

图 3-30　涪江沿线土壤中部分元素含量分布图

涪江上游有小型铁锰矿及多个小型砂金矿，由表 3-16 和图 3-30 可见，在上游矿区附近，As 和 Hg 的含量相对较高，到平武南坝镇后 Cd 含量有较大升高，这可能与盆地第四纪冲积沉积的本底有关，其余元素含量变化相对较小。

与震前土壤相比，Hg 含量有较大的变化，Cd 含量略有升高，其余元素均比较接近。Hg 含量的变化主要是由阔达镇和武都镇附近局部高异常引起。相对于国家土壤二级质量标准，涪江沿线震后土壤除 Hg 含量在阔达镇和武都镇超标，Cd 含量在平武南坝镇、武都镇、射洪金华及三江汇流前附近超标外，其余元素均不超标。

2. 嘉陵江

嘉陵江是中国长江上游的支流，位于四川省东部。嘉陵江发源于秦岭，来自陕西省凤县的东源与甘肃天水的西汉水汇合后，向西南流经洛阳，穿大巴山，至四川省广元县昭化纳白龙江，向南流经南充到合川先后与涪江、渠江汇合，到重庆市注入长江。全长 1119km，流域面积近 16 万 km^2。

本次地震受灾较严重的是青川县，嘉陵江上游的矿产主要集中在广旺集团煤矿区，煤矿处于三叠系须家河地层。为查明地震的影响，自广元朝天区、宝轮向下一直追溯到重庆涪江、渠江和嘉陵江三江交汇处，进行了系统采样分析研究。

1）水系

嘉陵江沿线水系中部分元素含量分布见图 3-31。

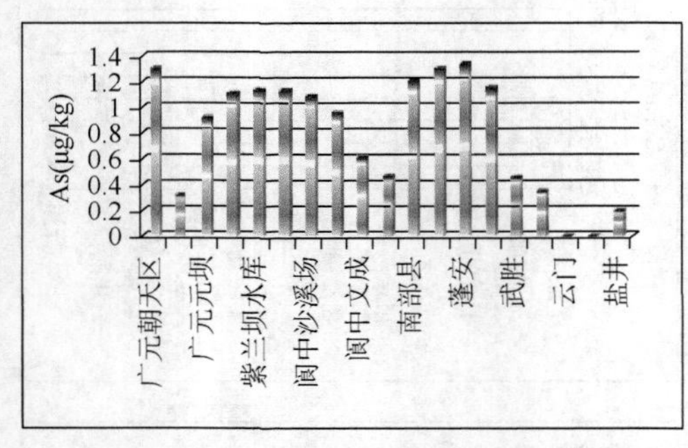

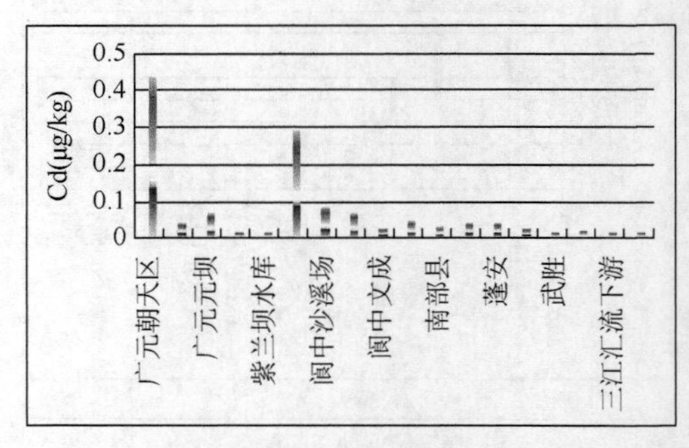

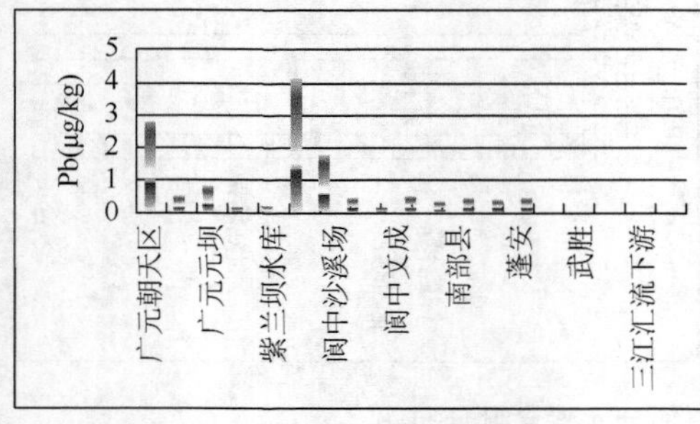

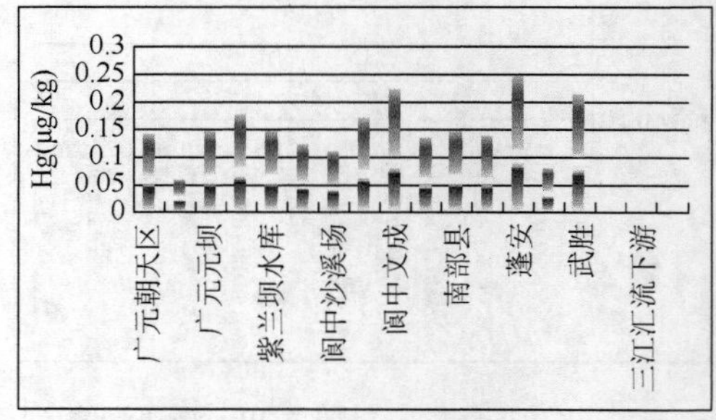

图 3-31　嘉陵江沿线水系中部分元素含量分布图

由图 3-31 可见，嘉陵江水样中元素含量在上游矿区附近出现相对高值区，这可能是广旺集团煤矿区破坏的直接影响。

2）水系沉积物

嘉陵江沿线水系沉积物中部分元素含量分布见图 3-32。

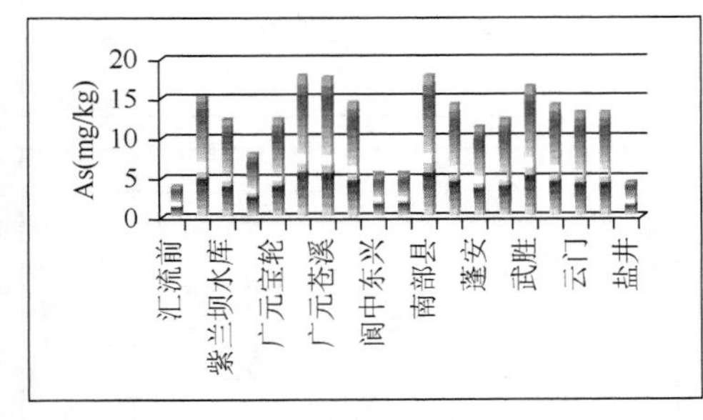

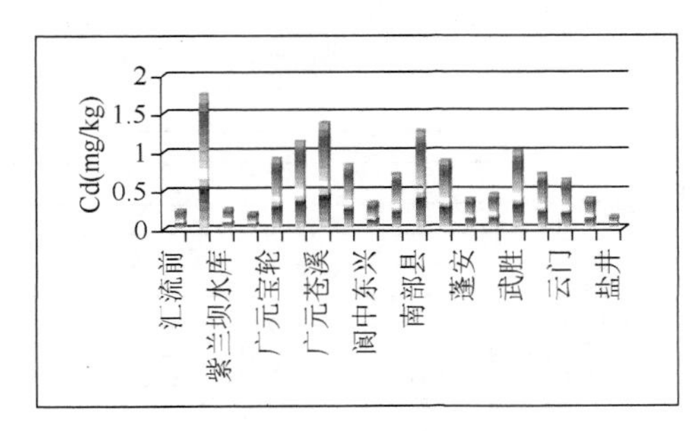

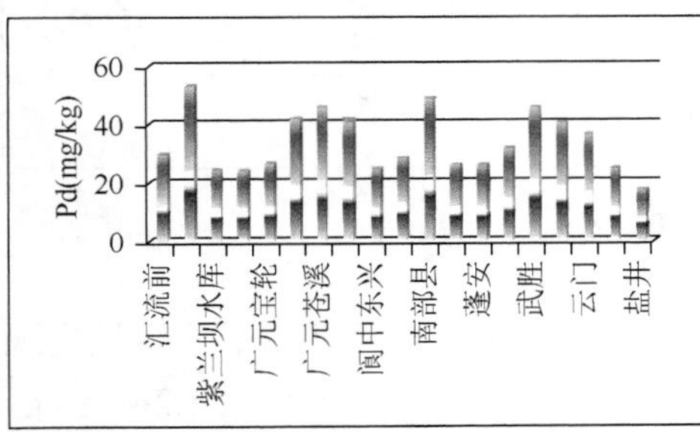

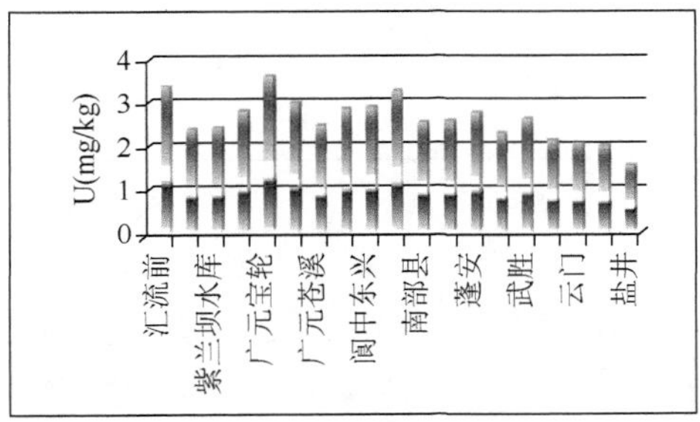

图 3-32　嘉陵江沿线水系沉积物中部分元素含量分布图

由图 3-32 可见，水系沉积物中的元素在矿区下游分布，除朝天区出现一个高值外，相对高值区出现在宝轮镇—阆中沙溪乡附近，其余河段中的分布并无很明显的异常，下游三江汇流后呈现一个较明显的下降趋势。

嘉陵江沿线土壤中元素含量统计见表 3-17，部分元素含量分布见图 3-33。

表 3-17　嘉陵江沿线土壤中元素的含量统计（mg/kg）

元素	样品数	最小值	最大值	平均值	标准偏差
As	18	3.51	19.49	11.14	3.92
Cd	18	0.20	1.26	0.54	0.34
Cr	18	67.9	100.8	79.2	8.44
Cu	18	19.6	90.1	36.7	15.29
Hg	17	0.02	0.26	0.10	0.07
Pb	18	20.1	51.2	34.5	9.22
Zn	18	68.7	256.9	124.1	45.22
Th	18	11.5	16.6	13.2	1.25
U	18	2.2	4.3	2.8	0.60

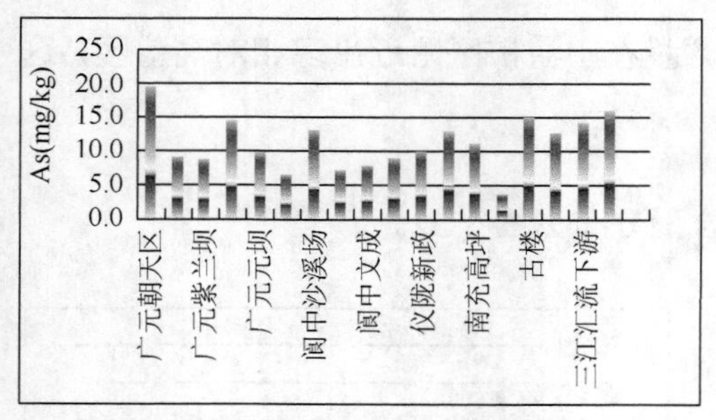

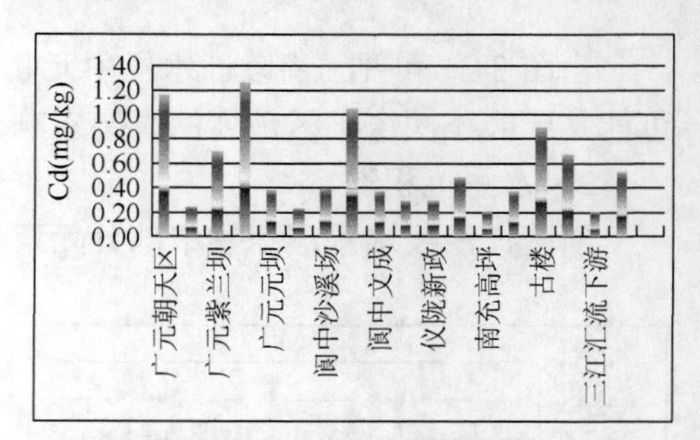

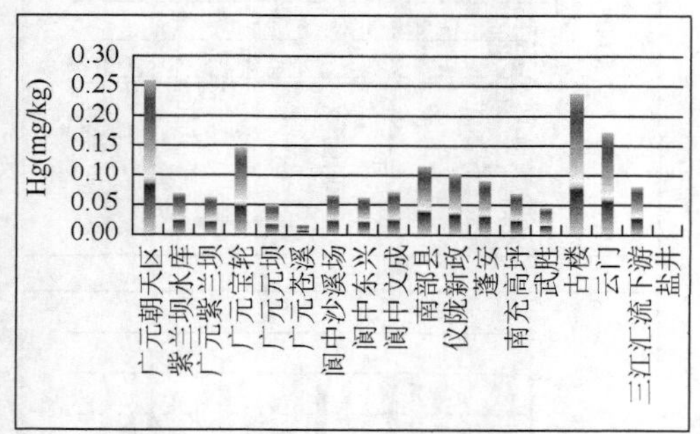

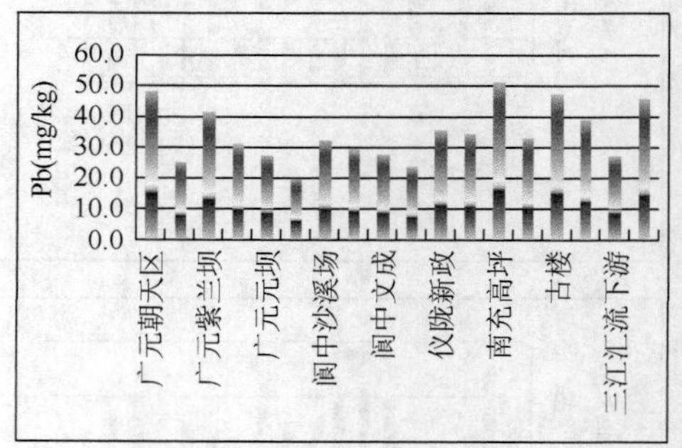

图 3-33　嘉陵江沿线土壤中部分元素含量分布图

由表 3-17 和图 3-33 可见，嘉陵江沿线土壤在上游广旺集团煤矿区附近出现相对高值，其中 Cd 在矿区及其附近有较大异常，在宝轮煤矿附近达到 1.26mg/kg，显示地震造成的矿山破坏对矿区周边土壤有一定影响。

参照国家土壤二级质量标准，嘉陵江沿线土壤除 Cd 部分点超标外，其余元素均远低于国家标准，Cd 的超标可能与上游煤矿的开采相关，三江汇流下游盐井 Cd 含量也达 0.54mg/kg，可能是渠江上游煤矿开采带来的 Cd 源叠加作用的结果。

3.2.4　水系沉积物中重金属元素的污染评价

沉积物是河流生态系统中一个不可分割的部分。国内外大量的研究表明，在重金属污染的水系中，重金属污染物不易溶解，水相中的重金属绝大部分迅速从水相转入固相，即迅速结合到悬浮物或沉积物中。结合到悬浮物中的重金属在水流搬运过程中，当其负荷量超过搬运能力时，最终进入沉积物中。水系沉积物重金属含量高，常常得到积累，并表现出较为明显的含量分布规律。沉积物作为水环境中重金属的主要蓄积库，反映了水体受重金属污染的状况。同时重金属不是一成不变地固定在沉积物中，当环境条件发生改变时，如 pH、氧化还原电位和有机质螯合物存在时，束缚在沉积物中的重金属可被释放出来，引起其迁移性和生物可利用性的改变或重金属返回水体中，造成二次污染（Förstner，1993）。

水体沉积物的重金属污染研究已成为各国科学工作者研究的重点，近年来，沉积物分析已经成为一个新的领域，成为追踪内陆和沿海水体人为污染影响的重要途径（Daskalakis and O'Connor，1995；徐争启等，2007；陈翠华等，2008）。对于流域内沉积物的系统研究有利于了解河水携带的重金属对土壤的影响，也有利于了解沉积物对生态环境所存在的潜在危害，因此对区域水系沉积物重金属污染进行环境质量评价变得尤为迫切而重要。

1. 评价标准的选择

沉积物质量基准（SQC）是指特定化学物质在沉积物中的实际允许数值，是底栖生物免受特定化学物质致害的保护性临界水平，是底栖生物剂量-效应关系的反映（陈静生和周家义，1992）。评价水系沉积物重金属污染现状，主要是评价依据的权威性和可靠性。通常选择已有的国家标准和研究区环境背景值作为评价依据（杨永强，2007；张江华等，2008）。从环境管理角度，国家标准无疑更权威，它强调标准的一致性、可比性。目前国家关于水系沉积物的环境质量标准尚未出台，本次评价工作以全球页岩平均值为标准（表 3-18）。

表 3-18　沉积物中重金属的参考值（C_n^i）和毒性系数（T_r^i）

元素	As	Cd	Cr	Cu	Hg	Pb	Zn
C_n^i (μg/g)	13	0.3	90	45	0.4	20	95
T_r^i	10	30	2	5.0	40	5.0	1

2. 评价结果

1）沱江流域

将评价指标用于绵远河、石亭江及沱江三条河流水系沉积物潜在生态危害评价，得出了各采样点重金属的潜在生态危害系数（E_r^i）及各采样点潜在生态风险指数（RI），见表 3-19。

表 3-19　三条河流沉积物各重金属的潜在生态危害系数（E_r^i）与潜在生态风险指数（RI）

区域	采样点	E_r^i							RI	生态危害程度
		As	Cd	Cr	Cu	Hg	Pb	Zn		
绵远河	M01	5.95	62.00	0.98	1.00	6.00	3.38	0.35	79.65	轻微
	M02	7.45	88.00	1.43	2.30	11.00	4.63	0.68	115.50	轻微
	M03	5.75	55.00	0.92	0.98	5.00	3.55	0.45	71.64	轻微

续表

区域	采样点	E_r^i							RI	生态危害程度
		As	Cd	Cr	Cu	Hg	Pb	Zn		
绵远河	M04	5.99	53.00	1.00	1.03	4.00	4.18	0.39	69.59	轻微
	M05	4.91	39.00	1.18	1.30	3.00	4.03	0.45	53.87	轻微
	M06	4.79	57.00	1.20	1.06	5.00	3.88	0.44	73.37	轻微
	M07	4.82	31.00	1.40	1.02	3.00	4.65	0.47	46.36	轻微
	M08	7.15	62.00	1.13	1.58	6.00	5.60	0.78	84.24	轻微
	M09	7.85	58.00	1.44	1.84	7.00	5.68	0.68	82.49	轻微
	M10	8.16	71.00	1.33	3.34	9.00	7.83	1.17	101.83	轻微
	M11	8.98	92.00	1.14	3.14	10.00	12.13	1.71	129.10	轻微
	M12	11.79	98.00	1.13	3.77	13.00	14.40	1.84	143.93	轻微
	M13	9.52	98.00	1.31	4.27	13.00	12.33	1.67	140.09	轻微
	M14	11.86	111.00	1.38	5.26	15.00	9.83	1.44	155.76	中等
	M15	14.12	122.00	1.44	5.81	15.00	15.10	1.98	175.45	中等
	M16	6.89	63.00	1.34	4.06	11.00	6.78	1.38	94.44	轻微
	M17	5.26	53.00	0.99	3.64	7.00	6.00	1.27	77.17	轻微
	M18	9.21	215.00	1.40	4.56	20.00	8.25	1.26	259.67	中等
	平均值	7.80	79.00	1.23	2.78	9.00	7.34	1.02	108.17	轻微
石亭江	S01	4.50	25.00	2.36	1.97	3.00	5.53	0.73	43.08	轻微
	S02	4.18	25.00	1.41	1.76	3.00	5.45	0.64	41.43	轻微
	S03	3.14	21.00	0.95	2.52	3.00	4.63	1.05	36.29	轻微
	S04	7.48	80.00	2.34	4.62	41.00	13.00	1.77	150.22	中等
	S05	2.88	19.00	0.97	2.53	3.00	3.65	0.91	32.93	轻微
	S06	4.60	28.00	2.01	3.16	5.00	6.35	0.86	49.98	轻微
	S07	3.19	32.00	1.54	1.62	3.00	5.23	0.68	47.26	轻微
	S08	4.98	44.00	1.25	3.10	8.00	7.10	1.15	69.59	轻微
	S09	4.78	45.00	1.41	2.83	15.00	7.23	1.08	77.33	轻微
	S10	3.62	52.00	1.82	2.37	15.00	6.70	1.25	82.76	轻微
	S11	5.10	157.00	2.27	3.39	23.00	8.03	1.99	200.77	中等
	S12	11.89	642.00	1.90	5.82	85.00	17.78	2.88	767.27	很强
	S13	8.51	171.00	1.48	3.91	25.00	13.25	1.75	224.89	中等
	S14	3.54	47.00	2.10	2.92	33.00	8.20	1.05	97.82	轻微
	平均值	5.17	99.00	1.70	3.04	19.00	8.01	1.27	137.19	轻微

续表

区域	采样点	E_r^i							RI	生态危害程度
		As	Cd	Cr	Cu	Hg	Pb	Zn		
沱江	T01	11.82	111.00	2.71	8.54	67.00	14.50	5.72	221.29	中等
	T02	10.82	363.00	2.62	6.81	42.00	13.65	3.46	442.36	强
	T03	7.42	109.00	2.26	3.83	16.00	8.58	2.23	149.32	轻微
	T04	9.59	140.00	1.97	5.24	1.00	10.80	2.00	170.60	中等
	T05	8.75	98.00	2.11	5.10	2.00	12.78	2.19	130.93	轻微
	T06	6.40	74.00	1.68	3.20	2.00	8.63	1.44	97.34	轻微
	T07	8.93	142.00	2.22	5.34	1.00	13.60	2.22	175.31	中等
	平均值	9.11	148.00	2.22	5.44	19.00	11.79	2.75	198.31	中等

由表3-19可见，三条河流沉积物各元素的潜在生态风险极为相似，都是Cd的贡献最大，其他元素的贡献都较小。绵远河中Cd的E_r^i均值为79，最高值达215，属很强的潜在生态风险，水系沉积物的七种元素生态风险由高到低依次为：Cd＞Hg＞As＞Pb＞Cu＞Cr＞Zn。石亭江中的Cd的E_r^i均值为99，最高值达642，属很强的潜在生态风险，水系沉积物的七种元素生态风险由高到低依次为：Cd＞Hg＞Pb＞As＞Cu＞Cr＞Zn。沱江中的Cd的E_r^i值都比较高，均值为148，最高值达363，属强的潜在生态风险，水系沉积物的七种元素生态风险由高到低依次为：Cd＞Hg＞Pb＞As＞Cu＞Zn＞Cr。

多种重金属的潜在生态风险指数（RI）表明，多数采样点生态危害较轻，少数采样点的生态危害较强。有九个采样点的潜在生态风险指数150≤RI＜300，绵远河、石亭江和沱江各占3个点，均属于中等强度潜在生态危害范畴。沱江有一个点的潜在生态风险指数300≤RI＜600，属于强生态危害范畴，石亭江有一个点的RI值大于600，为很强的潜在生态危害。

三条河流平均潜在生态风险指数（RI）的规律比较明显，其由大到小的次序为：沱江＞石亭江＞绵远河。从绵远河、石亭江到沱江，风险指数依次增大，风险程度也渐次增加，绵远河和石亭江整体为轻微强度潜在生态风险，然而绵远河的中下游、石亭江的下游，危害程度较大；沱江为中等潜在生态风险。

为深化评价沱江流域的重金属污染程度，对沱江流域的小支流各点水系沉积物进行了研究，结果见表3-20。

由表3-20可见，沱江流域小支流上Cd同样污染严重，个别点Cd的单因子指数高达355.2，属于强的危害程度。从各重金属的综合污染程度来看，有5个点属于强的潜在生态危害，6个点属于中等强度潜在生态危害，仅有8个点的潜在生态风险指数在100以下，危害程度较强。

表 3-20 沱江流域沉积物各重金属的潜在生态危害系数（E_r^i）与潜在生态风险指数（RI）

采样点	E_r^i							RI	危害程度
	As	Cd	Cr	Cu	Hg	Pb	Zn		
DY-01	5.49	93.34	1.85	3.88	50.09	8.65	1.90	165.20	中等
DY-02	20.86	160.55	2.17	6.11	36.51	30.84	2.55	259.57	中等
DY-03	6.60	82.28	1.93	6.43	15.77	9.78	1.63	124.41	轻微
DY-04	4.71	85.27	2.11	3.92	10.21	7.90	1.39	115.51	轻微
DY-05	6.09	44.77	1.43	2.29	5.94	5.33	0.71	66.55	轻微
DY-06	10.05	314.46	2.47	7.48	77.36	18.48	3.14	433.44	强
DY-07	7.50	108.49	1.98	2.17	8.86	9.60	0.90	139.50	轻微
DY-08	5.56	50.90	1.64	2.50	7.24	5.15	0.77	73.75	轻微
DY-09	16.47	151.83	2.71	5.67	24.81	15.20	1.57	218.25	中等
DY-10	4.42	31.21	1.73	2.59	3.71	6.53	0.74	50.92	轻微
DY-11	5.04	31.39	1.32	1.58	3.97	4.70	0.63	48.62	轻微
DY-12	7.42	84.18	1.70	4.23	23.89	9.11	1.46	131.99	轻微
DY-13	7.68	318.58	1.42	4.32	35.87	12.25	1.73	381.86	强
DY-14	10.39	298.98	3.42	20.08	31.09	87.90	13.05	464.90	强
DY-16	7.68	193.30	1.51	4.19	26.12	13.45	2.59	248.84	中等
DY-17	5.43	30.83	1.33	1.52	3.57	5.35	0.55	48.59	轻微
DY-18	8.33	167.53	1.81	5.47	34.80	15.78	2.58	236.29	中等
DY-19	4.32	70.08	1.09	2.08	7.17	7.48	1.07	93.28	轻微
DY-20	3.46	12.87	1.07	1.48	2.45	3.50	0.49	25.32	轻微
DY-21	3.92	60.60	1.83	3.93	27.75	6.80	1.13	105.96	轻微
DY-22	1.16	43.98	1.15	1.27	4.90	4.13	0.75	57.33	轻微
DY-23	7.09	355.21	1.96	16.43	2.00	12.50	2.70	397.88	强
DY-24	5.26	201.58	2.28	4.97	28.06	12.50	2.41	257.05	中等
DY-25	3.91	342.51	2.72	5.12	2.00	11.10	3.15	370.51	强

2）岷江流域

岷江主要水系沉积物重金属的潜在生态危害系数（E_r^i）及各采样点潜在生态风险指数（RI）结果见表 3-21。

表 3-21　岷江主要水系沉积物各重金属的潜在生态危害系数（E_r^i）及潜在生态风险指数（RI）

河流	采样点	E_r^i							RI
		As	Cd	Cr	Cu	Hg	Pb	Zn	
文锦江/西河	XH01	3.38	97.17	1.15	0.86	2.13	64.33	1.47	170.48
	XH02	3.49	89.13	1.08	0.83	2.09	16.88	1.44	114.94
	XH03	3.84	72.61	1.18	0.98	2.22	15.11	1.51	97.44
	XH04	4.42	144.41	1.47	0.72	2.15	88.7	1.79	243.66
	XH05	3.8	64.43	1.14	1	2.73	11.88	0.96	85.94
	XH06	3.12	75.25	1.02	0.93	2.41	11.15	1.13	95.02
	XH07	3.38	71.3	1.01	1.01	10.1	15.7	1.18	103.68
	XH08	3.8	79.61	1.19	1.31	3.11	13.29	1.1	103.4
	XH09	4.15	73.46	1.24	1.56	3.6	20.8	1.3	106.1
	XH10	4.01	66.17	1.34	1.66	3.11	9.38	1.09	86.75
	XH11	3.6	18.66	1.35	3.11	1.78	5.4	0.91	34.81
	XH12	7.73	65.26	4.13	5.5	10.95	49.36	2.17	145.09
	XH13	6.63	49.4	2.1	5.04	5.79	15.11	1.66	85.72
	XH14	6.65	29.56	1.73	4.57	2.57	8.28	1.11	54.46
	平均值	4.43	71.17	1.51	2.08	3.91	24.67	1.34	109.11
邺江/斜江河	XJ01	5.35	48.66	1.8	2.17	3.1	9.45	0.96	71.48
	XJ02	4.85	35.22	1.44	2.36	8.61	7.63	1.26	61.35
	XJ03	4.15	43.38	1.42	2.46	5.99	7.9	1.34	66.64
	XJ04	4.24	68.77	1.98	2.38	6.18	8.98	1.96	94.48
	XJ05	4.19	50.42	1.8	2.1	4.66	7.58	1.58	72.33
	XJ06	4.62	58.52	1.82	3.03	6.91	10.28	1.83	87.02
	XJ07	4.27	41.02	1.7	2.64	7.18	7.05	1.2	65.06
	XJ08	4.19	68.65	1.84	2.49	5.85	10.03	1.61	94.66
	XJ09	5.85	80.83	1.53	3.28	8.74	14.1	2.15	116.48
	XJ10	3.9	29.17	1.59	2.12	4.48	5.03	0.83	47.12
	XJ11	7.97	64.42	1.77	5.44	12.87	11.1	1.35	104.93
	XJ12	6.06	39.22	1.66	4.08	7.83	12.5	1.36	72.7
	XJ13	7.79	40.03	1.61	5.29	7.91	8.75	1.35	72.73
	平均值	5.19	51.41	1.69	3.06	6.95	9.26	1.44	79.00
大渡河	QYJ01	6.45	70.35	1.64	4.56	9.47	14.5	1.8	108.77
	QYJ02	6.84	175.32	2.88	2.91	10.17	33.2	4.31	235.63
	QYJ03	6.01	64.26	1.95	4.4	16.72	12.63	1.69	107.65
	QYJ04	2.39	23.49	1.24	1.04	1.43	4.54	0.58	34.71
	DDH01	6.84	59.51	1.38	3.86	14.01	13.03	1.43	100.05

续表

河流	采样点	E_r^i							RI
		As	Cd	Cr	Cu	Hg	Pb	Zn	
大渡河	DDH02	9.85	85.74	1.35	2.21	8.2	17.53	1.85	126.73
	DDH03	11.42	122.24	1.42	1.33	6.34	22.03	2.2	166.98
	DDH04	14.99	308.68	1.15	2.65	10.1	71.06	8.76	417.39
	DDH05	13.37	690.61	2.38	4.93	40.33	52.18	4.81	808.59
	DDH06	13.86	1608.0	1.82	4.23	70.98	150.18	16	1865.0
	DDH07	9.86	282.34	5.16	3.31	13.94	62	5.36	381.96
	DDH08	4.17	126.14	1.06	1.36	5.32	16.3	2.4	156.75
	DDH09	14.27	416.31	1.93	3.58	18.72	91.95	8.46	555.22
	DDH10	31.13	648.04	4.46	5.02	30.78	209.63	13.58	942.64
	DDH11	11.21	220.22	1.66	3.34	11.61	45.83	3.89	297.76
	DDH12	26.41	903.48	12.19	6.31	37.63	157.6	21.63	1165.2
	DDH13	15.27	513.63	3.31	4.91	40	123.8	8.35	709.28
	DDH14	5.74	112.21	2.41	2.34	5.51	21.66	2.61	152.48
	DDH15	13.54	369.2	2.22	8.4	36.55	69.63	4.84	504.37
	平均值	11.769	357.883	2.716	3.721	20.411	62.594	6.029	465.121

从表 3-21 中可以看出，其中 As、Cr、Cu、Zn 的 E_r^i 均小于 40，即属于轻微生态危害程度；而 Cd 元素中有 7 个点的 E_r^i 超过 320，达到极强生态危害的程度，4 个点的 E_r^i 超过 160，低于 320，达到很强生态危害，8 个点 E_r^i 超过 80，低于 160，达到强生态危害，21 个点的 E_r^i 超过 40，低于 80，达到中等生态危害。Hg 元素中有 3 个点的 E_r^i 值超过 40，低于 80，属于中等生态危害，其他点均小于 40。Pb 元素中有 1 个点的 E_r^i 值超过 160，低于 320，达到很强生态危害程度，有 5 个点的 E_r^i 值超过 80，低于 160，达到强生态危害程度，7 个点的 E_r^i 超过 40，低于 80，达到中等生态危害。

对岷江流域部分水系支流沉积物进行潜在生态危害评价，结果见表 3-22。

表 3-22 岷江流域沉积物各重金属的潜在生态危害系数（E_r^i）与潜在生态风险指数（RI）

采样点	E_r^i							RI	危害程度
	As	Cd	Cr	Cu	Hg	Pb	Zn		
MJ01	4.44	29.72	1.8	2.47	2.3	7.6	0.99	49.31	轻微
MJ02	5.3	26.31	1.95	5.5	3.49	7.18	1.1	50.83	轻微
MJ03	9.48	83.93	3.77	6.19	17.54	9.1	2.65	132.67	轻微

续表

采样点	E_r^i							RI	危害程度
	As	Cd	Cr	Cu	Hg	Pb	Zn		
MJ04	6.86	40.23	2.99	4.1	15.63	9.6	1.29	80.7	轻微
MJ05	8.17	112.29	2.66	7.3	21.33	9.7	2.19	163.64	中等
MJ06	9.25	53.6	1.46	4.77	4.42	10.05	1.41	84.96	轻微
MJ07	7.61	33.77	1.59	4.41	2.64	6.6	1.2	57.81	轻微
MJ08	6.4	25.89	1.66	4.33	2.55	6.58	1.07	48.47	轻微
MJ09	5.72	22.97	1.66	3.63	2.02	5.78	0.95	42.72	轻微
MJ10	3.12	15.57	1.68	2.38	1.76	4.65	0.67	29.82	轻微
MJ11	5.42	26.02	1.66	4.01	2.97	6.35	1.03	47.46	轻微
MJ12	5.04	20.39	1.52	2.9	3.07	5.85	0.98	39.75	轻微
MJ13	9.62	54.83	2.34	4.81	9.94	9.28	1.5	92.32	轻微
MJ14	6.71	38.16	2.13	3.9	10.88	8.13	1.32	71.22	轻微
MJ15	4.8	55.69	2.66	4.56	8.38	7.63	1.25	84.96	轻微
MJ16	5.15	62.25	2.04	6.38	13.29	10.03	1.76	100.9	轻微
MJ17	6.15	59.61	1.85	4.48	12.21	8.93	1.45	94.68	轻微
MJ18	4.74	56.76	15.7	5.67	22.85	8.35	1.47	115.53	轻微
平均值	6.33	45.44	2.84	4.54	8.74	7.86	1.35	77.10	轻微

由表 3-22 可见，岷江流域上潜在生态危害程度相比沱江流域要轻微很多，仅有一个点的 RI 超过了 150，属于中等潜在危害程度，其他各点的 RI 都小于 150，属于轻微潜在危害程度。在岷江流域上，从各种金属单因子来看，Cd 的贡献也是最大的，其次是 Hg 和 Pb。

3）嘉陵江流域

涪江沿线水系沉积物重金属潜在生态危害评价结果见表 3-23。

表 3-23　涪江沉积物各重金属的潜在生态危害系数（E_r^i）与潜在生态风险指数（RI）

采样点	E_r^i							RI	危害程度
	As	Cd	Cr	Cu	Hg	Pb	Zn		
FJ02	25.5	29.2	1.15	3	12	5.7	0.8	79.1	轻微
FJ03	25.8	29.5	1.17	2.7		5.5	0.8	67.4	轻微
FJ04	23	34.7	1.16	2.8		5.1	0.9	69.6	轻微
FJ05	16.6	38.9	1.49	3.7		6.5	1.1	70.6	轻微
FJ06	20	317	1.57	6.2	77	20	4.6	449	强
FJ07	2.73	18	0.78	1.8	2.8	4.3	0.6	32.2	轻微

续表

采样点	E_r^i							RI	危害程度
	As	Cd	Cr	Cu	Hg	Pb	Zn		
FJ08		24.3	1.36	2.4		5.6	0.9	36.5	轻微
FJ09		33.4	1.2	2.9		6.6	0.9	47	轻微
FJ10	29.2	36.2	1.22	3		6.1	0.9	78.7	轻微
FJ11	25	35.5	1.24	3.5		5.7	1	74.2	轻微
FJ12	7.44	28.1	1.59	3.4		6	1.1	50.5	轻微
FJ13	5.95	15	1.49	2.4	5.5	5.3	0.8	38.3	轻微
FJ14	21.6	50.2	1.28	3.5	57	8.6	1.1	145	轻微
FJ15	12.7	38.5	1.66	2.4		12	1.1	69.8	轻微
FJ16	18.9	82.3	2.11	2.4		33	2.4	143	轻微
FJ17	16.2	57.5	1.55	3.3	64	12	1.3	158	中等
FJ18	17.5	71	1.94	4.4	46	15	1.8	160	中等
FJ20	17.6	68.2	1.53	3.5		14	1.9	110	轻微
FJ21	19.5	63.4	1.66	4	64.1	12.5	1.52	169.6	中等
FJ22	21.6	76.5	1.78	4.9	83.2	16.7	1.92	209.8	中等
FJ23	11.2	142	1.9	6	31.5	8.45	1.58	206.2	中等
FJ24	11.8	80.8	2.01	4.1	31.3	9.65	1.42	144.1	轻微
FJ25	15.2	65.6	2.02	4.9	38.9	13.3	1.7	145.1	轻微
FJ26	16.6	159	1.91	5.5	44.8	9.49	1.76	242.2	中等
FJ27	12.4	106	1.49	4.9	32.2	8.73	1.47	169.9	中等
FJ28	14.5	96	1.88	6	33.1	11	1.71	168	中等
FJ29	14.6	74.5	1.74	4.2	23.6	7.8	1.27	130.6	轻微
FJ30	11.9	97.6	1.26	3.6	72.3	7.18	1.37	197.6	中等
FJ31	15.7	212	2.21	7.1	50.2	9.35	2.04	303.3	强
FJ32	13.4	95.1	1.58	4.4	92.8	9.35	1.63	221.1	中等
FJ33	10.2	105	1.77	4.2	43.8	7.5	1.29	176.3	中等
FJ34	12.3	81	1.91	4.5		9	1.38	113.2	轻微
FJ36	17.5	42.3	1.64	2.4		5.9	0.75	72.28	轻微
FJ37	15.8	68.3	3.28	3.7	58.9	7.65	1.14	161.3	中等
FJ38	6.34	27.8	0.91	1.7	15.7	4.55	0.47	58.24	轻微
FJ39	10.9	65.8	1.52	3.6	22.3	8.43	1.23	116.3	轻微
FJ40	11.6	84.1	1.7	3.6	16.1	8.73	1.3	129.8	轻微
FJ41	14.3	156	1.95	5.6	29.2	8.78	1.65	220.8	中等
FJ42	11.3	102	1.65	4.2	21.1	6.23	1.34	150.3	中等
HC01	2.44	10.66	2.299	0.9	1.11	5.2	0.37	24.1	轻微
HC02	2.89	22.52	2.703	1.9	9.57	7.4	0.72	49.2	轻微
HC03	18	215.9	2.214	7.2	38.4	10	2.08	299	中等
HC04	11.4	69.52	1.384	3.6	31.3	6.9	1.12	127	轻微

由表 3-23 知，用潜在生态危害指数法评价涪江上游（FJ02～FJ20）水系沉积物，Cu、As、Cr、Pb、Zn 的 E_r^i 都小于 40，属于轻微生态危害，而 Cd 在上游 18 个采样点中，有 6 个点 E_r^i 大于 40，其中有一个点的 E_r^i 为 317，因此涪江干流水系沉积物中 Cd 属于轻微—中等生态危害，E_r^i 为 317 的点属于很强生态危害，Hg 属于轻微—中等生态危害。而从综合潜在生态危害来看，涪江干流上游水系沉积物属于轻微—中等生态危害，个别地方属于强生态危害。涪江中游（FJ21～FJ42）水系沉积物中，Cu、As、Cr、Ni、Pb、Zn 的 E_r^i 都小于 40，属于轻微生态危害，而 Cd 在中游 21 个采样点中，有 20 个点 E_r^i 大于 40，其中大于 80 的采样点有 13 个，因此涪江干流水系沉积物 Cd 属于中等—强生态危害。Hg 在中游 19 个采样点中，有 8 个采样点生态危害系数大于 40，属于轻微—中等生态危害。而从综合潜在生态危害来看，涪江干流中游水系沉积物属于轻微—中等生态危害。下游（HC01～HC04）水系沉积物，Cu、As、Cr、Ni、Pb、Zn 的 E_r^i 都小于 40，属于轻微生态危害，而 Cd 在下游 4 个点中，有 2 个点大于 40，其中 1 个是 215.9，属于很强生态危害，Hg 属于轻微生态危害。而从综合潜在生态危害来看，涪江干流中游水系沉积物属于轻微—中等生态危害。

嘉陵江沿线水系沉积物重金属潜在生态危害评价结果见表 3-24。

表 3-24　嘉陵江沉积物各重金属的潜在生态危害系数（E_r^i）及潜在生态风险指数（RI）

采样点	E_r^i							RI	危害程度
	As	Cd	Cr	Cu	Hg	Pb	Zn		
JL-01	11.85	173.41	1.7	3.7	27.30	13.2	3.06	234.18	中等
JL-02	9.36	24.78	1.5	3.4	10.63	6.0	0.86	56.59	轻微
JL-03	6.04	19.44	1.7	2.7	4.51	6.0	0.84	41.21	轻微
JL-04	9.41	90.12	2.2	4.7	12.25	6.6	1.41	126.63	轻微
JL-05	13.61	111.71	1.6	3.8	20.86	10.4	1.99	163.85	中等
JL-06	13.48	136.31	1.7	4.3	27.02	11.4	2.29	196.44	中等
JL-07	10.96	81.82	1.8	3.0	18.63	10.1	1.75	128.04	轻微
JL-08	3.90	32.41	1.7	2.9	4.72	6.1	0.70	52.47	轻微
JL-09	4.00	68.95	1.7	3.5	15.06	7.0	1.08	101.33	轻微
JL-10	13.55	124.79	1.5	4.0	24.01	12.1	2.69	182.67	中等
JL-11	10.79	86.80	1.8	2.5	20.95	6.5	1.03	130.34	轻微
JL-12	8.65	37.08	1.6	2.6	14.30	6.4	1.05	71.67	轻微
JL-13	9.32	42.80	1.8	3.8	39.94	7.8	1.04	106.46	轻微
HC-05	12.57	99.46	1.8	4.0	24.11	11.3	1.65	154.88	中等
HC-06	10.74	68.68	1.7	3.3	19.08	10.0	1.78	115.26	轻微
HC-07	10.00	61.65	1.7	3.0	17.33	9.0	1.49	104.21	轻微
HC-08	10.03	37.11	1.8	2.9	8.46	6.1	0.83	67.24	轻微
HC-09	3.22	14.02	1.6	0.8	4.06	4.2	0.39	28.37	轻微

由表 3-24 可见，从单因子来看，Cd 的危害程度最大，其余依次是 Hg、As、Pb、Cu、Cr，Zn 的危害程度最小。从各重金属的 RI 来看，嘉陵江上游的危害程度要大一些。整个流域上有 5 个点的 RI 超过 150，属中等强度潜在生态危害，其余各点的 RI 都小于 150，属于轻微潜在生态危害。

3.2.5 沱江流域水系沉积物重金属元素赋存形态

大量生物分析与毒理研究表明，特定环境中重金属元素的生物活性和毒性以及它们在生物体内、生态环境中的迁移转化过程与其在环境中的赋存形态密切相关（王菊英和张曼平，1992；杨宏伟等，2002）。例如，赋存于矿物晶格中的重金属迁移性极差，不能为生物所利用，其高含量也不会对生物产生毒性，而溶解态和吸附于矿物表面的重金属则容易被生物吸收。已有的研究表明，形态分析是生物可给性的基础，也是判识沉积物中重金属污染潜在危害的前提。

沉积物中的重金属不仅存在于无机物、有机物和生物体中，还在沉积物中各种固相物质表面产生复杂的化学反应；其任何迁移和传输都是以一定的形态进行，从沉积物物理化学角度来看，沉积物中不同形态的重金属处于不同的能量状态，它们在沉积物中的迁移性不同，迁移性大小又决定了重金属的生物有效性和对生态环境的危害程度（周淑清等，1993）。因此，研究沉积物重金属的环境效应必须研究其在沉积物中的形态分布和转化过程，并对其生物有效性进行表征。

选取了石亭江、绵远河和沱江中的 15 个水系沉积物，分析了 As、Cr、Cd、Ni、Cu、Pb 和 Zn 的形态特征，分析结果见表 3-25 和和图 3-34。

表 3-25 不同采样点形态分析结果所占比例（%）

元素	形态	S1	S2	S3	S4	S5	S6	M1	M2
As	水溶态	0.15	0.03	0.37	0.22	1.12	0.76	1.00	0.14
	可交换态	1.65	0.12	0.92	1.95	1.62	3.37	2.39	2.28
	碳酸盐结合态	7.62	7.53	0.19	2.65	12.37	3.59	0.51	1.81
	铁锰氧化态	10.39	9.80	15.62	21.24	17.00	15.55	13.05	12.04
	有机结合态	16.31	12.94	3.50	7.21	3.34	8.15	3.04	2.09
	原生硫化物态	30.12	34.24	36.04	30.71	16.48	26.76	28.01	23.38
	残渣态	33.67	35.35	43.32	37.10	48.04	41.82	51.96	58.25
Cd	水溶态	0.68	0.53	1.01	0.53	0.13	0.32	0.22	0.46
	可交换态	11.96	3.94	19.46	20.71	2.69	2.91	8.78	8.02
	碳酸盐结合态	9.20	3.00	13.93	12.44	9.26	10.95	6.50	16.64
	铁锰氧化态	11.12	16.60	9.50	6.93	9.17	13.99	13.18	15.58
	有机结合态	5.12	16.50	3.64	4.78	9.75	14.08	4.68	4.57
	原生硫化物态	28.80	20.00	19.68	26.67	24.15	26.87	20.39	21.51
	残渣态	34.48	39.81	33.89	27.93	45.06	30.74	46.64	32.67

续表

元素	形态	S1	S2	S3	S4	S5	S6	M1	M2
Cr	水溶态	0.03	0.04	0.04	0.04	0.02	0.04	0.04	0.06
	可交换态	0.22	0.29	0.31	0.39	0.25	0.42	0.64	0.77
	碳酸盐结合态	1.67	0.68	0.87	1.27	0.97	1.54	2.35	3.91
	铁锰氧化态	12.36	12.21	10.92	13.39	10.83	10.57	4.78	7.73
	有机结合态	1.38	2.37	1.94	3.10	4.46	3.61	4.18	4.03
	原生硫化物态	29.11	24.15	19.93	37.96	14.81	22.89	8.50	7.79
	残渣态	56.41	60.56	65.99	43.84	68.67	60.94	79.51	75.72
Cu	水溶态	0.17	0.17	0.34	0.19	0.17	0.26	0.18	0.34
	可交换态	0.58	0.40	0.60	0.58	0.48	0.61	1.02	1.45
	碳酸盐结合态	0.68	0.21	1.06	1.85	1.38	3.77	0.99	8.53
	铁锰氧化态	7.01	5.18	5.10	9.70	11.44	14.88	15.67	12.34
	有机结合态	5.83	8.50	9.41	9.44	13.74	9.14	11.78	9.10
	原生硫化物态	33.93	22.16	40.26	27.39	35.85	36.87	28.73	32.85
	残渣态	51.81	63.38	43.22	50.84	36.94	34.48	41.63	35.40
Ni	水溶态	0.10	0.11	0.10	0.10	0.06	0.08	0.09	0.18
	可交换态	1.19	1.41	0.96	1.07	1.13	1.43	2.81	2.53
	碳酸盐结合态	1.59	0.50	1.93	2.84	1.24	2.02	8.19	12.49
	铁锰氧化态	5.01	0.99	4.36	2.89	1.82	3.40	6.23	11.77
	有机结合态	2.82	2.77	3.62	4.29	3.28	3.06	9.47	7.15
	原生硫化物态	22.77	16.57	29.23	24.91	20.57	20.58	29.16	31.01
	残渣态	66.52	77.65	59.80	63.90	71.91	69.44	44.03	34.87
Pb	水溶态	0.10	0.11	0.18	0.08	0.08	0.15	0.08	0.12
	可交换态	0.31	0.26	0.12	0.10	0.03	0.06	0.50	0.13
	碳酸盐结合态	3.93	1.41	4.90	6.31	12.45	9.48	4.52	2.79
	铁锰氧化态	7.54	1.92	7.67	6.39	8.94	9.02	10.62	8.50
	有机结合态	3.28	3.17	3.99	3.15	6.47	4.46	3.21	1.50
	原生硫化物态	28.65	29.32	26.69	21.89	16.95	14.75	18.67	17.45
	残渣态	56.17	63.81	56.45	62.08	55.07	62.08	62.41	69.52
Zn	水溶态	0.07	0.04	0.06	0.03	0.01	0.02	0.04	0.08
	可交换态	0.87	0.37	0.78	0.10	0.26	0.46	1.29	1.67
	碳酸盐结合态	0.45	1.16	1.55	2.36	0.55	0.88	3.39	0.23
	铁锰氧化态	3.29	4.57	5.21	5.14	2.52	4.32	9.57	11.14
	有机结合态	1.71	1.45	2.68	1.24	1.96	1.55	1.83	5.72
	原生硫化物态	14.61	12.27	25.97	18.29	12.96	19.65	32.66	47.72
	残渣态	79.43	80.38	63.75	72.83	81.63	72.99	51.54	33.72

续表 3-25 不同采样点形态分析结果所占比例（%）

元素	形态	M3	M4	M5	M6	T1	T2	T3	T4
As	水溶态	0.27	0.11	0.80	0.04	0.09	0.64	0.19	0.62
	可交换态	1.83	2.04	3.21	0.61	1.19	0.29	0.49	1.08
	碳酸盐结合态	1.35	0.46	0.10	0.23	2.69	1.97	0.10	1.28
	铁锰氧化态	4.09	9.25	11.40	3.03	6.79	7.67	9.61	9.57
	有机结合态	2.62	1.22	3.24	5.66	10.45	10.96	1.84	8.94
	原生硫化物态	42.69	11.48	21.40	23.09	17.10	22.25	27.72	27.30
	残渣态	47.18	75.46	59.82	67.34	61.69	56.20	60.06	49.77
Cd	水溶态	0.46	0.41	0.18	0.27	0.55	0.25	0.29	0.29
	可交换态	13.59	2.90	9.05	6.32	8.36	1.85	5.56	10.66
	碳酸盐结合态	1.07	4.03	3.04	6.58	3.06	5.23	8.56	3.80
	铁锰氧化态	12.41	8.58	10.59	11.80	9.55	13.20	10.82	14.03
	有机结合态	11.59	8.10	3.96	9.46	3.03	11.01	10.41	14.05
	原生硫化物态	27.93	35.32	29.57	27.75	28.47	40.02	21.43	28.78
	残渣态	33.22	40.75	43.20	37.82	47.19	28.53	43.39	28.58
Cr	水溶态	0.03	0.06	0.07	0.04	0.06	0.02	0.04	0.02
	可交换态	0.55	0.57	0.69	0.42	0.19	0.17	0.29	0.35
	碳酸盐结合态	1.52	1.46	2.91	1.93	0.98	0.61	0.83	1.09
	铁锰氧化态	5.07	4.36	5.65	4.49	4.88	3.21	3.04	4.26
	有机结合态	4.25	3.34	4.71	4.35	7.23	4.77	1.85	3.59
	原生硫化物态	8.95	9.63	8.45	8.41	16.05	8.77	8.47	6.70
	残渣态	79.63	80.59	77.51	80.37	70.60	82.46	85.48	84.00
Cu	水溶态	0.36	0.42	0.20	0.39	0.05	0.03	0.02	0.03
	可交换态	1.27	1.25	0.64	0.58	0.41	0.38	0.37	0.76
	碳酸盐结合态	1.47	1.65	0.94	4.20	0.53	2.52	0.66	3.32
	铁锰氧化态	15.05	8.63	8.75	4.83	2.80	4.50	0.98	3.36
	有机结合态	7.20	10.17	6.69	11.12	22.27	15.99	5.82	12.92
	原生硫化物态	32.52	28.15	20.76	21.83	13.05	20.75	24.91	20.01
	残渣态	42.21	49.72	62.01	57.06	60.89	55.84	67.13	59.60
Ni	水溶态	0.08	0.10	0.09	0.08	0.03	0.06	0.09	0.06
	可交换态	1.72	1.88	2.23	1.13	0.93	0.59	0.86	1.41
	碳酸盐结合态	2.82	0.76	7.44	3.60	2.97	1.39	1.73	2.28
	铁锰氧化态	10.34	1.01	6.20	4.65	5.65	3.33	3.89	2.67
	有机结合态	8.79	1.96	6.26	4.75	4.27	3.52	3.23	2.89
	原生硫化物态	30.31	18.01	27.33	22.58	11.67	17.50	26.10	18.94
	残渣态	45.94	76.29	50.45	63.21	74.49	73.62	64.11	71.74

续表

元素	形态	M3	M4	M5	M6	T1	T2	T3	T4
Pb	水溶态	0.10	0.16	0.07	0.11	0.02	0.10	0.09	0.08
	可交换态	0.52	0.93	0.40	0.32	0.33	0.09	0.06	0.37
	碳酸盐结合态	3.71	7.65	2.40	4.51	3.92	6.36	2.44	5.03
	铁锰氧化态	12.34	5.77	5.45	11.45	6.58	10.22	3.81	9.91
	有机结合态	4.76	5.48	1.52	4.19	4.65	6.09	1.99	4.78
	原生硫化物态	36.70	19.20	8.06	20.85	18.81	19.75	13.27	17.40
	残渣态	41.87	60.82	82.09	58.57	65.69	57.39	78.35	62.43
Zn	水溶态	0.06	0.11	0.01	0.02	0.01	0.02	0.02	0.03
	可交换态	0.16	0.83	0.33	0.47	0.47	0.04	0.31	0.09
	碳酸盐结合态	2.73	1.52	0.58	0.45	6.79	4.45	5.42	8.30
	铁锰氧化态	2.46	4.20	1.50	1.92	3.89	10.29	11.19	10.94
	有机结合态	2.59	2.88	0.78	1.00	1.73	3.26	3.46	6.22
	原生硫化物态	36.46	41.89	16.91	16.38	10.20	13.26	24.18	20.55
	残渣态	55.31	48.44	79.89	79.61	76.85	68.79	55.47	53.51

由表 3-25 和图 3-34 可知，在整个流域上，各元素都以残渣态为主，其次是原生硫化物态，比较容易被吸收利用的水溶态和可交换态或容易释放到环境中的碳酸盐结合态所占比例都不大，可见这些元素在沱江流域都是比较稳定的。

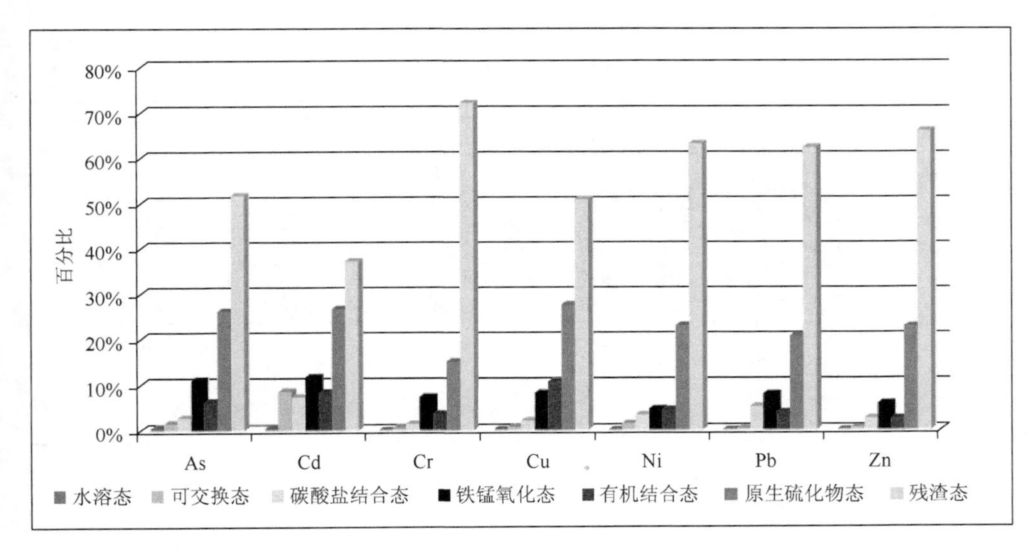

图 3-34　各元素形态特征分布图

弱酸可提取态对生物有直接或潜在的生物可利用性和生物毒性，对此进行了研究，结果见图 3-35、图 3-36 和图 3-37。

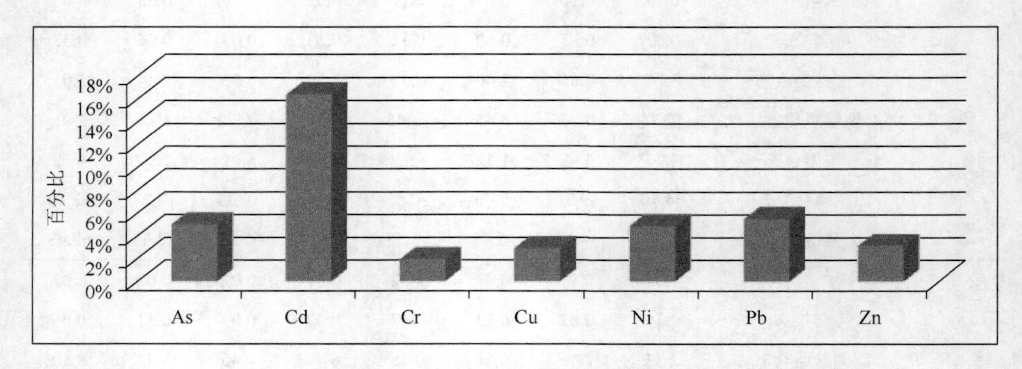

图 3-35　各元素总弱酸可提取态特征

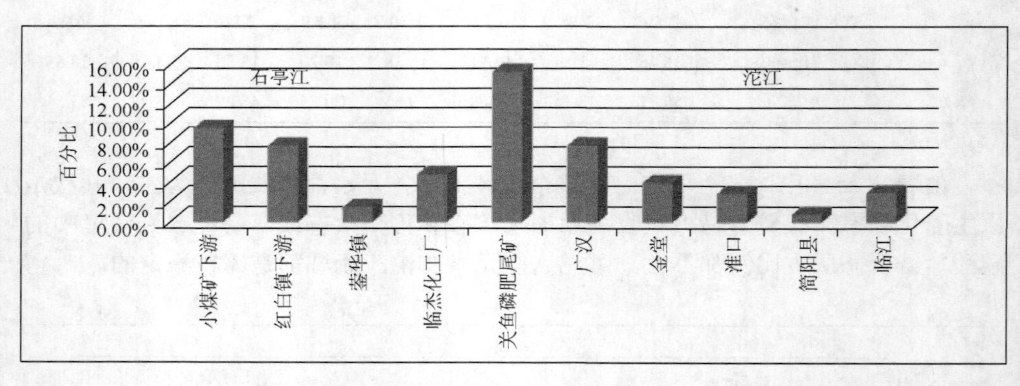

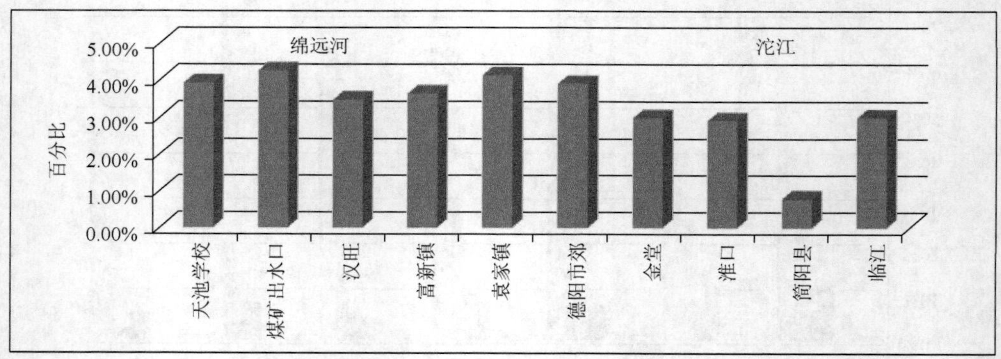

图 3-36　As 的总弱酸可提取态空间分布

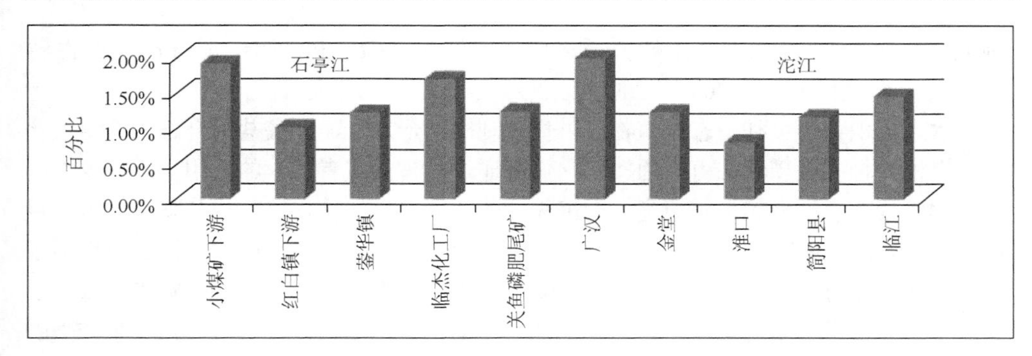

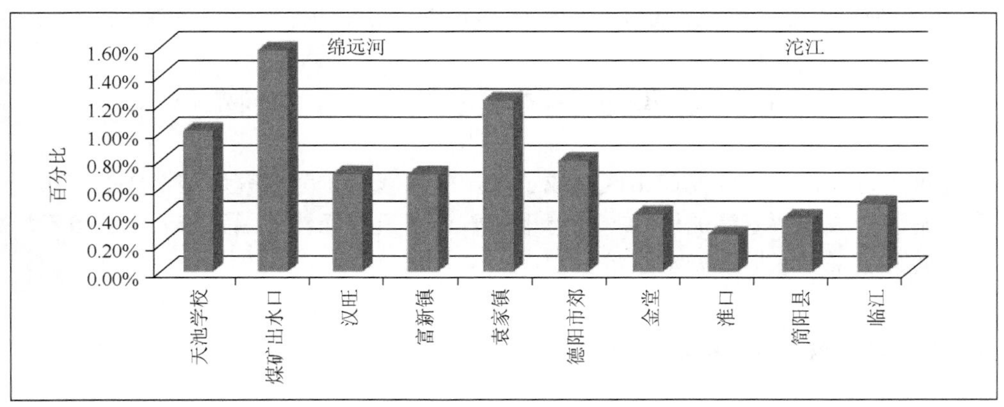

图 3-37　Cr 的总弱酸可提取态空间分布

由图 3-35 可见，As 和 Cd 的水溶态含量的平均百分比最大，Cd 的总的弱酸可提取态百分比最大，Cr 的总弱酸可提取态比例最小。故该流域的 Cd 对环境变化很敏感，易于迁移转化，生物直接吸收利用也较容易，应当引起足够重视。有机结合态的 As、Cd 和 Cu 的比例较大，可能是由于这几个元素比较容易与有机质形成金属螯合物。

由图 3-36 和图 3-37 可见，As 和 Cr 的弱酸可提取态的空间分布规律相似。在两支流的弱酸可提取态的比例较大，交汇后比例减小。这与重金属总量结果相反，可能是由于在交汇后有其他水系汇入，沉积物中的重金属更多地被溶释出来。

综合上述重金属不同形态含量和分布特征进行分析可知，首先，各重金属的形态都是以难被生物直接吸收利用的残渣态为主，容易被利用的弱酸可提取态含量不大。其次，重金属总弱酸可提取态所占的比例在地域上呈现出一定的变化特征。上游的重金属总弱酸可提取态要比下游高，尤其是 M02、S03 和 S04 点位，Cd 的弱酸可提取态所占比例最大，下游相对较低，可见上游沉积物中重金属的活性和迁移性较强，而下游沉积物中重金属的活性和迁移性较差。最后，总弱酸可提取态所占的比例随重金属元素的不同也有所变化。Cd 总弱酸可提取态所占的比例最高，而 Cr 则最低。在本研究所采的沉积物中，Cd、Pb、As 和 Ni 的迁移性较强，活性高；而 Cr 和 Cu、Zn 的迁移性相对较差，活性低。

水系沉积物中可利用态是植物可以直接利用的形态，而碳酸盐结合态、铁锰氧化态、有机结合态属于潜在可利用态。它们都通过物理的或者化学的作用与沉积物中的成分比较紧密地结合起来。但是如果沉积物的环境发生变化，这些成分就可能被大量地释放出来，对环境造成二次污染。例如，pH 降低时，本来是碳酸盐沉淀的金属离子就大量转换为可交换态，使重金属的生物可利用性大大增高。再如，在磷矿、煤矿及磷化工厂周边重金属富集程度相当高的地方，由于有矿山酸性排水，一旦发生较强的水系沉积物性质变化，带来的后果是很严重的，应该引起我们的高度重视。

3.3 典型堰塞湖沉积物中的污染物

汶川特大地震造成龙门山区形成了大量的堰塞湖，为研究地震造成的矿山损毁对附近形成的堰塞湖的影响，在清平磷矿下游云湖森林公园旁和天池乡政府堰塞湖边分层采集了堰塞湖水系沉积物。

3.3.1 云湖森林公园堰塞湖

1. 剖面一

剖面一为磷矿下游云湖森林公园旁堰塞湖不同时间段形成的沉积（图 3-38），根据沉积的特征，分别采集了四个不同沉积高度的沉积物，分别代表四个不同时间段水系沉积物的沉积。

图 3-38 云湖森林公园旁堰塞湖不同时间段形成的沉积

四个不同时间段形成的堰塞湖水系沉积物中元素的含量见表 3-26 和图 3-39。

表 3-26　四个不同时间段形成的堰塞湖水系沉积物中元素的含量（mg/kg）

	As	Cd	Cr	Hg	Pb	Th	U	V	Zn
清平 05-1	9.12	0.52	41.3	0.072	16.8	8.90	3.19	57.0	54.8
清平 05-2	9.27	0.56	33.0	0.080	13.8	8.30	3.42	61.6	50.0
清平 05-3	9.72	0.57	41.8	0.071	16.0	10.8	3.17	54.6	48.7
清平 05-4	9.72	0.60	36.0	0.079	17.7	8.90	3.51	60.4	55.9
平均值	9.46	0.56	38.0	0.076	16.1	9.23	3.32	58.4	52.4
清平 04	7.71	0.56	25.3	0.072	15.7	6.70	3.46	49.2	48.2

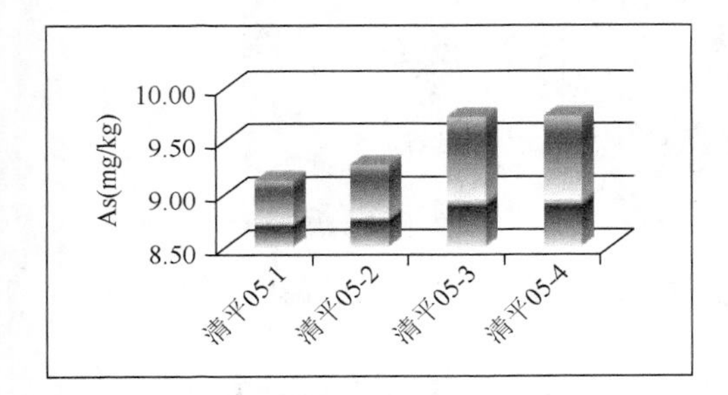

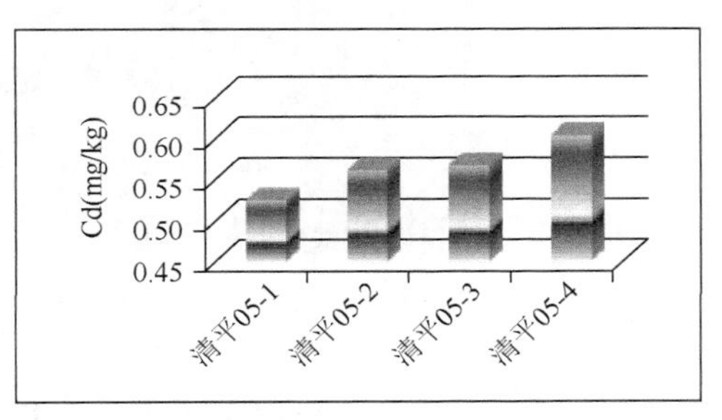

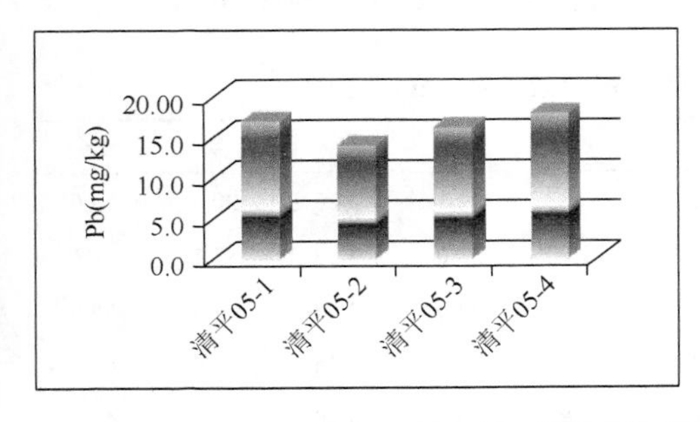

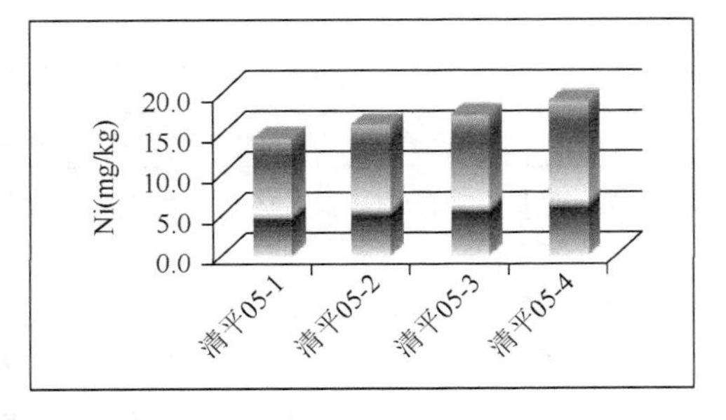

图 3-39　不同时间段形成的堰塞湖水系沉积物中元素含量比较

由表 3-26 和图 3-39 可见，从最上层的 05-1 号样至最下面 05-4 样，水系沉积物中 As、Cd、Ni 及 Pb 含量呈现明显的增高趋势，其余元素也总体呈现同样变化。由于最上层是早期形成的沉积，沉积时间最短，最下层沉积物沉积时间最长，因此，累积物质越多，重金属含量越高。

将剖面一沉积物中元素的平均含量与堰塞湖附近水系沉积物清平 04 号样比较发现，沉积物中所有元素含量均高于相邻水系沉积物，最下层 05-4 号样元素含量则远高于清平 04 号样，反映地震形成的堰塞湖将重金属元素沉积累积，是一个潜在的元素风险库。

2. 剖面二

剖面二（图 3-40）位于磷矿下游云湖森林公园堰塞湖边，是堰塞湖旁冲沟经多期次洪水形成的沉积。

图 3-40 云湖森林公园堰塞湖旁冲沟经多期次洪水形成的沉积

沿剖面按图所示分层采集了 7 个样品，分析结果见表 3-27 和图 3-41。

表 3-27 不同期次洪水形成的沉积元素含量（mg/kg）

	As	Cd	Cr	Hg	Pb	Th	U	V	Zn
清平 06-1	12.0	0.72	45.3	0.13	23.8	11.8	4.26	90.5	79.6
清平 06-2	14.5	0.83	38.8	0.11	21.2	9.20	5.38	83.1	105
清平 06-3	9.21	0.58	32.2	0.065	15.7	7.00	3.45	61.3	55.0
清平 06-4	8.64	0.57	38.8	0.069	14.8	7.10	3.36	57.9	44.4
清平 06-5	8.49	0.55	34.6	0.063	15.9	8.05	3.18	57.7	45.7
清平 06-6	8.61	0.59	38.1	0.060	14.8	8.90	3.35	58.2	52.9
清平 06-7	10.6	0.81	38.9	0.082	18.7	7.80	4.24	63.0	71.6
平均值	10.29	0.66	38.1	0.083	17.8	8.55	3.89	67.4	64.9
清平 04	7.71	0.56	25.3	0.072	15.7	6.70	3.46	49.2	48.2

由表 3-27 和图 3-41 可见，该剖面震后（因为所有沉积均覆于汉旺—清平公路之上）7 期次洪水形成的沉积，由于矿山的破坏，含矿物质于冲沟中汇集，在雨季被形成的洪水冲刷下来，在河口形成沉积，从沉积时间来看，最下层（7 号样）应为最早期第一次洪水冲积而成，越往上为后期不同期次形成。将不同期次

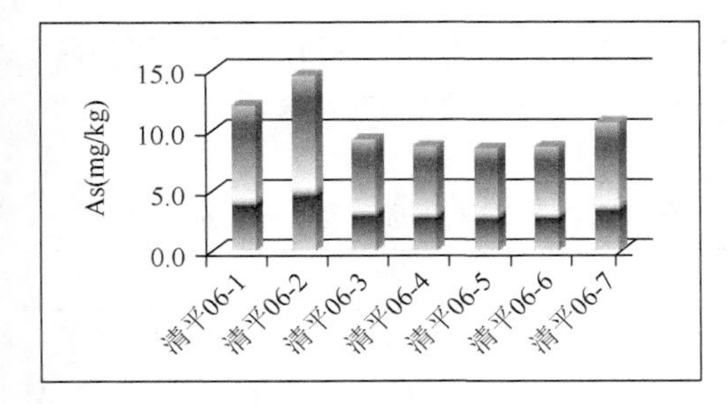

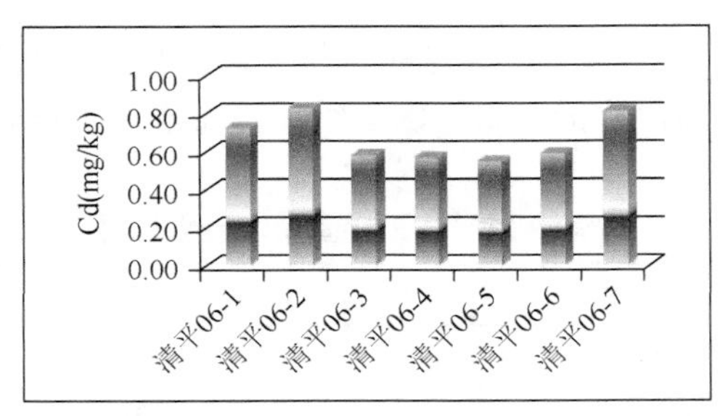

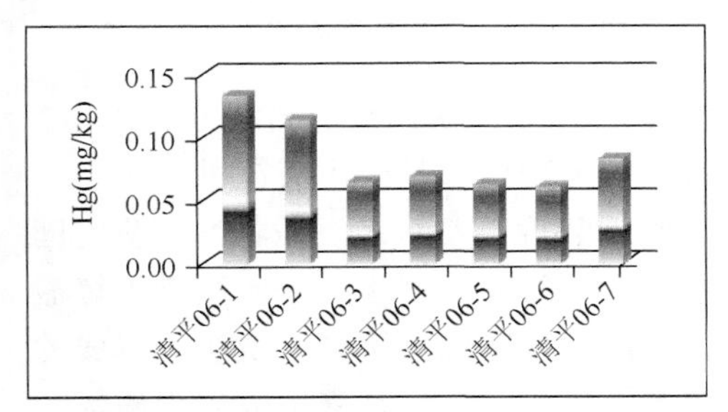

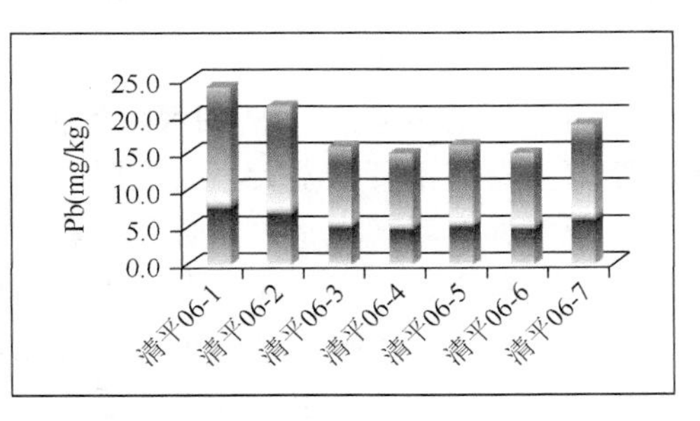

图 3-41　不同期次洪水形成的沉积物中部分元素含量比较

沉积物同样与附近点清平 04 相比发现，几乎所有期次沉积元素含量都高于附近水系沉积物。因此，地震造成矿山破坏，使得物质于沟中汇集，在洪水期冲刷下来沉积，所以冲沟也是一个巨大的元素储存库。

3.3.2　天池乡政府堰塞湖

在天池煤矿旁天池乡政府前形成的堰塞湖（图 3-42、图 3-43），其上游为大小天池煤矿。

图 3-42　天池乡政府堰塞湖（2008 年 8 月）

图 3-43　天池乡政府堰塞湖（2009 年 1 月）

2009 年 1 月前往此处调查时，发现水位有所下降，在堰塞湖底部采集了沉积物。分析结果与附近震后正常水系沉积物元素含量的比较见表 3-28。

表 3-28　天池堰塞湖沉积物与附近正常水系沉积物元素含量的比较（mg/kg）

地点	As	Cd	Cr	Hg	Mn	P	Pb	Zn
天池堰塞湖	19.4	1.14	115	0.28	1048	1667	28.8	144
附近点 HD003	7.5	0.55	41	0.047	223	237	14.2	43

由表 3-28 可见，堰塞湖水系沉积物中元素含量远高于附近正常水系沉积物，表明堰塞湖汇聚了上游大小天池煤矿中的有毒有害物质，是一个潜在风险库。

堰塞湖水系沉积物中重金属元素含量均高于邻近正常水系沉积物，沉积时间越长，元素含量越高，显示上游矿山运移物质在堰塞湖中淤积，一定程度上堵截了对下游环境的影响，是一个巨大的元素储存库；矿区沟谷不同期次洪水形成的沉积物中，元素含量也远高于邻近点正常水系沉积物，表明地震造成矿山破坏，使得物质于沟谷中汇集，在洪水期冲刷下来沉积，所以沟谷也是一个巨大的元素储存库。

3.4　地震对灾区地表水饮用水源地的影响

为了解汶川特大地震对地表水饮用水源地的影响，从 2008 年 5 月 14 日～6 月 3 日，对灾区集中式供水水源地进行了共计 1592 批次的水质应急监测，监测指标包括 pH、氰化物、溶解氧、硫化物、氨氮、氟化物、砷、铜、铅、锌、镉、挥发酚、COD_{Mn}、COD_{Cr}、硒、汞、六价铬、石油类、阴离子表面活性剂、粪大肠菌群、硫酸盐、氯化物、硝酸盐、铁、锰、苯、二甲苯和乙苯等 28 项。

经连续监测，pH、氰化物、硫化物、铜、铅、锌、COD_{Cr}、六价铬、阴离子表面活性剂、硫酸盐、氯化物、苯、二甲苯、乙苯等 14 项指标未出现超标现象。在 1592 批次水质监测中，pH 变化范围为 6～8.97；氰化物和硫化物在大部分水样中未被检出，最高浓度分别为 0.15mg/L 和 0.13mg/L；铜、铅、锌在监测时期内的最高浓度分别为 0.097mg/L、0.027mg/L 和 0.358mg/L；COD_{Cr}、六价铬和阴离子表面活性剂在绝大部分水样中未检出，最高浓度分别为 14.7mg/L、0.025mg/L 和 0.18mg/L；硫酸盐和氯化物最高浓度分别为 189.62mg/L 和 59.1mg/L；苯、二甲苯和乙苯在 1592 批次水质监测中均未被检出。

在 1592 批次连续水质监测中，超标指标有 14 项。其中，氨氮、溶解氧和石油类超标率相对较高，其次是砷、COD_{Mn}和氟化物。具体分析如下：

1）氨氮

在 1592 批次水质监测中，氨氮的超标次数为 73 次，为各指标之最，其最大超标浓度为 9.51mg/L，发生在北川湔江某一取水口。氨氮依据不同水质标准超标次数如图 3-44 所示，Ⅳ类水质和劣Ⅴ类水质所占比重相对较大。在超标水质的区域分布上，什邡、北川和汶川的氨氮超标次数较多，分别为 20、18 和 17 次，具体各超标次数的分布见图 3-45。根据超标点位的分布，选择超标次数较多的什邡、北川和汶川进行了时间序列分析。

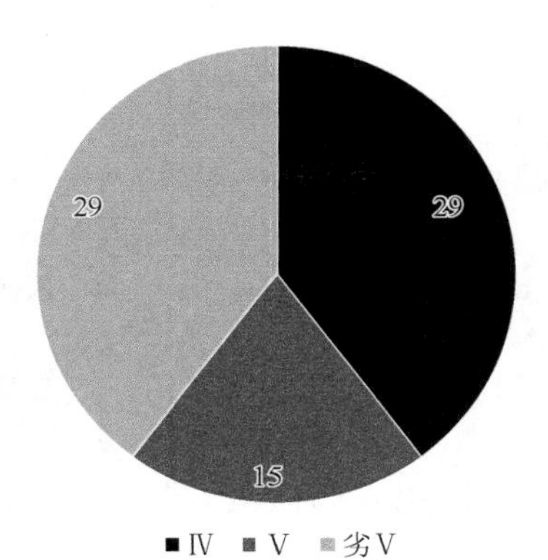

图 3-44　氨氮依据不同水质标准超标次数

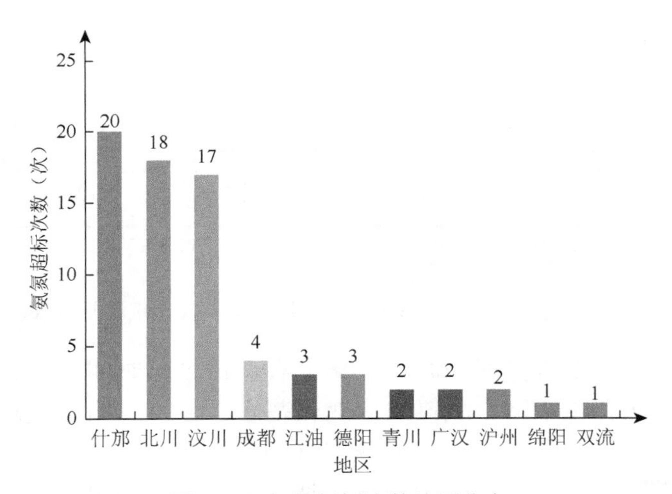

图 3-45　氨氮超标次数地区分布

什邡氨氮超标点位主要集中在石亭江和鸭子河，其某一取水口氨氮在应急期的浓度变化如图 3-46 和图 3-47 所示。由图可以看出，石亭江的氨氮超标主要发生在 5 月 21 日～27 日，最大超标浓度为 5 月 24 日的 1.70mg/L，之后氨氮浓度呈持续下降趋势。鸭子河的氨氮超标主要在 5 月 21 日～25 日，最大超标浓度为 5 月 24 日的 1.70mg/L，之后氨氮浓度呈持续下降趋势，但在 6 月 3 日略有上升。

北川氨氮超标点位主要集中在湔江，其某取水口氨氮在应急期的浓度变化如图 3-48 所示。由图可知，湔江的氨氮浓度超标主要发生在 5 月 22 日之后，最大超标浓度为 5 月 28 日的 9.51mg/L，之后氨氮浓度呈持续下降趋势。汶川的超标点位主要集中在岷江，其某取水口氨氮在应急期的浓度变化如图 3-49 所示。由图

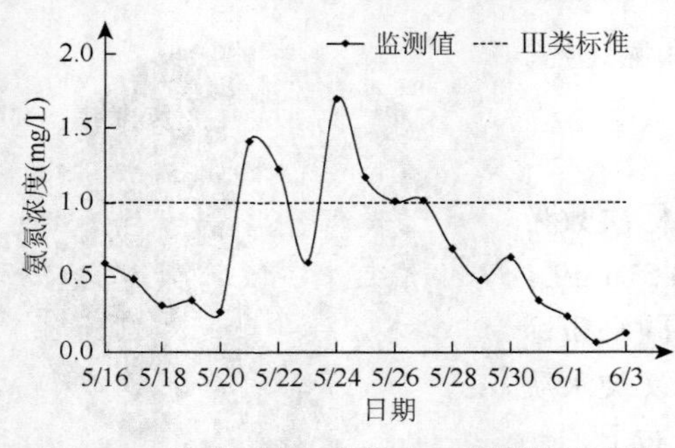

图 3-46　什邡石亭江某取水口氨氮浓度变化

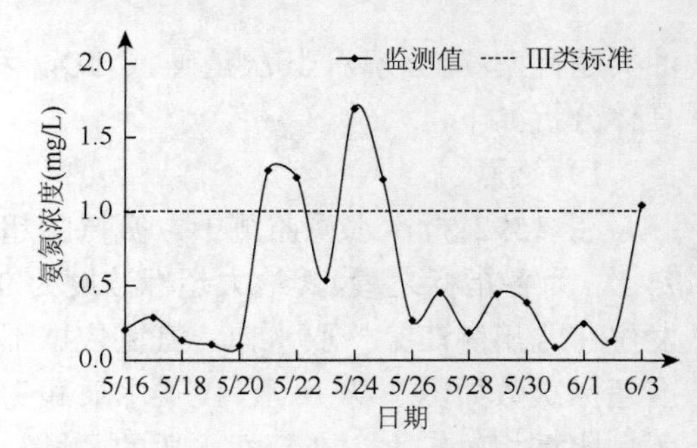

图 3-47　什邡鸭子河某取水口氨氮浓度变化

可知，岷江的氨氮浓度超标主要在 5 月 19 日之后，最大超标浓度为 5 月 26 日的 3.08mg/L，之后氨氮浓度起伏不定。

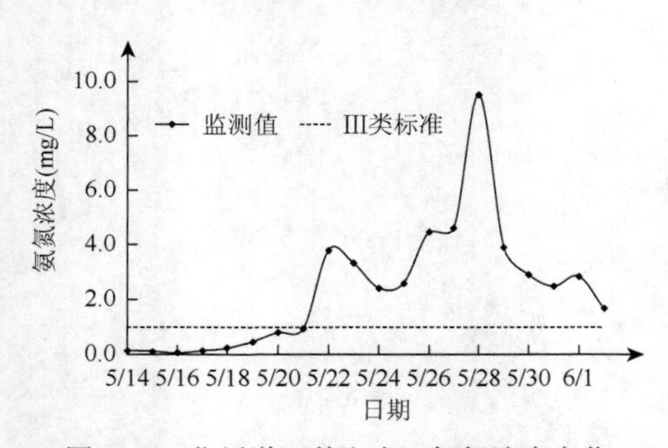

图 3-48　北川湔江某取水口氨氮浓度变化

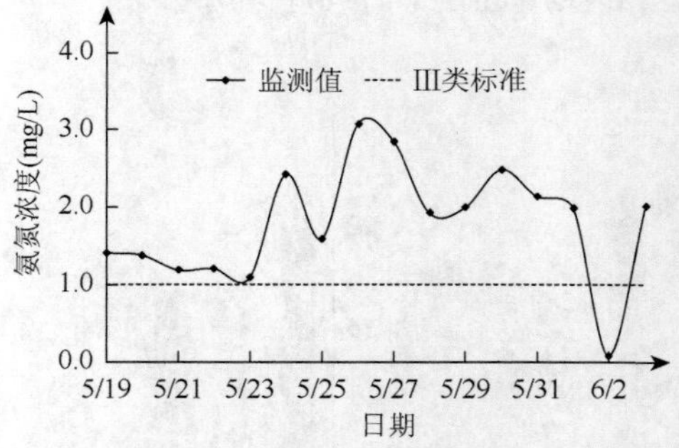

图 3-49　汶川岷江某取水口氨氮浓度变化

综上所述，从氨氮浓度的时间变化来看，在超标时间上比较一致，尤其是什邡的石亭江和鸭子河，氨氮浓度变化基本一致，说明地震对灾区地表水的氨氮浓度有一定的影响。这主要是因为地震带来的山体滑坡、泥石流、房屋倒塌等地质灾害，造成工业废水、生活污水，甚至泄露的危险品（如化工厂倒塌）等排入地表水体，从而引起部分指标如氨氮等超标，但随后在河流的自净作用下，氨氮浓度逐渐下降，部分点位已恢复到Ⅲ类水质标准。

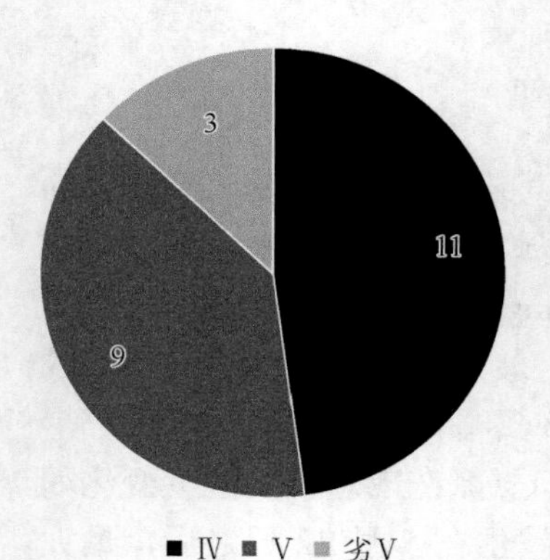

图 3-50　溶解氧依据不同水质标准超标次数

2）溶解氧

在 1592 批次水质监测中，溶解氧的超标次数为 23 次，仅次于氨氮超标次数，其最小超标浓度为 1.70mg/L，发生在北川湔江某一取水口。溶解氧依据不同水质标准超标次数如图 3-50 所示，Ⅳ类水质和V类水质所占比重相对较大。在超标水质的区域分布上，北川地区的溶解氧超标次数最多，为12次，占总超标次数的52%，具体地区分布见图3-51。根据超标点位的分布，选择超标次数最多的北川进行了时间序列分析。

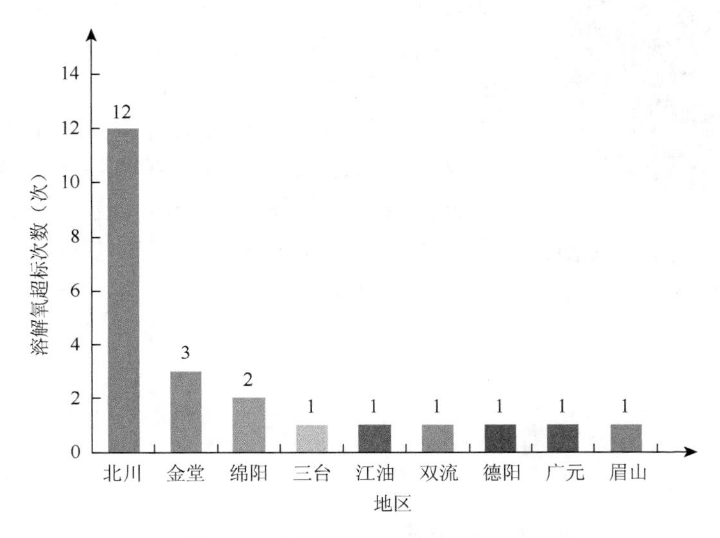

图3-51　溶解氧超标次数地区分布

北川溶解氧超标点位主要集中在湔江，其某取水口溶解氧在应急期的浓度变化如图3-52所示。由图可以看出，湔江的溶解氧浓度从5月22日开始呈下降趋势，最低浓度为5月31日的1.70mg/L。

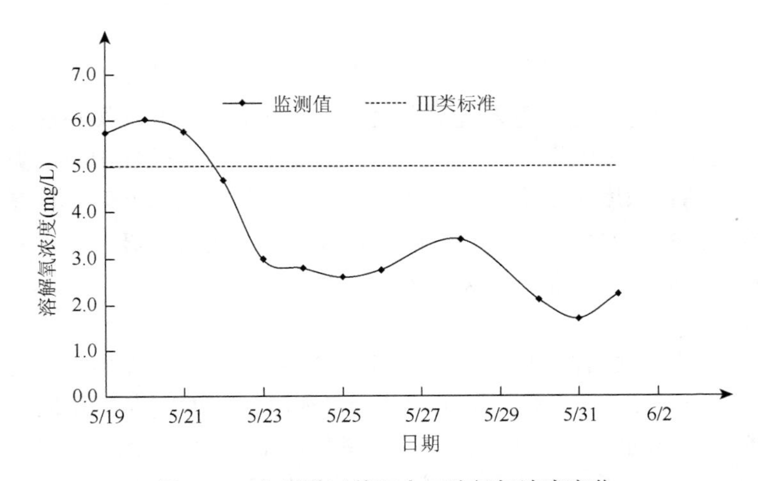

图3-52　北川湔江某取水口溶解氧浓度变化

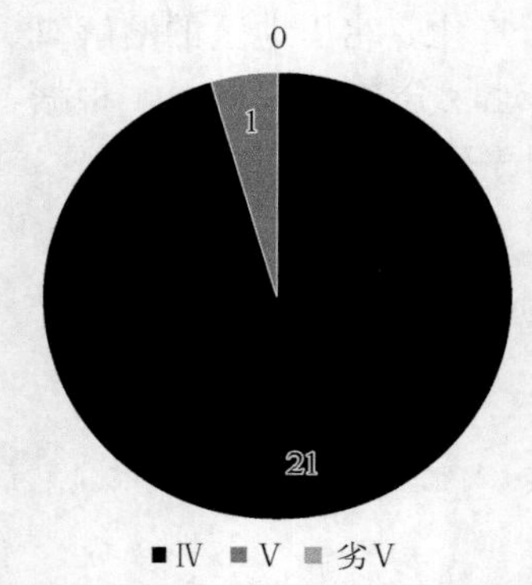

图 3-53　石油类依据不同水质标准超标次数

3）石油类

在 1592 批次水质监测中，石油类的超标次数为 22 次，仅次于溶解氧超标次数，其最大超标浓度为 0.54mg/L，发生在都江堰岷江某一取水口。石油类依据不同水质标准超标次数如图 3-53 所示，绝大部分为Ⅳ类水质，未出现劣Ⅴ类水质。在超标水质的区域分布上，都江堰的石油类超标次数最多，为 12 次，占总超标次数的 55%，其次为成都城区，具体地区分布见图 3-54。根据超标点位的分布，选择超标次数最多的都江堰进行了时间序列分析。

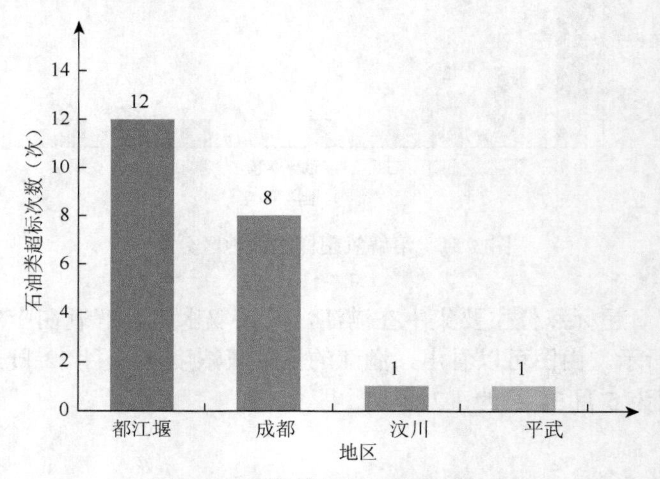

图 3-54　石油类超标次数地区分布

都江堰石油类超标点位主要集中在岷江，其某取水口石油类在应急期的浓度变化如图 3-55 所示。由图可以看出，在整个应急监测期，岷江中石油类总共有三次超标，最大超标浓度为 5 月 20 日的 0.54mg/L，之后的水质基本恢复到Ⅲ类标准。可以看出，地震对水体中石油类的影响非常小，说明地震未对含有石油类污染物的装置造成破坏，避免了此类污染物排入地表水体。

4）COD_{Mn}

在 1592 批次水质监测中，COD_{Mn} 的超标次数为 10 次，在监测期内其最大超标浓度为 13.21mg/L，发生在北川湔江某一取水口。COD_{Mn} 依据不同水质标准超标次数如图 3-56 所示，Ⅳ类和Ⅴ类水质占 90%。在超标水质的区域分布上，北川的 COD_{Mn} 超标次数最多，为 7 次，占总超标次数的 70%，具体地区分布见图 3-57。根据超标点位的分布，选择超标次数最多的北川进行了时间序列分析。

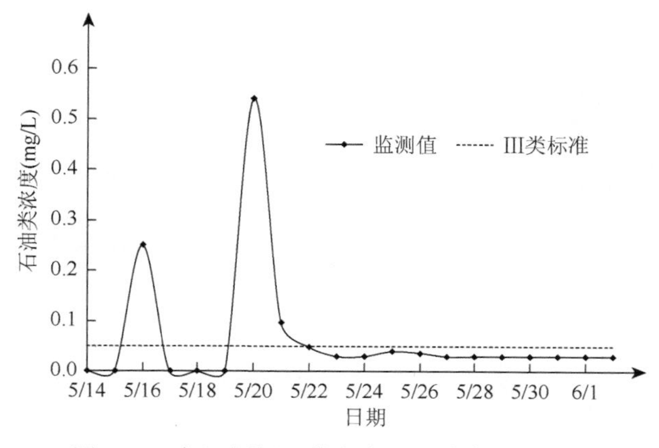

图 3-55　都江堰岷江某取水口石油类浓度变化

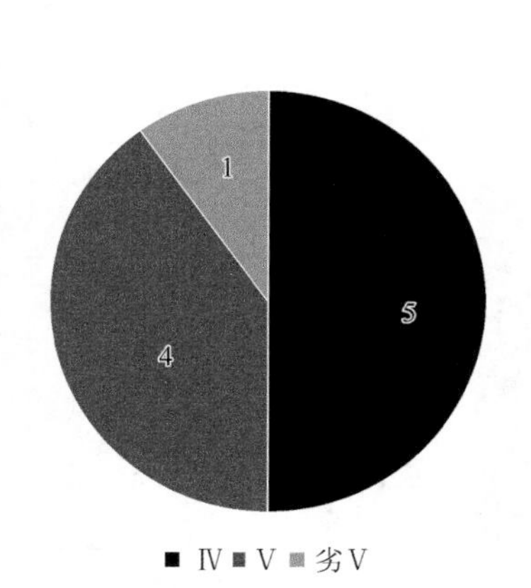

图 3-56　COD_{Mn}依据不同水质标准超标次数

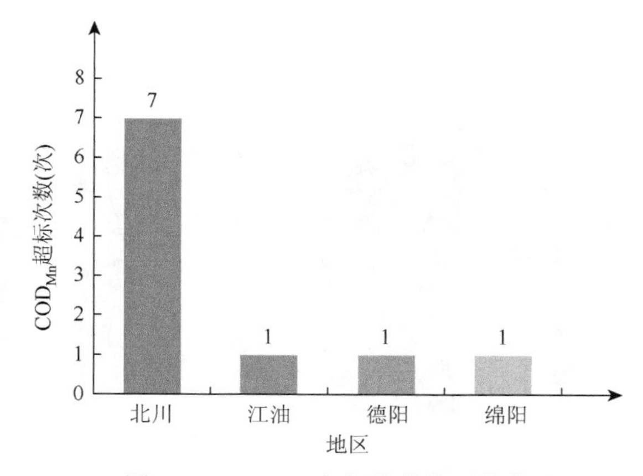

图 3-57　COD_{Mn}超标次数地区分布

北川 COD_{Mn}超标点位主要集中在湔江，其某取水口 COD_{Mn}在应急期的浓度变化如图 3-58 所示。由图可以看出，在整个应急监测期，湔江的 COD_{Mn}从 5 月 30 日开始持续上升，最大超标浓度为 6 月 2 日的 13.21mg/L，尽管之后未给出监测数据，但也可以看出，地震对水体中 COD_{Mn}的浓度还是有一定的影响，说明地震导致部分工业废水或生活污水排放到了地表水体中。

5）粪大肠菌群

在 1592 批次水质监测中，粪大肠菌群的超标次数为 7 次，仅次于 COD_{Mn}。在监测期内其最大超标浓度为 170000 个/L，发生在德阳城区某一取水口。粪大肠菌群依据不同水质标准超标次数如图 3-59 所示，劣Ⅴ类水质占 70%。超标点位主要分布在四个地区，且分布较均匀，如图 3-60 所示。而且超标时间均集中在 5 月 23 日～26 日期间，说明地震对粪大肠菌群在短期内有一定的影响，之后水质恢复到III类标准。

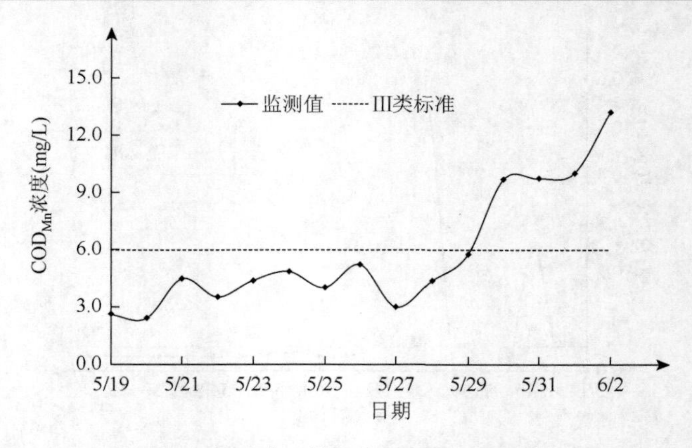

图 3-58　北川湔江某取水口 COD_{Mn} 浓度变化

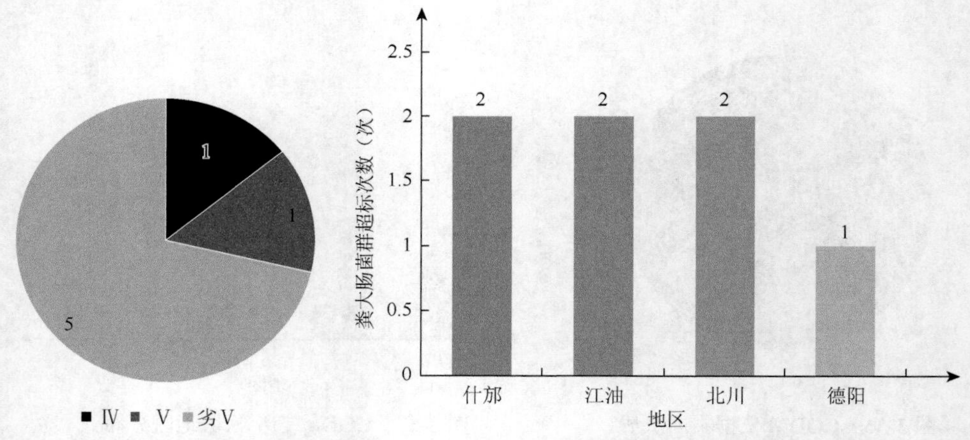

图 3-59　粪大肠菌群依据不同水质标准超标次数

图 3-60　粪大肠菌群超标次数地区分布

6）砷

从砷浓度的时间变化来看，砷浓度超标属于突发性现象，因为砷超标仅发生在 5 月 14 日，最大超标浓度为 4.39mg/L，发生在江油涪江某取水口，超标倍数达 88 倍。最小超标浓度为 0.32mg/L，发生在北川某取水口。另外，砷超标分布在六个地区，如图 3-61 所示。从砷浓度的时空变化来看，突发性的砷超标应该和地震影响有关。地震造成地壳剧烈活动，从而把地下已存在的富砷热液通过深大断裂带向上运移而进入水体，进而导致水体中砷含量骤然升高，但在水体自净作用下，砷含量迅速恢复到Ⅲ类水质标准。

7）氟化物

氟化物的超标点位主要分布在两个地区，江油和什邡。江油的氟化物超标仅发生在 5 月 14 日，最大超标浓度为 4.39mg/L。而什邡的氟化物超标点位包括石亭江和鸭子河某取水口，石亭江超标日期在 5 月 24 日、25 日和 27 日，超标浓度分别为 1.24mg/L、1.30mg/L 和 1.07mg/L；鸭子河超标日期在 5 月 22 日和 26 日，超标浓度分别是 1.17mg/L 和 1.50mg/L。从不同水质标准超标次数来看，Ⅳ类水质和劣Ⅴ类水质的超标次数仅相差 1 次，如图 3-62 所示。

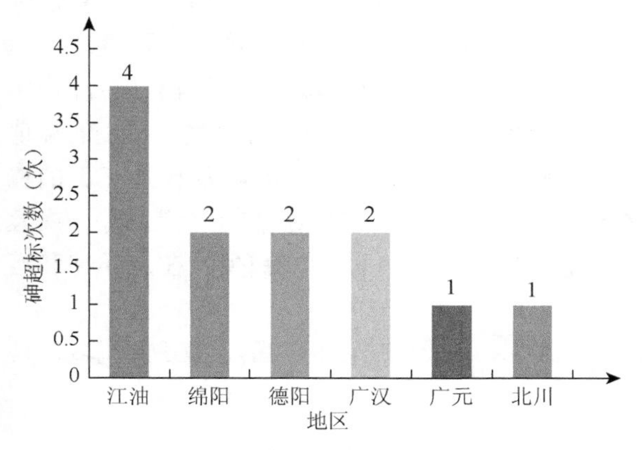

图 3-61　砷超标次数地区分布

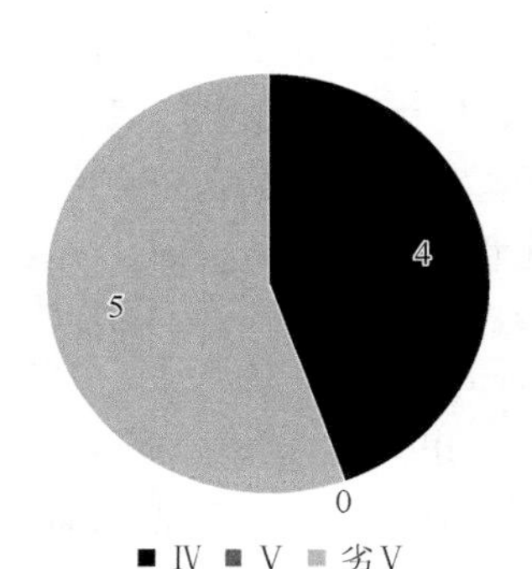

图 3-62　氟化物依据不同水质标准超标次数

8）其他指标

除上述超标次数较多的污染物外，还有其他部分指标也存在超标现象，但次数较少。挥发酚的超标情况如下：广元在 5 月 17 日有轻微超标，浓度为 0.006mg/L，成都在 5 月 24 日和 30 日有超标，浓度分别为 0.012mg/L 和 0.021mg/L。硝酸盐：什邡仅在 5 月 22 日有超标，两次监测浓度分别为 10.6mg/L 和 15.4mg/L，青川在 5 月 31 日有超标，浓度为 10.6mg/L。铁：仅都江堰在 5 月 17 日有超标，两次监测浓度分别为 0.39mg/L 和 0.51mg/L；锰：仅绵阳在 5 月 16 日有超标，浓度为 0.26mg/L；镉：仅广汉和成都在 5 月 14 日有超标，浓度分别为 0.7mg/L 和 0.8mg/L；硒：仅彭州在 5 月 31 日的 4 次监测中有超标，浓度分别为 0.08mg/L、0.18mg/L、0.10mg/L 和 0.22mg/L；汞：江油在 5 月 18 日有超标，浓度为 0.00011mg/L，北川在 5 月 25 日有超标，浓度为 0.00011mg/L，茂县在 6 月 2 日有超标，浓度为 0.0005mg/L。

总而言之，通过对各超标因子在应急期的浓度变化分析可以看出，地震对地表水体在短期内还是存在一定的影响，尤其是湔江北川段，超标污染物较多。这主要是由地震引起的滑坡、泥石流、崩塌等地质灾害，使得工业废水、生活污水、危险品等流入地表水体中，造成了水体部分指标短期内出现升高或降低的情况，但在河流自净作用下，个别指标逐渐恢复到Ⅲ类水质标准。

3.5　地震对地表水环境影响研究进展

“5·12”汶川特大地震后，龙门山地区地质体受到不同程度的破坏，导致山体滑坡以及矿山、废弃的选矿厂、冶炼厂受到不同程度的破坏，导致工矿企业的“三废”泄漏并直接流入地表水，影响地表水环境质量。近年来，部分学者对该区继续开展了相关研究。例如，黄修保等（2010）研究了沱江、岷江、嘉陵江中重金属元素 Cd 的来源与分布、分配特征，发现该区早期及现代沉积物、悬浮物中的 Cd 均为高背景值，其质量分数达 2×10^{-7}；水系沉积物及悬浮物中 Cd 的高值点明显受到流域内分布的铅锌矿等多金属矿床或矿点影响；区内各水系 Cd 的输出通量明显增加，岷江、沱江中 Cd 的输出通量占流域总通量的比例上升，嘉陵江所占比例下降；水体中 Cd 的输出通量所占比例在泥沙中减少，在悬浮态和溶解态中增加。

汶川特大地震对河流环境的影响主要涉及岷江、沱江、嘉陵江三大流域，现将近年来三大流域地表水研究进展分述如下。

3.5.1　沱江流域

对沱江流域的研究主要包括水质测定评价、水系沉积物重金属环境质量评价、放射性核素的分布及影响。

1. 水质测定评价

谢贤健与兰代萍（2009）采用因子分析评价的方法，对沱江流域 15 个地表水监测断面的水质状况进行了综合评价，结果表明，沱江的下游和上游地表水水质受到了较严重的污染，中游的地表水水质处于良好的状态。姚建玉等（2009）以沱江内江段 3 个监测断面的水质监测数据为应用实例，选择具有代表性的 4 项指标作为评价因子，采用灰色聚类关联评估法对其水质质量进行综合评价，通过计算污染物的权重，构造改进的白化函数，进一步计算出灰色关联度，依据《地表水环境质量标准》（GB 3838—2002）通过理论阐述与计算，得出评定结果：沱江内江段水质等级为Ⅱ类。

宋昊等（2011）研究发现绵远河水系重金属均符合安全饮用标准，元素含量从上游自下游有一定程度的增加趋势，水质综合评价显示上游受污染程度较低，下游较高。运用因子分析评价方法得出磷肥加工可能是流域内 U 的主要来源。熊杰等（2014）采集丰水期沱江水系德阳至泸州水样，分析 6 种环境内分泌干扰物的含量和分布特征。主要检出双酚 A 和壬基酚，双酚 A 的平均浓度为 3.93～198ng/L，与国内外河流浓度相比处于中等水平；壬基酚平均浓度为 5.23～150ng/L，与国外河流水平相当，但低于目前已有报道的国内河流。沱江水系中双酚 A、壬基酚的分布整体均呈现出北高南低，上游高于中游、下游，干流低于支流的特征。沱江水系中双酚 A、壬基酚的含量与工业生产废水、居民生活污水排放有一定联系。

2. 水系沉积物重金属环境质量评价

李佳宣等（2010）对沱江流域水系沉积物重金属的研究发现，三条河流 Cd 平均值超标 5～10 倍。潜在风险评价结果显示 Cd 的贡献率最大，少数采样点潜在生态危害指数值较大。石亭江 S12 号点处于很强生态危害，沱江 T02 处于强生态危害。三条河流生态危害程度为沱江＞石亭江＞绵远河。

侯赟（2015）发现石亭江沿岸磷石膏堆可能是引起附近水系沉积物中重金属元素含量升高的主要原因，Cd 元素潜在生态危害为中等生态危害，其他元素的潜在生态危害均为轻微生态危害，磷石膏堆附近沉积物中重金属生态危害较大。

对比李佳宣等（2010）、王新宇（2014）、侯赟（2015）等对绵远河、石亭江近几年水系沉积物中重金属的平均含量的测定，见表 3-29。

表 3-29　绵远河水系沉积物重金属元素平均含量比较（mg/kg）

年份	As	Cd	Cr	Cu	Hg	Pb	Zn	Ni	Mn	U	Th
2010	10.14	0.79	55.36	24.98	0.09	29.37	92	23	819	—	—
2014	7.12	0.69	59.9	—	—	19.9	78.95	—	—	2.99	5.84
二级标准	25	0.3	200	100	0.5	300	250	50	—	2.5*	13*

注：二级标准为《土壤环境质量标准》（GB 15618—1995），*数据为陆壳平均值（赵振华，1997）。

由表 3-29 可见，①绵远河水系沉积物中 Cd 元素平均含量在 2010 年与 2014 年均高于国家土壤二级标准两倍以上，随年份增加略有下降；②其他重金属元素平均含量均低于国家土壤二级标准，As、Pb、Zn 的平均含量随年份增加均下降，其中 Pb 下降的幅度较大；③Cr 元素的平均含量随年份增加略有上升；④U 元素的平均含量高于陆壳平均值。

石亭江近几年水系沉积物中重金属平均含量见表 3-30。

表 3-30　石亭江水系沉积物重金属元素平均含量比较（mg/kg）

年份	As	Cd	Cr	Cu	Hg	Pb	Zn	Ni	Mn	U	Th
2010	6.72	0.99	76.53	27.34	0.19	32.03	121	27	672	—	—
2014	5.11	0.5	66.88	—	—	24.17	80.7	—	803.6	2.79	9.95
2015	22.33	0.34	56.43	28.66	—	20.92	135.18	22.91	—	4.66	—
二级标准	25	0.3	200	100	0.5	300	250	50	—	2.5*	13*

注：二级标准为《土壤环境质量标准》（GB 15618—1995），*数据为陆壳平均值（赵振华，1997）。

由表 3-30 可知，①石亭江水系沉积物中 Cd 元素的平均含量均高于国家土壤二级标准，随年份增加呈明显下降趋势；②As、Cr、Cu、Hg、Pb、Ni 的平均含量均低于国家土壤二级标准，其中 Cr、Pb、Ni 平均含量呈下降的趋势，As、Zn 的平均含量在 2010～2014 年呈下降趋势，在 2015 年出现上升的现象，并且平均含量大于 2010 年；③U 元素的平均含量均高于陆壳平均值，并在 2015 年平均含量大幅增加。

3. 放射性核素的分布及影响

郑美扬（2009）研究了沱江流域水体及水系沉积物的放射性污染状况，研究结果表明，磷矿开采和磷肥加工造成沱江流域水体中放射性核素 U 的含量增加，沉积物和土壤中 Th 的含量偏高。施泽明等（2012）对沱江流域磷矿开发利用过程中放射性环境问题进行了深入研究，将 2009 年和 2012 年绵远河沉积物样品中的 U 含量进行分析比对，研究结果显示两次样品中 U 含量均超过了上地壳 U 的平均含量，磷矿在加工过程中 U 迁移到中间产物或最终产物中，磷石膏的堆放使周边土壤中 U 的迁移在水平方向超过 2km，垂直方向超过 50cm。

王新宇（2014）测定的绵远河水体中重金属元素平均含量未超出地表水环境质量国家Ⅲ类标准，即未见污染。但是 U 的平均含量超出天然河水中 U 元素含量平均值两倍多。并发现绵远河上游沉积物中 U 主要吸附在有机质上，下游主要与钠长石的物理沉降有关。沉积物中 Se、As 与 U 含量呈显著正相关关系，在磷矿石中也能发现相似的规律。说明沉积物中 U、Se、As 的共同来源包括磷矿石。河水中 U 的存在形式为 $UO_2(HPO_4)_2^{2-}$、$Ca_2UO_2(CO_3)_3$ 及 $UO_2(CO_3)_3^{4-}$，受 pH、总磷浓度影响。

3.5.2 岷江流域

石宗飞等（2009）对都江堰供水区水资源量进行了分析计算，都江堰供水区岷江上游过境水为 143 亿 m^3，边缘山区过境水为 36.5 亿 m^3，供水区当地水资源量为 107.2 亿 m^3，当地地表水资源量为 106.5 亿 m^3，地下水资源量为 37.2 亿 m^3，重复计算量为 36.5 亿 m^3。

黄飞等（2009）对宜宾境内地表水中氮磷负荷及来源构成进行了调查，岷江 N 和 P 指标大多数满足Ⅰ类至Ⅲ类标准限值要求，但进入宜宾城区后水质明显下降，禽畜饲养活动和居民日常生活是人为氮、磷输入的主要因素，禽畜饲养活动对人为氮、磷输入的贡献逐年增加。宜宾境内岷江支流水体 NH_3-N 和 TP 水质指标状况尚好，大多数满足Ⅰ类至Ⅲ类标准限值要求。但金沙江和岷江交汇水流进入宜宾城区后水质明显下降。

刘琼英和张喜长（2012）采用《地表水环境质量评价办法》（试行）对岷江茫溪河水域水环境质量现状进行了分析和评价，得出茫溪河井研段水质现状为劣Ⅴ类，主要污染物指标为高锰酸盐指数、氨氮；五通桥区段水质现状为Ⅴ类，主要污染物指标为高锰酸盐指数、氨氮、总磷；高锰酸盐指数、氨氮、总磷、总氮始终处于较高水平，营养型污染物 N、P 呈现上升趋势，污染类型发生了从有机污染向有机污染与营养型污染共存的转变。

林静等（2016）分析了岷江下游大气降水中 pH 及其重金属含量特征及污染状况，探讨了 pH 与重金属之间的关系。结果表明，五通桥集水区年总降雨量为 1199.42mm，pH 平均值为 5.37，年降雨中 42.86% 为酸雨，3.57% 为重酸性雨，10.71%为碱雨。As 和 Cu 含量低于地表水环境质量Ⅲ类标准。聚类分析结果表明，研究区大气中 As、Cd、Cu、Pb、Zn 主要来源于燃煤、汽车尾气、矿石开采和钢铁生产。

3.5.3　嘉陵江流域

陈鹏飞（2010）重点研究了重金属元素的分布特征及相互关系，认为涪江干流的重金属污染源是自然因素和人为因素共同作用的结果，而 Hg 和 As 与人为因素有关。涪江干流的水系沉积物的污染程度是中游＞上游和下游，总体上属于轻微—中等生态危害。

古昌红和丁社光（2010）通过对重庆市先锋街段嘉陵江采集水样和悬浮态、底泥样品，分析了该段嘉陵江水质铬污染状况。结果表明，①江水对可溶态铬的稀释、扩散和自净作用较强，而对悬浮物中的铬的影响则较弱，底泥对水样、悬浮物中的铬有积累作用；②悬浮物和底泥中的铬主要以对生物无效应的惰性态的形式存在；③悬浮物和底泥中铬的含量高，污染程度强，但该段嘉陵江水体底泥中铬存在的潜在生态风险较小。

罗财红等（2010）在对嘉陵江入江断面十余年连续监测的基础上，利用地积累指数法对金属污染程度进行了评价，采用对数衰减模型对金属污染产生水生生物毒害的风险进行了评估，结果表明，嘉陵江入江断面沉积物污染程度较轻，对水生生物风险较小，各污染物的污染程度大小排列次序为 Hg＞Zn＞Pb＞Cd＞As＞Cu；各污染物对嘉陵江水生生物构成风险的排列次序为 Hg＞Zn＞Pb＞As＞Cd＞Cu。

李金阳（2014）依据南充市 2011～2013 年嘉陵江流域水环境监测统计资料，评价嘉陵江南充段水质污染特征和现状。结果表明，研究河段内的清泉寺、小渡口和李渡断面总氮含量超标，属于地表水Ⅳ类水体，超标倍数年均值分别为 0.21、0.35、0.37，其他监测项目符合Ⅲ类水质标准，均属于轻度污染。彩虹桥断面总氮、总磷、氨氮、COD_{Mn}和 BOD_5含量超过Ⅲ类标准，均在Ⅳ～Ⅴ类范围，属于中度污染。综合分析嘉陵江南充段，水质主要污染指标为总氮，综合污染指数为 0.38，水质综合评价结果属轻度污染。

薛喜成和刘刚（2015）在嘉陵江上游矿区河道的源头、上游、中游、下游分别采集河道表层沉积物样品，测定沉积物中重金属含量。研究区内重金属 Pd、Zn、Cu 含量变化明显，Cd、Ni、As、Cr 含量变化较小。污染负荷指数法评价结果表明，河道源头未受到重金属污染，上游重金属污染达中等级别，中、下游重金属污染达强污染；单项重金属污染贡献排序为 Pd＞Cd＞Ni＞As＞Cu＞Zn＞Cr；采样区重金属污染程度大小排序为中游＞下游＞上游＞源头。重金属单项潜在生态危害程度排序为 Cd＞As＞Pd＞Ni＞Cr＞Zn＞Cu；综合潜在生态风险指数值（RI）为 33.38～131.03；源头所受生态危害轻微，上、中、下游重金属的生态危害均达中等水平。

第4章　地震对地下水环境的影响

4.1　地震对灾区含水层富水性的影响

在受地震影响较重的彭州市选择一试验区，对含水层的富水性进行了抽水试验，并根据地震前后两次试验的结果，分析了地震对含水层富水性的影响。

1. 试验区主要水文地质条件

选择的试验区在成都冲洪积平原湔江冲洪积扇的中上端，构造部位处于新华夏系第三沉降带四川盆地西侧。小石河、青白江分别位于试验区北 500m、南 12500m，自西向东流经试验区，试验区介于小石河与青白江之间的河间地块。区内地形西北高而东南低，从湔江出山口后呈扇形状向东南缓慢递降，地面标高由 720m 递减至 500m，相对高差 220m，平均坡降 6.8‰，地势平坦而开阔。

试验区除西北部出露三叠、侏罗和白垩系的泥岩、砂砾岩外，广布第四系不同成因的松散堆积物，厚度为 20～300m 不等，但有一定的分布规律。自龙门山山前湔江冲洪积扇扇顶沿南东方向至致和—九尺—三界—马井一线，厚度由 20m 缓增至 100～120m，其中不乏小的起伏，在两条北东向隐伏断裂之间，厚度急剧增加，在致和以南的清流、蒙阳镇北东最厚可达 280～330m，构成本区的沉降中心，在隐伏断裂南东方向，厚度减薄至 80～160m。

试验区的地下水主要为大面积分布的松散岩类孔隙水，第四系松散堆积物自下而上，依次沉积了下更新统、中更新统、上更新统至全新统，垂向上形成了较为稳定的上部含水层、下部含水层及其间的相对隔水层。

区内地下水径流受地形条件控制，上部含水层潜水等水位线呈现出与地形线一致的特征，地下水由山前向东南方向径流，总体方向为东南 50～60°，地下水径流从扇顶至平原区由强减弱，符合冲洪积扇水文地质单元地下水赋存规律。

从平面分布看，上部含水岩组是厚度稳定在 10～30m 的上更新统冰水-流水堆积的含泥质砂卵石含水层。富水性总体分布规律是河道带（及附近）大于河间地块，河间地块大于山前冲洪积扇掩盖区，冲洪积扇前缘大于冲洪积扇顶。

下部含水岩组埋藏于相对隔水层（Q22）以下，含水层物质结构自西向东也有变化。西部近龙门山前带，卵石粒径较为粗大，但其结构较为致密，透水含水性能相对较差；中部本层岩性多为含泥砂砾石和砂质泥砾卵石，含水性较西部好；

东部该层发生相变，多为含泥粉细砂砾卵石层或夹多层砂层透镜体，含水性较好，但厚度变薄。总之，下部含水岩组多为弱含水至中等含水。

上部含水层地下水补给来源主要有大气降水、沟渠水、农灌水补给和地下水侧向径流补给，与下层含水层构成双层含水层结构，二者之间还存在越流补给。从长观资料可知，上、下部含水层中地下水水位变化与降水量均具有同步性，最高水位出现在6～9月，以8月份最高，最低水位出现在12月至翌年4月，以3月份最低。

上部含水层水位平均变幅为1.06～2.93m，同一位置的下部含水层水位变幅略小于上部含水层。部分观测资料显示，上部含水层水位高于下部含水层，平均水位差为1.32m，下部含水层年内平均水位变幅为2.57m。

总体上看，上部含水岩组从扇顶向南及南东，富水性逐渐增强，以青白江与小石河河谷区富水性最好，单井出水量一般大于3000m^3/d；冲洪积扇前缘及河间地块区，即彭州城区以南，军东镇以东地区富水性较好，单井出水量为1000～3000m^3/d；冲洪积扇中前部（地下水溢出带）军乐镇—利安—丽春镇带，以及部分二级阶地分布区和河道带地区，富水性中等，单井出水量为500～1000m^3/d；山前丹景山镇—隆丰镇—利家场扇顶及中部富水性较差，单井出水量为100～500m^3/d。

2. 抽水试验情况

根据收集到的水文地质钻孔资料，集中在丹景镇、隆丰镇、军乐镇三个镇，对上、下含水层分别进行成井和稳定流抽水试验，其中上部含水层试验孔5个，编号K1～K5，下部含水层试验孔5个，编号K6～K10，上、下部观测孔各3个，共计16个孔。

选择地震前2007年4月和地震后2008年8月两个不同时期的抽水试验进行对比，结果见表4-1。

表4-1 钻孔震前、震后抽水试验结果对比分析

编号	含水层	地面高程（m）	位置	2007年4月抽水试验（震前）				2008年8月抽水试验（震后）				地震前后单位涌水量变化率（%）
				静止水位（m）	降深（m）	涌水量（m^3/d）	单位涌水量[m^3/(d·m)]	静止水位（m）	降深（m）	涌水量（m^3/d）	单位涌水量[m^3/(d·m)]	
（1）	（2）	（3）	（4）	（5）	（6）	（7）	（8）=（7)/(6)	（9）	（10）	（11）	（12）=（11）/（10）	(13)=[（12）－（8）]/(8)×100
K1	上部含水层	705.85	丹景镇杉柏村4组	7.50	1.03	354.24	343.92	6.48	1.15	372.30	323.74	–5.87
K2		662.59	隆丰镇红光村共有地	4.68	3.46	388.80	112.37	2.84	2.21	527.90	238.87	112.57

续表

编号	含水层	地面高程（m）	位置	2007 年 4 月抽水试验（震前）				2008 年 8 月抽水试验（震后）				地震前后单位涌水量变化率（%）
				静止水位（m）	降深（m）	涌水量（m^3/d）	单位涌水量[m^3/(d·m)]	静止水位（m）	降深（m）	涌水量（m^3/d）	单位涌水量[m^3/(d·m)]	
K3	上部含水层	623.29	军乐镇玉皇村 15 组	4.25	4.12	64.28	15.60	2.11	4.34	91.09	20.99	34.55
K4		657.04	隆丰镇红光村 10 组	4.15	3.11	358.56	115.29	1.16	2.45	311.99	127.34	10.45
K5		659.76	隆丰镇双河村 3 组	5.00	3.27	270.43	82.70	3.96	3.08	336.01	109.09	31.92
K6	下部含水层	705.85	丹景镇杉柏村 4 组	10.02	16.90	45.79	2.71	6.77	16.50	46.02	2.79	2.94
K7		662.59	隆丰镇红光村共有地	5.27	27.73	1028.16	37.08	3.94	25.78	996.72	38.66	4.27
K8		623.29	军乐镇玉皇村 15 组	5.98	8.73	375.84	43.05	4.03	7.58	360.89	47.61	10.59
K9		657.04	隆丰镇红光村 10 组	4.74	14.70	522.72	35.56	2.15	15.40	527.80	34.27	−3.62
K10		659.76	隆丰镇双河村 3 组	6.25	14.60	578.88	39.65	5.26	13.12	526.20	40.11	1.15

3. 含水层渗透性和给水程度对比

本试验用单位涌水量变化率表征地震前后的含水层变化，单位涌水量为地下水水位下降 1m 所抽的水量，其能够反映目标含水层的渗透性和给水程度。

考虑到两次抽水试验相差 1 年 4 个月，分别属于枯水期和丰水期，由于上、下含水层的最大水位变幅分别为 2.93m 和 2.57m，同时受到两次抽水试验设备和试验人员等因素的综合影响，因此，将单位涌水量变化率小于 10%作为试验误差，即认为单位涌水量变化率大于 10%是受地震影响的。

从表 4-1 可以看出，地震对含水层渗透性的影响呈不均匀状态，收集的 10 个钻孔中，有 8 个单位涌水量变化率出现增高现象，上部含水层的 5 个钻孔中，有 4 个钻孔的单位涌水量变化率大于 10%，最大达到 113%，下层含水层有 1 个钻孔的单位涌水量变化率大于 10%，表明地震对上部含水层的影响大于下部含水层。限于资料，地震对其他地区含水层的影响尚不清楚。

4.2　地震对灾区地下水饮用水源地的影响

4.2.1　地下水饮用水源地分布

地下水是地震灾区重要的供水水源，在保证居民生活用水、社会经济发展和生态环境平衡等方面发挥着重要的作用。但由于地下水污染具有污染途径隐蔽、污染机理与污染防治系统庞大、地下水流动缓慢等特点，一旦污染很难治理，不仅费时、费力，且效果不显著。灾区地下水一旦受污染，势必影响当地的经济社会的发展。因此，本书选择四川省重灾区各地市的地下水集中式饮用水源地作为此次评估的重点对象。根据统计资料，受地震影响的地下水饮用水源地共有 24 个，其中成都市辖区内 8 个，德阳市辖区内 10 个，绵阳市辖区内 1 个，广元市辖区内 5 个，雅安市辖区内无地下水饮用水源地。具体位置分布如图 4-1 所示，图中各水源地编号所代表水源地名称见表 4-2。

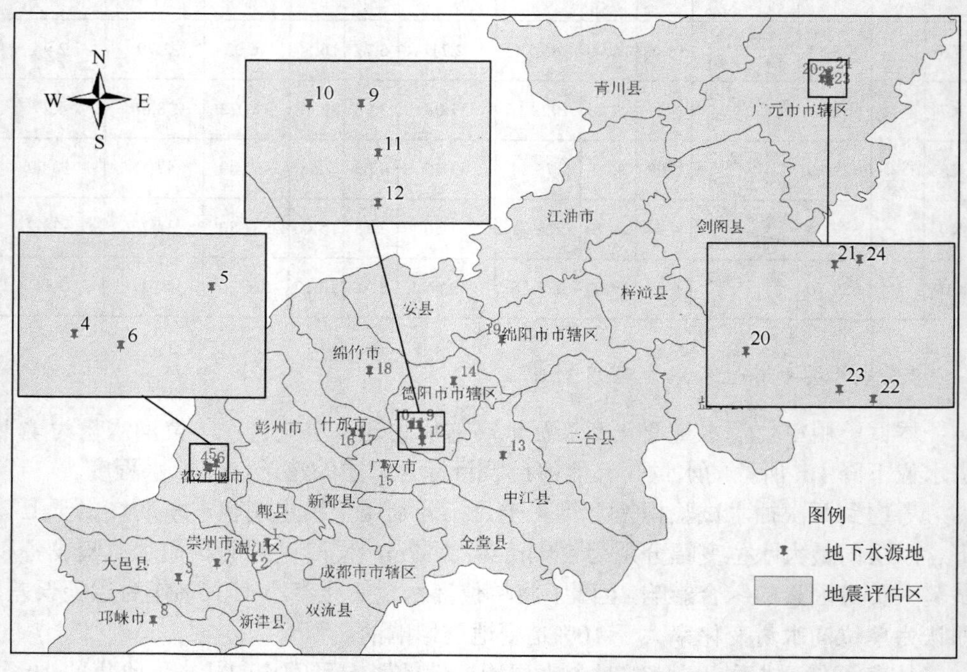

图 4-1 地震灾区地下水饮用水源地分布示意图

表 4-2 广元市水源地基本情况

编号	水源地名称	所属地区
1	成都市温江区自来水公司水源地	成都市
2	成都金马自来水供应有限责任公司水源地	
3	大邑县自来水公司水源地	
4	四川省都江堰科技产业开发区自来水有限责任公司水源地	
5	都江堰市东城自来水有限责任公司水源地	
6	都江堰市自来水公司第二水厂水源地	

续表

编号	水源地名称	所属地区
7	崇州市自来水有限责任公司水源地	成都市
8	邛崃市自来水有限责任公司水源地	
9	德阳市自来水公司北郊水厂水源地	德阳市
10	德阳市自来水公司西郊水厂水源地	
11	德阳市自来水公司东郊水厂水源地	
12	德阳市自来水公司南郊水厂水源地	
13	中江县继光水厂水源地	
14	罗江县自来水公司水源地	
15	广汉市三星堆水厂水源地	
16	什邡市供排水公司第二自来水厂水源地	
17	什邡市供排水公司第一自来水厂水源地	
18	绵竹市自来水公司水源地	
19	绵阳市高新区供水有限公司水源地	绵阳市
20	市中区八一综合供水站水源地	广元市
21	吴家浩水厂水源地	
22	东坝水厂水源地	
23	南河水厂水源地	
24	城北水厂水源地	

4.2.2　不同时期水质综合评价

1. 震前水质状况分析

以国家技术监督局 1993 年 12 月 30 日批准、1994 年 10 月 1 日实施的《地下水质量标准》（GB/T 14848—1993）中规定的III类水质标准为基准，并根据各水源地已有的监测数据，选取 pH、氨氮、氟化物、高锰酸盐指数、硫酸盐、氯化物、总大肠菌群、总硬度、阴离子合成洗涤剂、硝酸盐、亚硝酸盐、氰化物、汞、砷、硒、镉、铬（六价）、铅、铁、锰、铜、锌、挥发性酚类等 23 个项目作为评价因子，采用加附注的评分法对震区城市集中式地下水饮用水源地 2007 年的水质状况进行了评价。

加附注的评分方法如下：

（1）对各类别按下列规定（表 4-3）分别确定单项组分评价分值 F_i。

表 4-3 各类别单项组分评价分值

类别	Ⅰ	Ⅱ	Ⅲ	Ⅳ	Ⅴ
F_i	0	1	3	6	10

（2）按式（4-1）和式（4-2）计算综合评价分值 F。

$$F=\sqrt{\frac{\overline{F}^2+F_{\max}^2}{2}} \tag{4-1}$$

$$\overline{F}=\frac{1}{n}\sum_{i=1}^{n}F_i \tag{4-2}$$

式中：$\overline{F}$ 为各单项组分评价分值 F_i 的平均值；$F_{\max}$ 为单项组分评价分值 F_i 中的最大值；n 为项数。

（3）根据 F 值，按表 4-4 中的规定划分地下水质量级别，再将细菌学指标评价类别注在级别定名之后，如“优良（Ⅱ类）”、“较好（Ⅲ类）”。

表 4-4 地下水质量综合评价级别划分

级别	优良	良好	较好	较差	极差
F	＜0.80	0.80～＜2.50	2.50～＜4.25	4.25～＜7.20	＞7.20

地震灾区 24 个地下水饮用水源地中，2007 年有监测数据的为 20 个，各水源地具体评价结果如下：

（1）成都市温江区自来水公司水源地。

2007 年 1～12 月该水源地水质综合评价分值 F 值的变化如图 4-2 所示，综合评价结果见表 4-5。

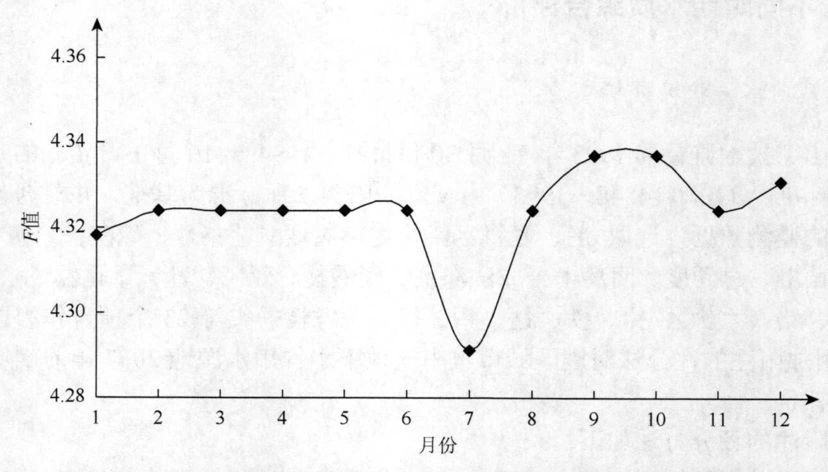

图 4-2 成都市温江区自来水公司水源地 2007 年水质综合评价分值 F 值的变化图

表 4-5　成都市温江区自来水公司水源地 2007 年水质综合评价结果

月份	1	2	3	4	5	6	7	8	9	10	11	12
月综合评价	较差（Ⅰ类）	较差（Ⅰ类）	较差（Ⅰ类）	较差（Ⅰ类）	较差（Ⅰ类）	较差（Ⅰ类）	较差（Ⅰ类）	较差（Ⅰ类）	较差（Ⅰ类）	较差（Ⅰ类）	较差（Ⅰ类）	较差（Ⅰ类）
年综合评价	较差（Ⅰ类）											
备注	1～12 月的亚硝酸盐均超过Ⅲ类水质标准											

（2）成都市金马自来水供应有限责任公司水源地。

2007 年 1～12 月该水源地水质综合评价分值 F 值的变化如图 4-3 所示，综合评价结果见表 4-6。

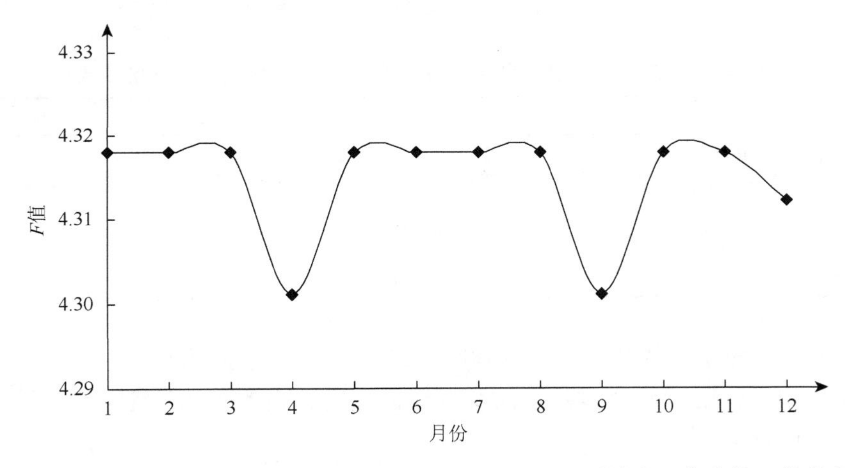

图 4-3　成都金马自来水供应有限责任公司水源地 2007 年水质综合评价分值 F 值的变化图

表 4-6　成都金马自来水供应有限责任公司水源地 2007 年水质综合评价结果

月份	1	2	3	4	5	6	7	8	9	10	11	12
月综合评价	较差（Ⅰ类）	较差（Ⅰ类）	较差（Ⅰ类）	较差（Ⅰ类）	较差（Ⅰ类）	较差（Ⅰ类）	较差（Ⅰ类）	较差（Ⅰ类）	较差（Ⅰ类）	较差（Ⅰ类）	较差（Ⅰ类）	较差（Ⅰ类）
年综合评价	较差（Ⅰ类）											
备注	1～12 月的亚硝酸盐均超过Ⅲ类水质标准											

（3）成都市大邑县自来水厂水源地。

2007 年 1～12 月该水源地水质综合评价分值 F 值的变化如图 4-4 所示，综合评价结果见表 4-7。

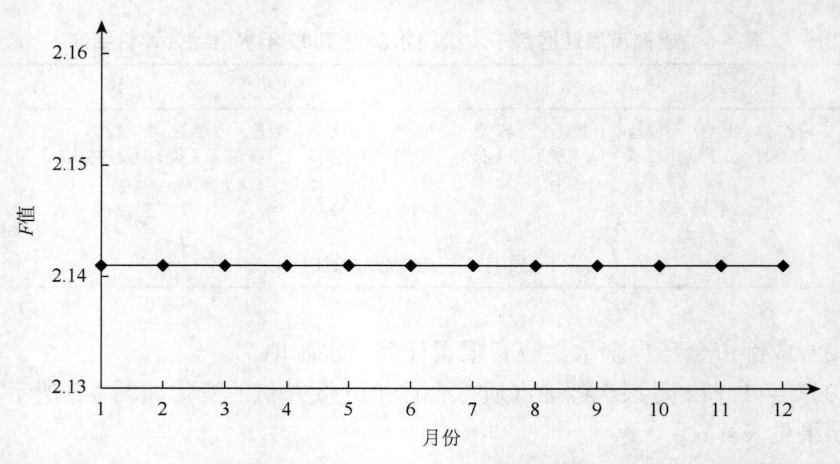

图 4-4　成都市大邑县自来水公司水源地 2007 年水质综合评价分值 F 值的变化图

表 4-7　成都市大邑县自来水公司水源地 2007 年水质综合评价结果

月份	1	2	3	4	5	6	7	8	9	10	11	12
月综合评价	良好（Ⅰ类）	良好（Ⅰ类）	良好（Ⅰ类）	良好（Ⅰ类）	良好（Ⅰ类）	良好（Ⅰ类）	良好（Ⅰ类）	良好（Ⅰ类）	良好（Ⅰ类）	良好（Ⅰ类）	良好（Ⅰ类）	良好（Ⅰ类）
年综合评价	良好（Ⅰ类）											
备注	无超标因子											

（4）四川省都江堰科技产业开发区自来水有限公司水源地。

2007 年 1～12 月该水源地水质综合评价分值 F 值的变化如图 4-5 所示，综合评价结果见表 4-8。

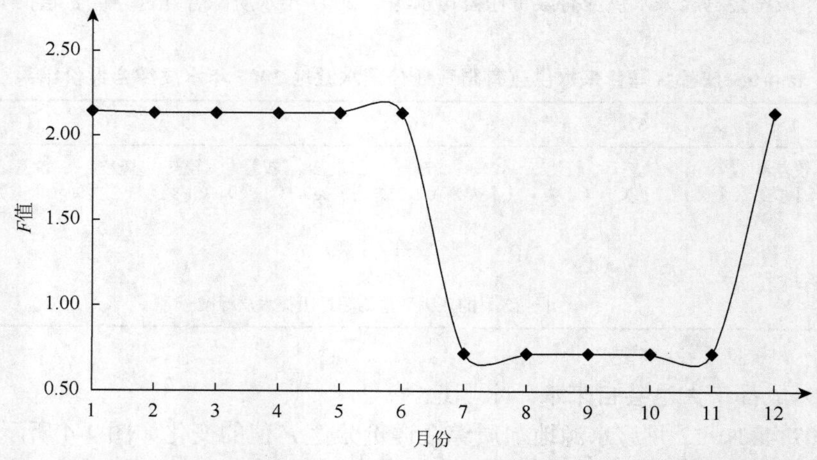

图 4-5　四川省都江堰科技产业开发区自来水有限公司水源地 2007 年水质综合评价分值 F 值的变化图

表 4-8　四川省都江堰科技产业开发区自来水有限公司水源地 2007 年水质综合评价结果

月份	1	2	3	4	5	6	7	8	9	10	11	12
月综合评价	良好（Ⅰ类）	良好（Ⅰ类）	良好（Ⅰ类）	良好（Ⅰ类）	良好（Ⅰ类）	良好（Ⅰ类）	优良（Ⅰ类）	优良（Ⅰ类）	优良（Ⅰ类）	优良（Ⅰ类）	优良（Ⅰ类）	良好（Ⅰ类）
年综合评价	良好（Ⅰ类）											
备注	无超标因子											

（5）成都市都江堰市东城自来水有限责任公司水源地。

2007 年 1～12 月该水源地水质综合评价分值 F 值的变化如图 4-6 所示，综合评价结果见表 4-9。

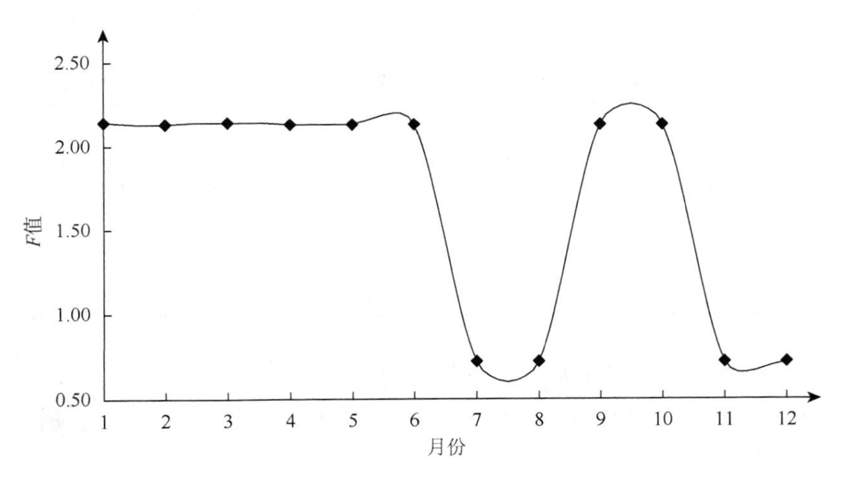

图 4-6　都江堰市东城自来水有限责任公司水源地 2007 年水质综合评价分值 F 值的变化图

表 4-9　都江堰市东城自来水有限责任公司水源地 2007 年水质综合评价结果

月份	1	2	3	4	5	6	7	8	9	10	11	12
月综合评价	良好（Ⅰ类）	良好（Ⅰ类）	良好（Ⅰ类）	良好（Ⅰ类）	良好（Ⅰ类）	良好（Ⅰ类）	优良（Ⅰ类）	优良（Ⅰ类）	良好（Ⅰ类）	良好（Ⅰ类）	优良（Ⅰ类）	优良（Ⅰ类）
年综合评价	良好（Ⅰ类）											
备注	无超标因子											

（6）成都市都江堰市自来水公司第二水厂水源地。

2007 年 1～12 月该水源地水质综合评价分值 F 值的变化如图 4-7 所示，综合评价结果见表 4-10。

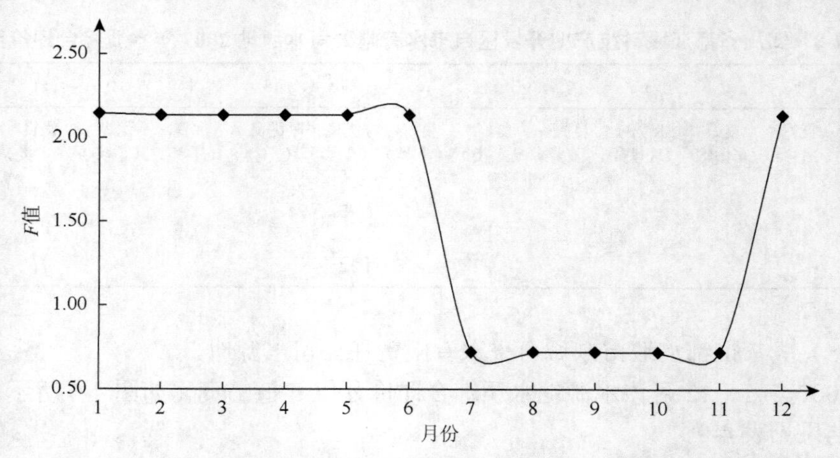

图 4-7　都江堰市自来水公司第二水厂水源地 2007 年水质综合评价分值 F 值的变化图

表 4-10　都江堰市自来水公司第二水厂水源地 2007 年水质综合评价结果

月份	1	2	3	4	5	6	7	8	9	10	11	12
月综合评价	良好（Ⅰ类）	良好（Ⅰ类）	良好（Ⅰ类）	良好（Ⅰ类）	良好（Ⅰ类）	良好（Ⅰ类）	优良（Ⅰ类）	优良（Ⅰ类）	优良（Ⅰ类）	优良（Ⅰ类）	优良（Ⅰ类）	良好（Ⅰ类）
年综合评价	良好（Ⅰ类）											
备注	无超标因子											

（7）成都市崇州市自来水有限责任公司水源地。

2007 年 1～12 月该水源地水质综合评价分值 F 值的变化如图 4-8 所示，综合评价结果见表 4-11。

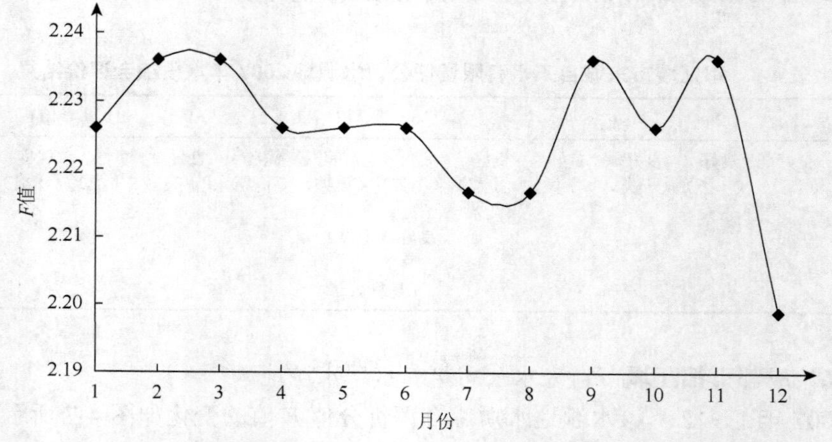

图 4-8　崇州市自来水有限责任公司水源地 2007 年水质综合评价分值 F 值的变化图

表 4-11　崇州市自来水有限责任公司水源地 2007 年水质综合评价结果

月份	1	2	3	4	5	6	7	8	9	10	11	12
月综合评价	良好（Ⅰ类）	良好（Ⅰ类）	良好（Ⅰ类）	良好（Ⅰ类）	良好（Ⅰ类）	良好（Ⅰ类）	良好（Ⅰ类）	良好（Ⅰ类）	良好（Ⅰ类）	良好（Ⅰ类）	良好（Ⅰ类）	良好（Ⅰ类）
年综合评价	良好（Ⅰ类）											
备注	无超标因子											

（8）德阳市自来水公司北郊水厂水源地。

2007 年 1～12 月该水源地水质综合评价分值 F 值的变化如图 4-9 所示，综合评价结果见表 4-12。

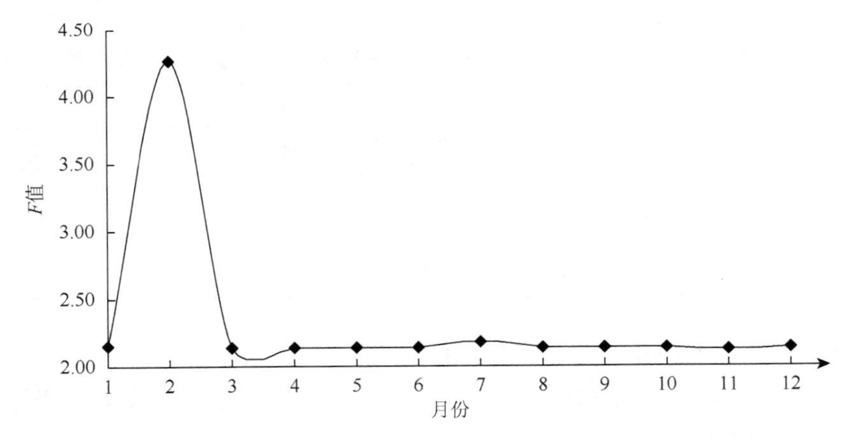

图 4-9　德阳市自来水公司北郊水厂水源地 2007 年水质综合评价分值 F 值的变化图

表 4-12　德阳市自来水公司北郊水厂水源地 2007 年水质综合评价结果

月份	1	2	3	4	5	6	7	8	9	10	11	12
月综合评价	良好（Ⅴ类）	较差（Ⅰ类）	良好（Ⅳ类）	良好（Ⅴ类）	良好（Ⅳ类）	良好（Ⅰ类）	良好（Ⅰ类）	良好（Ⅳ类）	良好（Ⅳ类）	良好（Ⅰ类）	良好（Ⅰ类）	良好（Ⅳ类）
年综合评价	良好（Ⅳ类）											
备注	2 月份的 pH 超标											

（9）德阳市自来水公司西郊水厂水源地。

2007 年 1～12 月该水源地水质综合评价分值 F 值的变化如图 4-10 所示，综合评价结果见表 4-13。

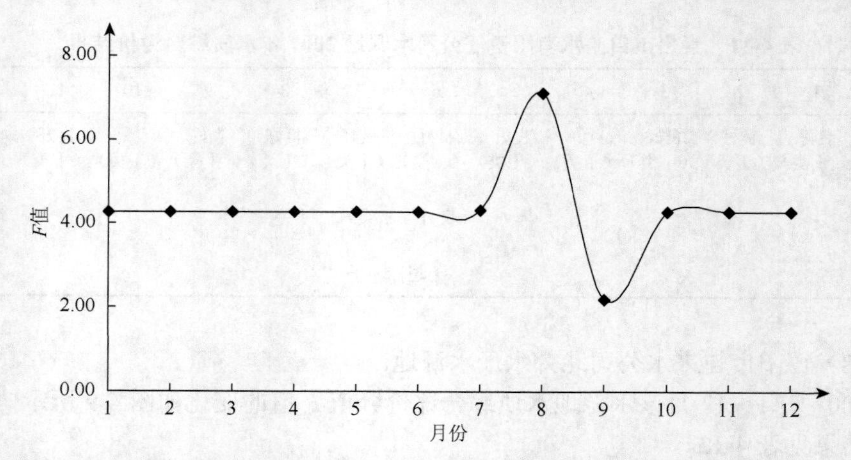

图 4-10　德阳市自来水公司西郊水厂水源地 2007 年水质综合评价分值 *F* 值的变化图

表 4-13　德阳市自来水公司西郊水厂水源地 2007 年水质综合评价结果

月份	1	2	3	4	5	6	7	8	9	10	11	12
月综合评价	较差（Ⅰ类）	较差（Ⅰ类）	较差（Ⅰ类）	较差（Ⅰ类）	较差（Ⅰ类）	较差（Ⅰ类）	较差（Ⅳ类）	较差（Ⅰ类）	良好（Ⅰ类）	较差（Ⅰ类）	较差（Ⅰ类）	较差（Ⅰ类）
年综合评价	较差（Ⅳ类）											
备注	8 月份的氟化物超标；锰除 9 月份达标外，其余月份均超标											

（10）德阳市中江县继光水厂水源地。

2007 年 1～12 月该水源地水质综合评价分值 *F* 值的变化如图 4-11 所示，综合评价结果见表 4-14。

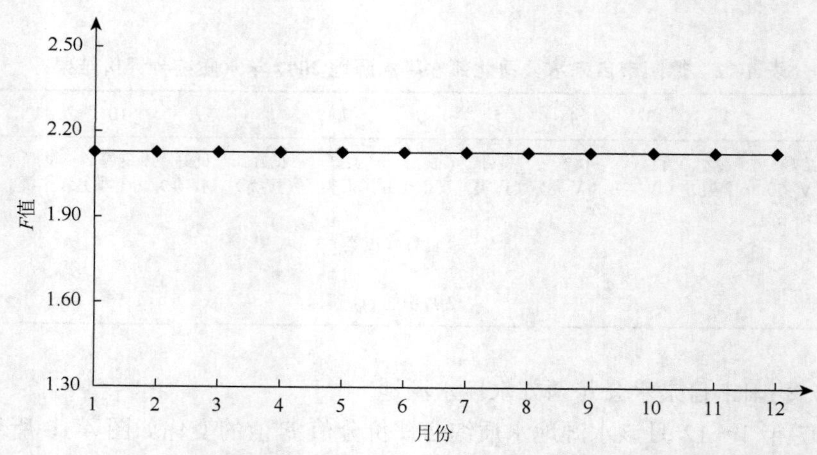

图 4-11　中江县继光水厂水源地 2007 年水质综合评价分值 *F* 值的变化图

表 4-14　中江县继光水厂水源地 2007 年水质综合评价结果

月份	1	2	3	4	5	6	7	8	9	10	11	12
月综合评价	良好（Ⅰ类）	良好（Ⅰ类）	良好（Ⅰ类）	良好（Ⅰ类）	良好（Ⅰ类）	良好（Ⅰ类）	良好（Ⅰ类）	良好（Ⅰ类）	良好（Ⅰ类）	良好（Ⅰ类）	良好（Ⅰ类）	良好（Ⅰ类）
年综合评价	良好（Ⅰ类）											
备注	无超标因子											

（11）德阳市罗江县自来水公司水源地。

2007 年 1～12 月该水源地水质综合评价分值 F 值的变化如图 4-12 所示，综合评价结果见表 4-15。

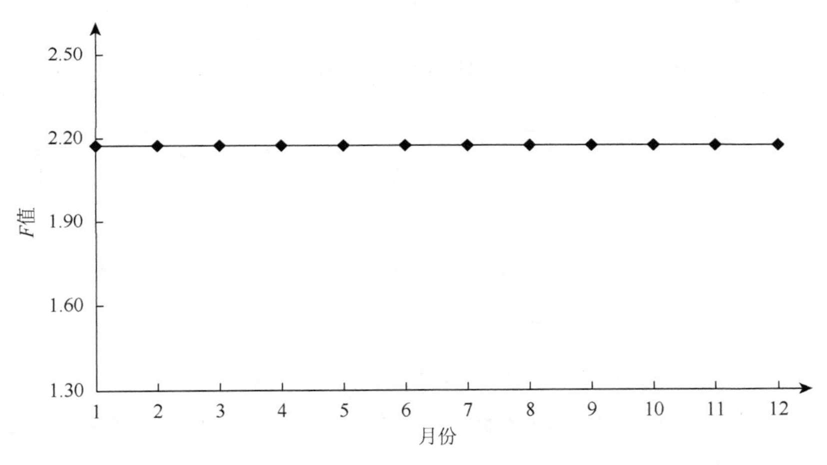

图 4-12　罗江县自来水公司水源地 2007 年水质综合评价分值 F 值的变化图

表 4-15　罗江县自来水公司水源地 2007 年水质综合评价结果

月份	1	2	3	4	5	6	7	8	9	10	11	12
月综合评价	良好（Ⅰ类）	良好（Ⅰ类）	良好（Ⅰ类）	良好（Ⅰ类）	良好（Ⅰ类）	良好（Ⅰ类）	良好（Ⅰ类）	良好（Ⅰ类）	良好（Ⅰ类）	良好（Ⅰ类）	良好（Ⅰ类）	良好（Ⅰ类）
年综合评价	良好（Ⅰ类）											
备注	无超标因子											

（12）德阳市广汉市三星堆水厂水源地。

2007 年 1～12 月该水源地水质综合评价分值 F 值的变化如图 4-13 所示，综合评价结果见表 4-16。

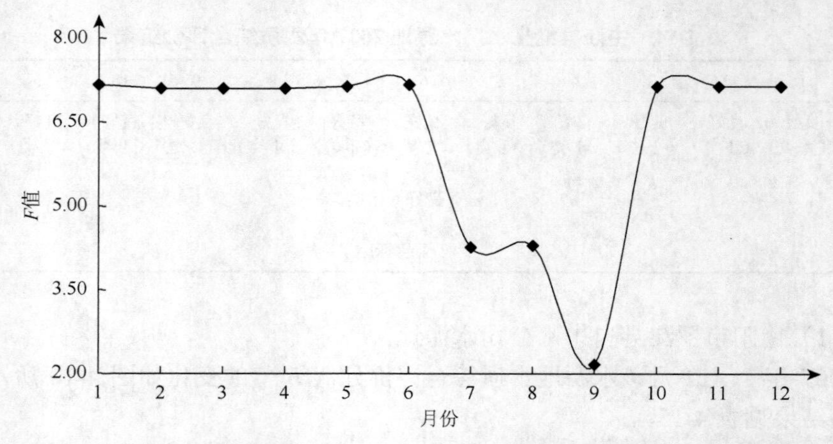

图 4-13　广汉市三星堆水厂水源地 2007 年水质综合评价分值 F 值的变化图

表 4-16　广汉市三星堆水厂水源地 2007 年水质综合评价结果

月份	1	2	3	4	5	6	7	8	9	10	11	12
月综合评价	较差（Ⅰ类）	较差（Ⅰ类）	较差（Ⅰ类）	较差（Ⅰ类）	较差（Ⅰ类）	较差（Ⅰ类）	较差（Ⅰ类）	较差（Ⅰ类）	良好（Ⅰ类）	较差（Ⅰ类）	较差（Ⅰ类）	较差（Ⅰ类）
年综合评价	较差（Ⅰ类）											
备注	1 月份的总硬度和亚硝酸盐超标；氟化物 6、8 月份超标；铁 5、6、10～12 月份均超标；锰只有 8、9 月份达标，其余月份均超过Ⅲ类水质标准											

（13）德阳市什邡市供排水公司第二自来水厂水源地。

2007 年 1～12 月该水源地水质综合评价分值 F 值的变化如图 4-14 所示，综合评价结果见表 4-17。

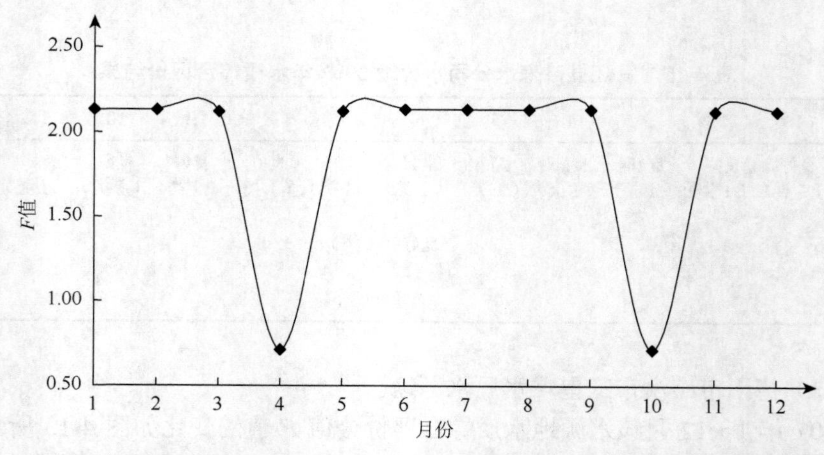

图 4-14　什邡市供排水公司第二自来水厂水源地 2007 年水质综合评价分值 F 值的变化图

表 4-17　什邡市供排水公司第二自来水厂水源地 2007 年水质综合评价结果

月份	1	2	3	4	5	6	7	8	9	10	11	12
月综合评价	良好（Ⅰ类）	良好（Ⅰ类）	良好（Ⅰ类）	优良（Ⅰ类）	良好（Ⅰ类）	良好（Ⅰ类）	良好（Ⅰ类）	良好（Ⅰ类）	良好（Ⅰ类）	优良（Ⅰ类）	良好（Ⅰ类）	良好（Ⅰ类）
年综合评价	良好（Ⅰ类）											
备注	无超标因子											

（14）德阳市什邡市供排水公司第一自来水厂水源地。

2007 年 1～12 月该水源地水质综合评价分值 F 值的变化如图 4-15 所示，综合评价结果见表 4-18。

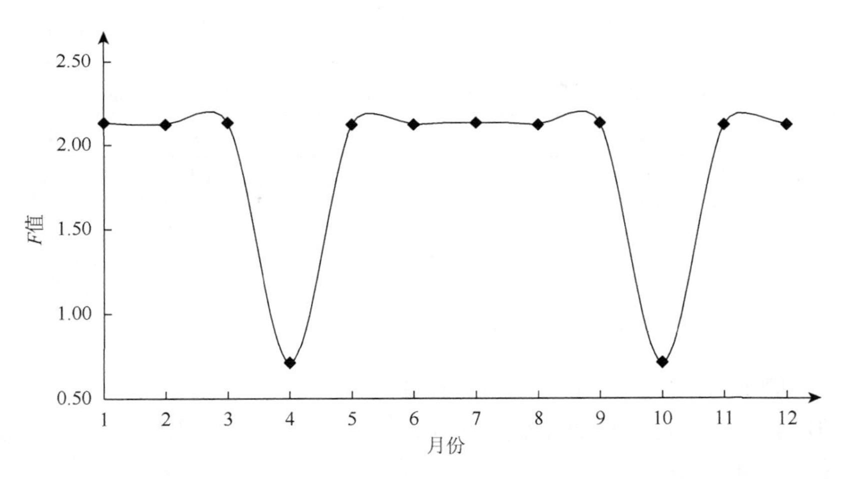

图 4-15　什邡市供排水公司第一自来水厂水源地 2007 年水质综合评价分值 F 值的变化图

表 4-18　什邡市供排水公司第一自来水厂水源地 2007 年水质综合评价结果

月份	1	2	3	4	5	6	7	8	9	10	11	12
月综合评价	良好（Ⅰ类）	良好（Ⅰ类）	良好（Ⅰ类）	优良（Ⅰ类）	良好（Ⅰ类）	良好（Ⅰ类）	良好（Ⅰ类）	良好（Ⅰ类）	良好（Ⅰ类）	优良（Ⅰ类）	良好（Ⅰ类）	良好（Ⅰ类）
年综合评价	良好（Ⅰ类）											
备注	无超标因子											

（15）德阳市绵竹市自来水公司水源地。

2007 年 1～12 月该水源地水质综合评价分值 F 值的变化如图 4-16 所示，综合评价结果见表 4-19。

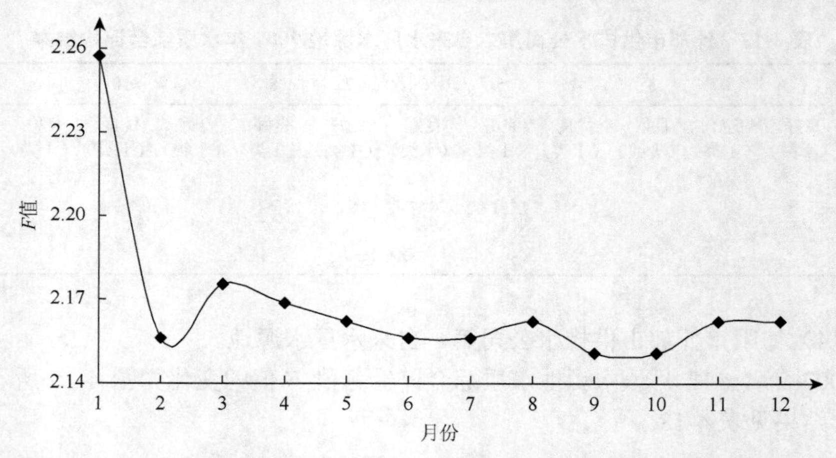

图 4-16　绵竹市自来水公司水源地 2007 年水质综合评价分值 *F* 值的变化图

表 4-19　绵竹市自来水公司水源地 2007 年水质综合评价结果

月份	1	2	3	4	5	6	7	8	9	10	11	12
月综合评价	良好（Ⅰ类）	良好（Ⅰ类）	良好（Ⅰ类）	良好（Ⅰ类）	良好（Ⅰ类）	良好（Ⅰ类）	良好（Ⅰ类）	良好（Ⅰ类）	良好（Ⅰ类）	良好（Ⅰ类）	良好（Ⅰ类）	良好（Ⅰ类）
年综合评价	良好（Ⅰ类）											
备注	无超标因子											

（16）绵阳市高新区供水有限公司水源地。

2007 年 1～12 月该水源地水质综合评价分值 *F* 值的变化如图 4-17 所示，综合评价结果见表 4-20。

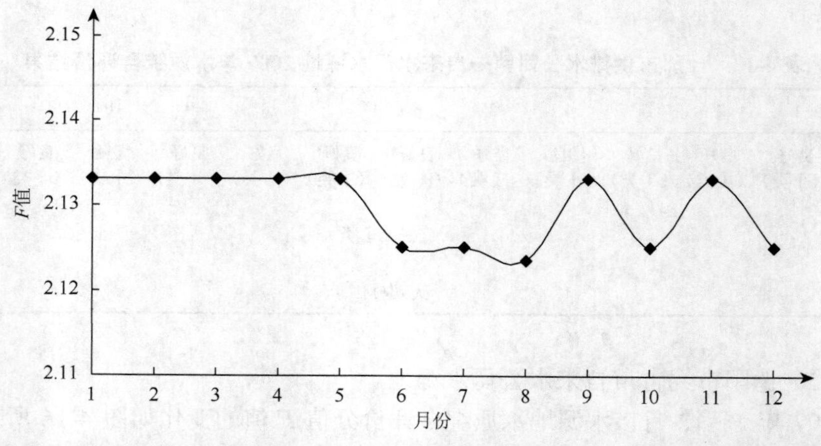

图 4-17　绵阳市高新区供水有限公司水源地 2007 年水质综合评价分值 *F* 值的变化图

表 4-20 绵阳市高新区供水有限公司水源地 2007 年水质综合评价结果

月份	1	2	3	4	5	6	7	8	9	10	11	12
月综合评价	良好（Ⅰ类）	良好（Ⅰ类）	良好（Ⅰ类）	良好（Ⅰ类）	良好（Ⅰ类）	良好（Ⅰ类）	良好（Ⅰ类）	良好（Ⅰ类）	良好（Ⅰ类）	良好（Ⅰ类）	良好（Ⅰ类）	良好（Ⅰ类）
年综合评价	良好（Ⅰ类）											
备注	无超标因子											

（17）广元市中区八一综合供水站水源地。

2007 年 1～12 月该水源地水质综合评价分值 F 值的变化如图 4-18 所示，综合评价结果见表 4-21。

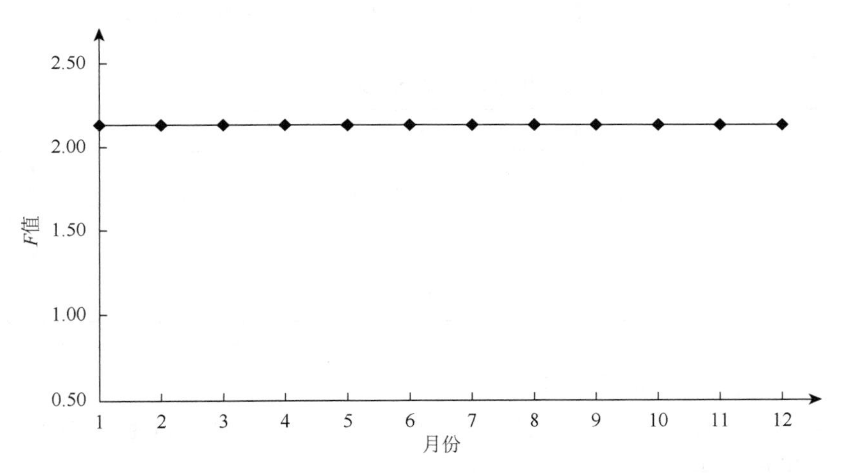

图 4-18 广元市中区八一综合供水站水源地 2007 年水质综合评价分值 F 值的变化图

表 4-21 广元市中区八一综合供水站水源地 2007 年水质综合评价结果

月份	1	2	3	4	5	6	7	8	9	10	11	12
月综合评价	良好（Ⅰ类）	良好（Ⅰ类）	良好（Ⅰ类）	良好（Ⅰ类）	良好（Ⅰ类）	良好（Ⅰ类）	良好（Ⅰ类）	良好（Ⅰ类）	良好（Ⅰ类）	良好（Ⅰ类）	良好（Ⅰ类）	良好（Ⅰ类）
年综合评价	良好（Ⅰ类）											
备注	无超标因子											

（18）广元市东坝水厂水源地。

2007 年 1～12 月该水源地水质综合评价分值 F 值的变化如图 4-19 所示，综合评价结果见表 4-22。

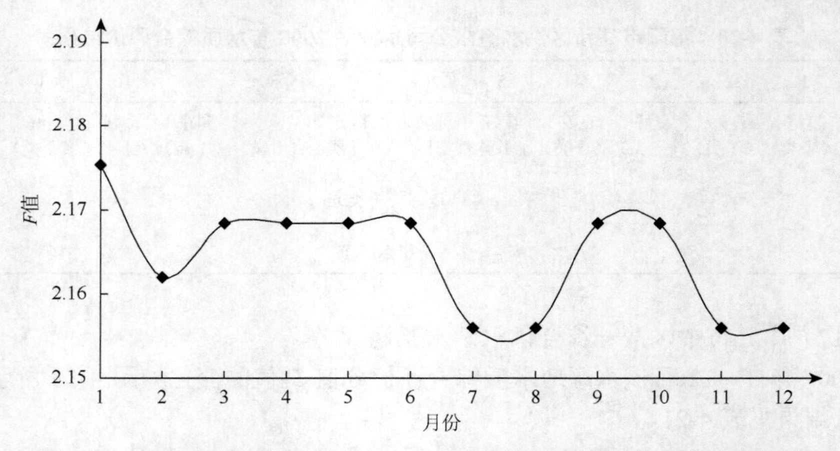

图 4-19　广元市东坝水厂水源地 2007 年水质综合评价分值 F 值的变化图

表 4-22　广元市东坝水厂水源地 2007 年水质综合评价结果

月份	1	2	3	4	5	6	7	8	9	10	11	12
月综合评价	良好（Ⅰ类）	良好（Ⅰ类）	良好（Ⅰ类）	良好（Ⅰ类）	良好（Ⅰ类）	良好（Ⅰ类）	良好（Ⅰ类）	良好（Ⅰ类）	良好（Ⅰ类）	良好（Ⅰ类）	良好（Ⅰ类）	良好（Ⅰ类）
年综合评价	良好（Ⅰ类）											
备注	无超标因子											

（19）广元市南河水厂水源地。

2007 年 1～12 月该水源地水质综合评价分值 F 值的变化如图 4-20 所示，综合评价结果见表 4-23。

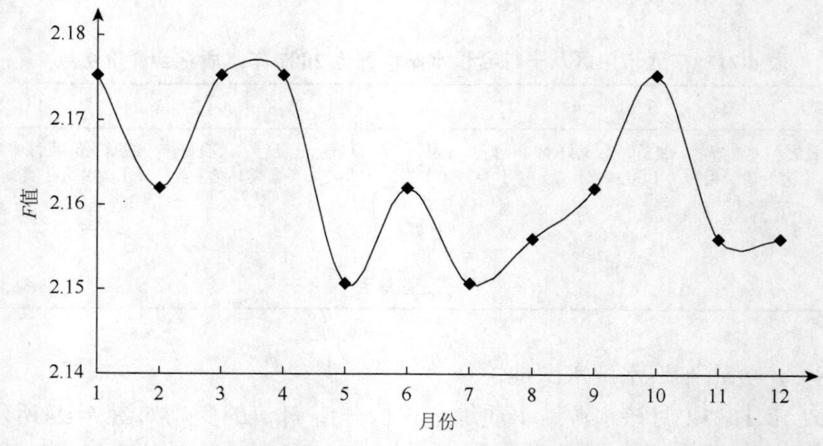

图 4-20　广元市南河水厂水源地 2007 年水质综合评价分值 F 值的变化图

表 4-23　广元市南河水厂水源地 2007 年水质综合评价结果

月份	1	2	3	4	5	6	7	8	9	10	11	12
月综合评价	良好（Ⅰ类）	良好（Ⅰ类）	良好（Ⅰ类）	良好（Ⅰ类）	良好（Ⅰ类）	良好（Ⅰ类）	良好（Ⅰ类）	良好（Ⅰ类）	良好（Ⅰ类）	良好（Ⅰ类）	良好（Ⅰ类）	良好（Ⅰ类）
年综合评价	良好（Ⅰ类）											
备注	无超标因子											

（20）广元市城北水厂水源地。

2007 年 1～12 月该水源地水质综合评价分值 *F* 值的变化如图 4-21 所示，综合评价结果见表 4-24。

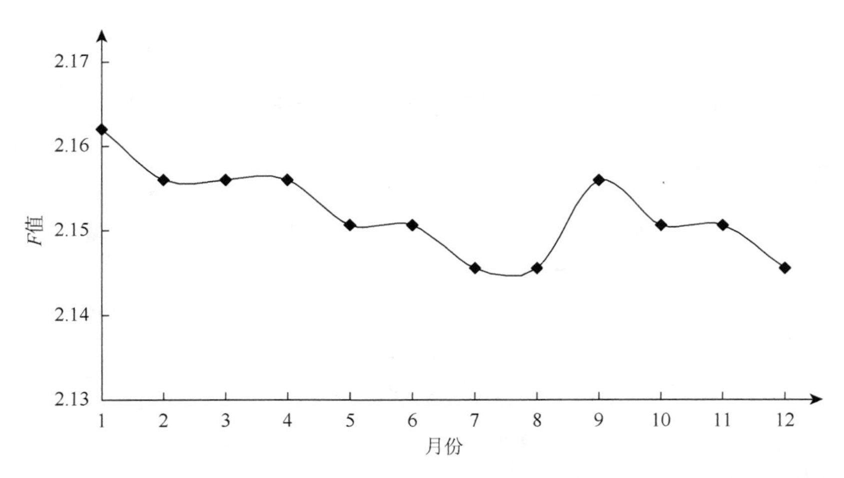

图 4-21　广元市城北水厂水源地 2007 年水质综合评价分值 *F* 值的变化图

表 4-24　广元市城北水厂水源地 2007 年水质综合评价结果

月份	1	2	3	4	5	6	7	8	9	10	11	12
月综合评价	良好（Ⅰ类）	良好（Ⅰ类）	良好（Ⅰ类）	良好（Ⅰ类）	良好（Ⅰ类）	良好（Ⅰ类）	良好（Ⅰ类）	良好（Ⅰ类）	良好（Ⅰ类）	良好（Ⅰ类）	良好（Ⅰ类）	良好（Ⅰ类）
年综合评价	良好（Ⅰ类）											
备注	无超标因子											

综合分析地震灾区各地下水饮用水源地 2007 年水质评价结果（表 4-25），可以看出，震区地下水水源地 2007 年的水质相对而言较好，参与评价的 20 个水源地中，达标率为 80%。有超标现象存在的水源地有成都市温江区自来水公

司水源地和成都金马自来水供应有限责任公司水源地、德阳市自来水公司北郊水厂和西郊水厂水源地，以及广汉市三星堆水厂水源地。成都市温江区自来水公司水源地超标因子只有亚硝酸盐，1～12 月份的浓度均为 0.05mg/L，为Ⅳ类水质；成都金马自来水供应有限责任公司水源地超标因子也只有亚硝酸盐，1～12 月份的浓度也均为 0.05mg/L，为Ⅳ类水质；德阳市自来水公司北郊水厂水源地 2 月份的 pH 为 6.2，为Ⅳ类水质，另外，该水源地的总大肠菌群也存在严重超标现象；德阳市自来水公司西郊水厂 8 月份的氟化物浓度为 12.19mg/L，为Ⅴ类水质，锰除 9 月份达标外，其余月份均超标，为Ⅳ类水质，另外该水源地的总大肠菌群也存在超标现象；广汉市三星堆水厂水源地超标因子较多，氟化物 6、8 月份为Ⅳ类水质，总硬度 1 月份浓度为 565mg/L，为Ⅴ类水质，亚硝酸盐 1 月份浓度为 0.03mg/L，为Ⅳ类水质；铁 5、6、10～12 月份均超标，为Ⅳ类水质；锰只有 8、9 月份达标，1、7 月份为Ⅳ类水质，其余超标月份为Ⅴ类水质。

表 4-25　地震灾区地下水饮用水源地 2007 年水质综合评价结果

编号	所属地区	水源地名称	综合评价结果	评价标准
1	成都市	成都市温江区自来水公司水源地	Ⅳ类水质	《地下水质量标准》Ⅲ类水质标准
2		成都金马自来水供应有限责任公司水源地	Ⅳ类水质	
3		大邑县自来水公司水源地	Ⅱ类水质	
4		四川省都江堰科技产业开发区自来水有限责任公司水源地	Ⅱ类水质	
5		都江堰市东城自来水有限责任公司水源地	Ⅱ类水质	
6		都江堰市自来水公司第二水厂水源地	Ⅱ类水质	
7		崇州市自来水有限责任公司水源地	Ⅱ类水质	
8		邛崃市自来水有限责任公司水源地		
9	德阳市	德阳市自来水公司北郊水厂水源地	Ⅱ类水质	
10		德阳市自来水公司西郊水厂水源地	Ⅳ类水质	
11		德阳市自来水公司东郊水厂水源地		
12		德阳市自来水公司南郊水厂水源地		
13		中江县继光水厂水源地	Ⅱ类水质	
14		罗江县自来水公司水源地	Ⅱ类水质	
15		广汉市三星堆水厂水源地	Ⅳ类水质	
16		什邡市供排水公司第二自来水厂水源地	Ⅱ类水质	
17		什邡市供排水公司第一自来水厂水源地	Ⅱ类水质	
18		绵竹市自来水公司水源地	Ⅱ类水质	
19	绵阳市	绵阳市高新区供水有限公司水源地	Ⅱ类水质	

续表

编号	所属地区	水源地名称	综合评价结果	评价标准
20	广元市	市中区八一综合供水站水源地	Ⅱ类水质	《地下水质量标准》Ⅲ类水质标准
21		吴家浩水厂水源地		
22		东坝水厂水源地	Ⅱ类水质	
23		南河水厂水源地	Ⅱ类水质	
24		城北水厂水源地	Ⅱ类水质	

2. 震后水质状况分析

1）震后应急期水质情况分析

（1）无机监测项目。

“5·12”汶川特大地震发生后，于2008年5月13日～6月4日对四川重灾区的成都、德阳、绵阳、广元等地的城市集中式地下水饮用水源地进行了连续的应急监测，监测项目包括pH、总硬度、溶解性总固体、硫酸盐、氯化物、铜、锌、挥发性酚类、阴离子合成洗涤剂、高锰酸盐指数、硝酸盐、亚硝酸盐、氨氮、氟化物、碘化物、氰化物、汞、砷、硒、镉、六价铬和铅等22项，参考标准为《地下水质量标准》（GB/T 14848—1993）Ⅲ类标准，评价方法采用加附注的评分法。监测结果显示，超标因子主要为pH、氨氮、挥发性酚类和阴离子合成洗涤剂，总体水质良好，震前震后水质无明显变化。具体评价结果如下：

①成都市温江区自来水公司水源地。

2008年5月29日～31日对该水源地的水质进行了应急监测，评价结果（表4-26）显示水质达到了Ⅱ类标准。

表4-26　成都市温江区自来水公司水源地震后应急期水质综合评价结果

监测时间	评价结果	水质标准	超标因子
2008年5月29日	良好	Ⅱ类	无
2008年5月30日	良好	Ⅱ类	无
2008年5月31日	良好	Ⅱ类	无

②成都市金马自来水供应有限责任公司水源地。

2008年5月30日～31日对该水源地的水质进行了应急监测，评价结果（表4-27）显示水质达到了Ⅱ类标准。

表 4-27 成都金马自来水供应有限责任公司水源地震后应急期水质综合评价结果

监测时间	评价结果	水质标准	超标因子
2008 年 5 月 30 日	良好	II类	无
2008 年 5 月 31 日	良好	II类	无

③成都市大邑县自来水公司水源地。

2008 年 5 月 29 日～31 日对该水源地的水质进行了应急监测，评价结果（表 4-28）显示水质达到了II类标准。

表 4-28 成都市大邑县自来水公司水源地震后应急期水质综合评价结果

监测时间	评价结果	水质标准	超标因子
2008 年 5 月 29 日	良好	II类	无
2008 年 5 月 30 日	良好	II类	无
2008 年 5 月 31 日	良好	II类	无

④四川省都江堰科技产业开发区自来水有限公司水源地。

2008 年 5 月 16 日～6 月 4 日对该水源地的水质进行了应急监测，评价分析结果显示，该水源地震后应急期的水质达到II类标准。水质综合评价分值 F 值的变化如图 4-22 所示，综合评价结果见表 4-29。

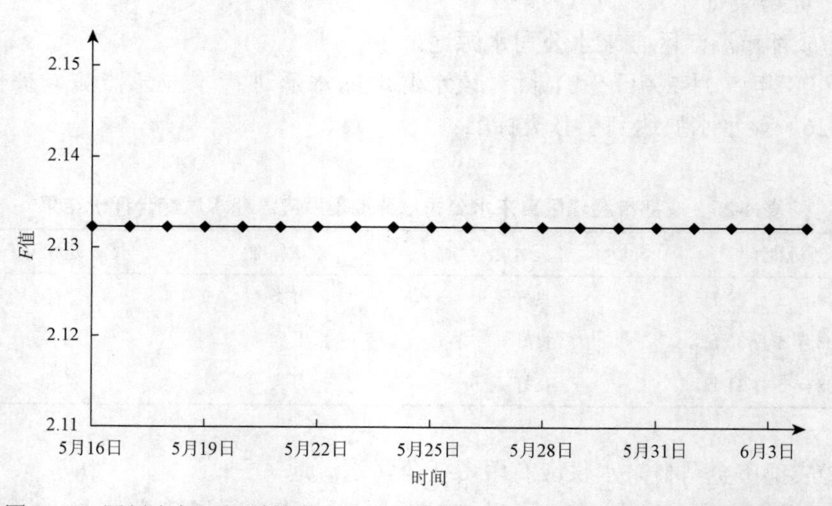

图 4-22 四川省都江堰科技产业开发区自来水有限公司水源地震后应急期水质综合评价分值 F 值的变化图

表 4-29　四川省都江堰科技产业开发区自来水有限公司水源地震后应急期水质综合评价结果

监测时间	5 月 16 日	5 月 17 日	5 月 18 日	5 月 19 日	5 月 20 日	5 月 21 日	5 月 22 日	5 月 23 日	5 月 24 日	5 月 25 日
评价结果	良好	良好	良好	良好	良好	良好	良好	良好	良好	良好
水质标准	Ⅱ类	Ⅱ类	Ⅱ类	Ⅱ类	Ⅱ类	Ⅱ类	Ⅱ类	Ⅱ类	Ⅱ类	Ⅱ类
超标因子	无	无	无	无	无	无	无	无	无	无
监测时间	5 月 26 日	5 月 27 日	5 月 28 日	5 月 29 日	5 月 30 日	5 月 31 日	6 月 1 日	6 月 2 日	6 月 3 日	6 月 4 日
评价结果	良好	良好	良好	良好	良好	良好	良好	良好	良好	良好
水质标准	Ⅱ类	Ⅱ类	Ⅱ类	Ⅱ类	Ⅱ类	Ⅱ类	Ⅱ类	Ⅱ类	Ⅱ类	Ⅱ类
超标因子	无	无	无	无	无	无	无	无	无	无

⑤成都市都江堰市自来水公司第二水厂水源地。

2008 年 5 月 16 日～6 月 4 日对该水源地的水质进行了应急监测。水质综合评价分值 F 值的变化如图 4-23 所示，综合评价结果见表 4-30。

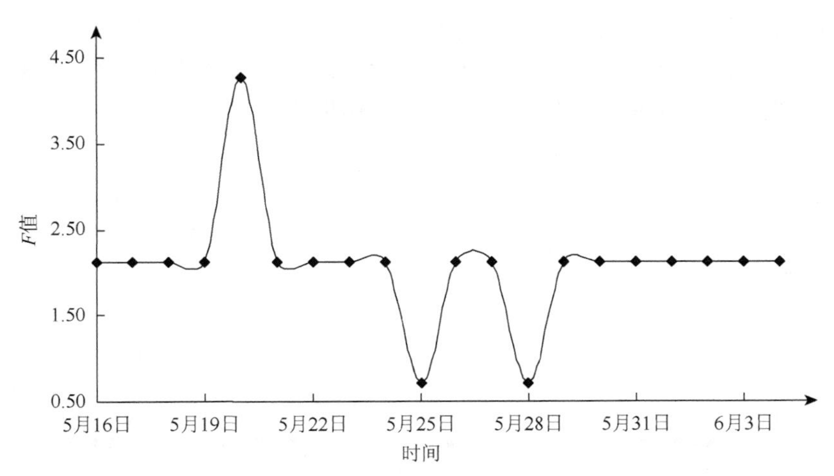

图 4-23　都江堰市自来水公司第二水厂水源地震后应急期水质综合评价分值 F 值的变化图

表 4-30　都江堰市自来水公司第二水厂水源地震后应急期水质综合评价结果

监测时间	5 月 16 日	5 月 17 日	5 月 18 日	5 月 19 日	5 月 20 日	5 月 21 日	5 月 22 日	5 月 23 日	5 月 24 日	5 月 25 日
评价结果	良好	良好	良好	良好	较差	良好	良好	良好	良好	优良
水质标准	Ⅱ类	Ⅱ类	Ⅱ类	Ⅱ类	Ⅳ类	Ⅱ类	Ⅱ类	Ⅱ类	Ⅱ类	Ⅰ类
超标因子	无	无	无	无	氨氮	无	无	无	无	无
监测时间	5 月 26	5 月 27 日	5 月 28 日	5 月 29 日	5 月 30 日	5 月 31 日	6 月 1 日	6 月 2 日	6 月 3 日	6 月 4 日
评价结果	良好	良好	优良	良好	良好	良好	良好	良好	良好	良好
水质标准	Ⅱ类	Ⅱ类	Ⅰ类	Ⅱ类	Ⅱ类	Ⅱ类	Ⅱ类	Ⅱ类	Ⅱ类	Ⅱ类
超标因子	无	无	无	无	无	无	无	无	无	无

由评价分析结果可知，该水源地整个应急期的水质状况良好，仅有 2008 年 5 月 20 日氨氮超标，浓度为 0.375mg/L，超标 1.88 倍。另外，根据表 4-4 地下水质量综合评价级别划分标准，2.50≤F<4.25 为较好级别，该水源地 2008 年 5 月 20 日的综合评价分值 F 值为 4.26，接近Ⅲ类水质标准，超标程度较轻。

⑥成都市崇州市自来水有限责任公司水源地。

2008 年 5 月 29 日～31 日对该水源地的水质进行了应急监测，评价结果（表 4-31）显示水质达到了Ⅱ类标准。

表 4-31　崇州市自来水有限责任公司水源地震后应急期水质综合评价结果

监测时间	评价结果	水质标准	超标因子
2008 年 5 月 29 日	良好	Ⅱ类	无
2008 年 5 月 30 日	良好	Ⅱ类	无
2008 年 5 月 31 日	良好	Ⅱ类	无

⑦德阳市自来水公司北郊水厂水源地。

2008 年 5 月 14 日～6 月 4 日对该水源地的水质进行了应急监测，水质综合评价分值 F 值的变化如图 4-24 所示，综合评价结果见表 4-32。

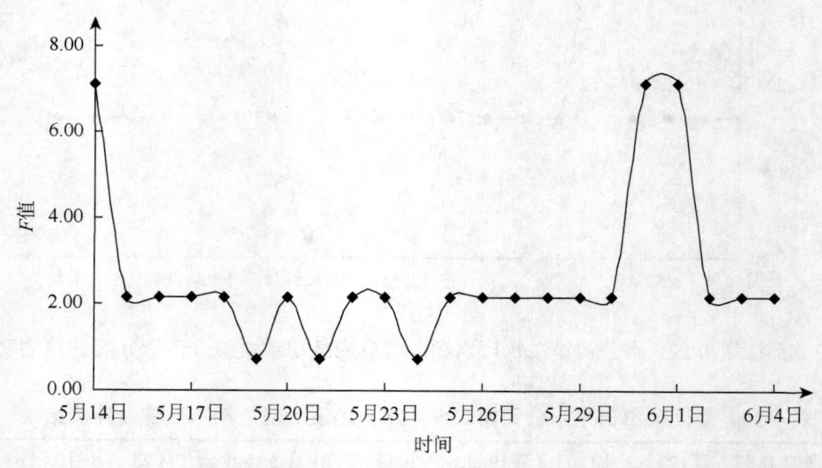

图 4-24　德阳市自来水公司北郊水厂水源地震后应急期水质综合评价分值 F 值的变化图

表 4-32　德阳市自来水公司北郊水厂水源地震后应急期水质综合评价结果

监测时间	5月14日	5月15日	5月16日	5月17日	5月18日	5月19日	5月20日	5月21日	5月22日	5月23日	5月24日
评价结果	较差	良好	良好	良好	良好	优良	良好	优良	良好	良好	优良
水质标准	Ⅳ类	Ⅱ类	Ⅱ类	Ⅱ类	Ⅱ类	Ⅰ类	Ⅱ类	Ⅰ类	Ⅱ类	Ⅱ类	Ⅰ类
超标因子	挥发性酚类	无	无	无	无	无	无	无	无	无	无

续表

监测时间	5月25日	5月26日	5月27日	5月28日	5月29日	5月30日	5月31日	6月1日	6月2日	6月3日	6月4日
评价结果	良好	良好	良好	良好	良好	良好	较差	较差	良好	良好	良好
水质标准	Ⅱ类	Ⅱ类	Ⅱ类	Ⅱ类	Ⅱ类	Ⅱ类	Ⅳ类	Ⅳ类	Ⅱ类	Ⅱ类	Ⅱ类
超标因子	无	无	无	无	无	无	砷	砷	无	无	无

就评价分析结果来看，该水源地整个应急期的水质状况良好，超标因子有挥发性酚类和砷，2008 年 5 月 14 日挥发性酚类超标，监测浓度为 0.012mg/L，超标 6 倍；5 月 31 日和 6 月 1 日砷超标，浓度分别为 0.182mg/L 和 0.161mg/L，超标 3.64 倍和 3.22 倍。

⑧德阳市自来水公司西郊水厂水源地。

2008 年 5 月 14 日～6 月 4 日对该水源地的水质进行了应急监测，水质综合评价分值 F 值的变化如图 4-25 所示，综合评价结果见表 4-33。

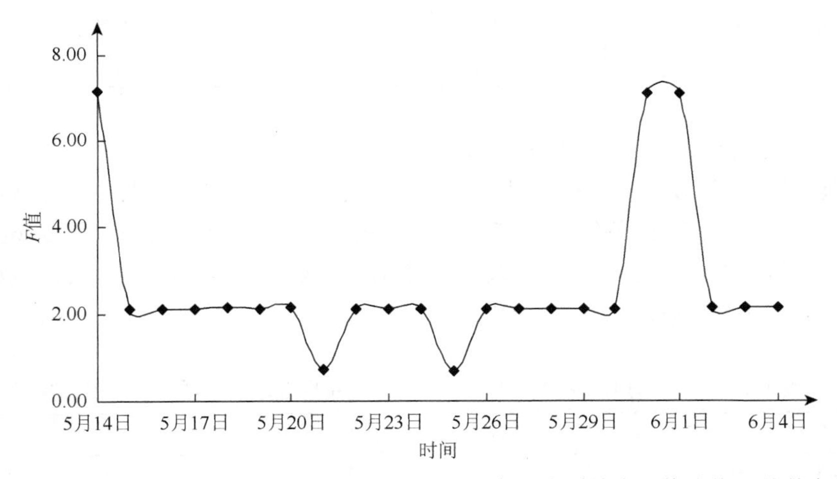

图 4-25　德阳市自来水公司西郊水厂水源地震后应急期水质综合评价分值 F 值的变化图

表 4-33　德阳市自来水公司西郊水厂水源地震后应急期水质综合评价结果

监测时间	5月14日	5月15日	5月16日	5月17日	5月18日	5月19日	5月20日	5月21日	5月22日	5月23日	5月24日
评价结果	较差	良好	良好	良好	良好	良好	良好	优良	良好	良好	良好
水质标准	Ⅳ类	Ⅱ类	Ⅱ类	Ⅱ类	Ⅱ类	Ⅱ类	Ⅱ类	Ⅰ类	Ⅱ类	Ⅱ类	Ⅱ类
超标因子	挥发性酚类、砷	无	无	无	无	无	无	无	无	无	无
监测时间	5月25日	5月26日	5月27日	5月28日	5月29日	5月30日	5月31日	6月1日	6月2日	6月3日	6月4日
评价结果	优良	良好	良好	良好	良好	良好	较差	较差	良好	良好	良好
水质标准	Ⅰ类	Ⅱ类	Ⅱ类	Ⅱ类	Ⅱ类	Ⅱ类	Ⅳ类	Ⅳ类	Ⅱ类	Ⅱ类	Ⅱ类
超标因子	无	无	无	无	无	无	砷	砷	无	无	无

就评价分析结果来看，该水源地整个应急期的水质状况属于良好，超标因子包括挥发性酚类和砷，2008 年 5 月 14 日挥发性酚类，监测浓度为 0.013mg/L，超标 6.5 倍；砷超标的日期分别为 5 月 14 日、31 日和 6 月 1 日，超标浓度分别为 0.52mg/L、0.198mg/L 和 0.19mg/L，分别超标 10.4 倍、3.96 倍和 3.8 倍。

⑨德阳市自来水公司东郊水厂水源地。

2008 年 5 月 29 日～6 月 4 日对该水源地的水质进行了应急监测，监测结果显示，5 月 31 日和 6 月 1 日的砷存在超标现象，浓度值分别为 0.182mg/L 和 0.155mg/L，超标 3.64 倍和 3.1 倍。从整个应急期的水质评价结果（表 4-34）来看，该水源地的水质属于Ⅲ类水质，总体状况较好。

表 4-34　德阳市自来水公司东郊水厂水源地震后应急期水质综合评价结果

监测时间	5 月 29 日	5 月 30 日	5 月 31 日	6 月 1 日	6 月 2 日	6 月 3 日	6 月 4 日
评价结果	良好	良好	较差	较差	良好	良好	良好
水质标准	Ⅱ类	Ⅱ类	Ⅳ类	Ⅳ类	Ⅱ类	Ⅱ类	Ⅱ类
超标因子	无	无	砷	砷	无	无	无

⑩德阳市自来水公司南郊水厂水源地。

2008 年 5 月 29 日～6 月 4 日对该水源地的水质进行了应急监测，监测结果显示，5 月 31 日和 6 月 1 日的砷存在超标现象，浓度值分别为 0.158mg/L 和 0.168mg/L，超标 3.16 倍和 3.36 倍。从整个应急期的水质评价结果（表 4-35）来看，该水源地的水质属于Ⅲ类水质，总体状况较好。

表 4-35　德阳市自来水公司南郊水厂水源地震后应急期水质综合评价结果

监测时间	5 月 29 日	5 月 30 日	5 月 31 日	6 月 1 日	6 月 2 日	6 月 3 日	6 月 4 日
评价结果	优良	优良	较差	较差	良好	优良	优良
水质标准	Ⅰ类	Ⅰ类	Ⅳ类	Ⅳ类	Ⅱ类	Ⅰ类	Ⅰ类
超标因子	无	无	砷	砷	无	无	无

⑪德阳市中江县继光水厂水源地。

2008 年 5 月 22 日对该水源地的水质进行了应急监测，评价结果（表 4-36）显示水质达到了Ⅰ类标准。

表 4-36　中江县继光水厂水源地震后应急期水质综合评价结果

监测时间	评价结果	水质标准	超标因子
2008 年 5 月 22 日	优良	Ⅰ类	无

⑫德阳市罗江县自来水公司水源地。

2008 年 5 月 24 日对该水源地的水质进行了应急监测，评价结果（表 4-37）显示水质达到了 I 类标准。

表 4-37　德阳市罗江县自来水公司水源地震后应急期水质综合评价结果

监测时间	评价结果	水质标准	超标因子
2008 年 5 月 24 日	优良	I 类	无

⑬德阳市广汉市三星堆水厂水源地。

2008 年 5 月 19 日～6 月 4 日对该水源地的水质进行了应急监测，评价分析结果显示，除了 6 月 1 日的砷超标外，其余监测指标均达标。砷超标浓度为 0.187mg/L，超标 3.74 倍。水质综合评价分值 *F* 值的变化如图 4-26 所示，综合评价结果见表 4-38。

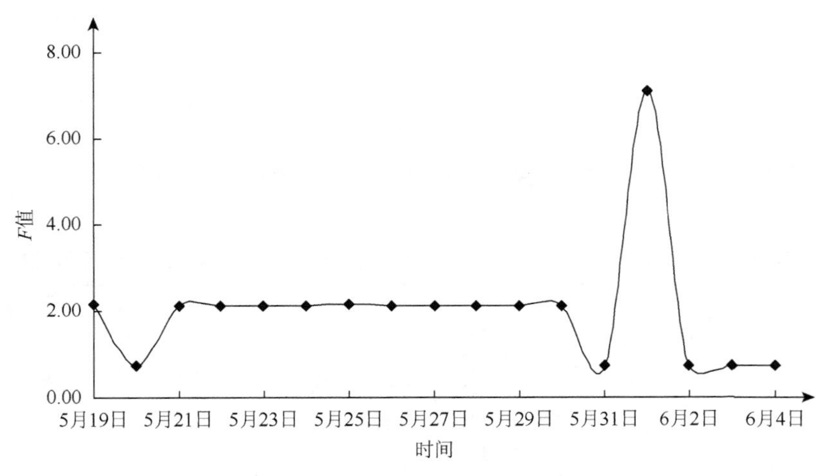

图 4-26　广汉市三星堆水厂水源地震后应急期水质综合评价分值 *F* 值的变化图

表 4-38　广汉市三星堆水厂水源地震后应急期水质综合评价结果

监测时间	5 月 19 日	5 月 20 日	5 月 21 日	5 月 22 日	5 月 23 日	5 月 24 日	5 月 25 日	5 月 26 日	5 月 27 日
评价结果	良好	优良	良好	良好	良好	良好	良好	良好	良好
水质标准	II 类	I 类	II 类	II 类	II 类	II 类	II 类	II 类	II 类
超标因子	无	无	无	无	无	无	无	无	无
监测时间	5 月 28 日	5 月 29 日	5 月 30 日	5 月 31 日	6 月 1 日	6 月 2 日	6 月 3 日	6 月 4 日	
评价结果	良好	良好	良好	优良	较差	优良	优良	优良	
水质标准	II 类	II 类	II 类	I 类	IV 类	I 类	I 类	I 类	
超标因子	无	无	无	无	砷	无	无	无	

⑭德阳市什邡市供排水公司第二自来水厂水源地。

2008 年 5 月 13 日～6 月 4 日对该水源地的水质进行了应急监测，评价分析结果显示，该水源地震后应急期的水质全部达标。水质综合评价分值 F 值的变化如图 4-27 所示，综合评价结果见表 4-39。

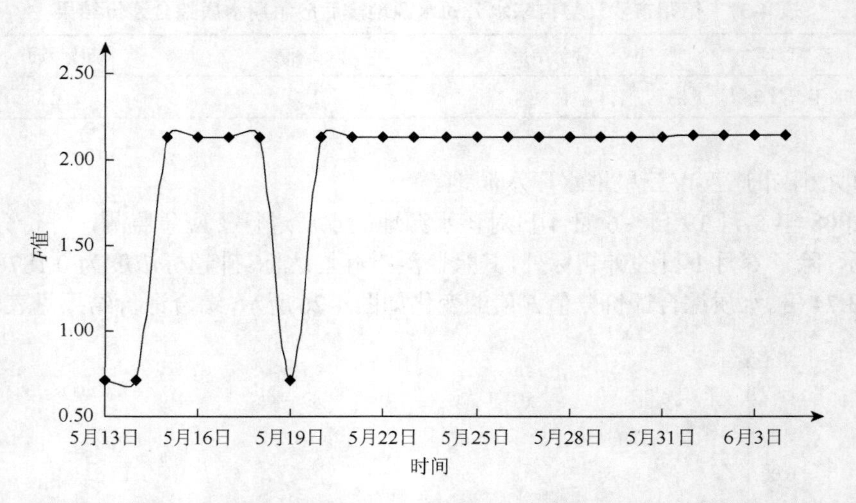

图 4-27　什邡市供排水公司第二自来水厂水源地震后应急期水质综合评价分值 F 值的变化图

表 4-39　什邡市供排水公司第二自来水厂水源地震后应急期水质综合评价结果

监测时间	5月13日	5月14日	5月15日	5月16日	5月17日	5月18日	5月19日	5月20日	5月21日	5月22日	5月23日	5月24日
评价结果	优良	优良	良好	良好	良好	良好	优良	良好	良好	良好	良好	良好
水质标准	Ⅰ类	Ⅰ类	Ⅱ类	Ⅱ类	Ⅱ类	Ⅱ类	Ⅰ类	Ⅱ类	Ⅱ类	Ⅱ类	Ⅱ类	Ⅱ类
超标因子	无	无	无	无	无	无	无	无	无	无	无	无
监测时间	5月25日	5月26日	5月27日	5月28日	5月29日	5月30日	5月31日	6月1日	6月2日	6月3日	6月4日	
评价结果	良好	良好	良好	良好	良好	良好	良好	良好	良好	良好	良好	
水质标准	Ⅱ类	Ⅱ类	Ⅱ类	Ⅱ类	Ⅱ类	Ⅱ类	Ⅱ类	Ⅱ类	Ⅱ类	Ⅱ类	Ⅱ类	
超标因子	无	无	无	无	无	无	无	无	无	无	无	

⑮德阳市什邡市供排水公司第一自来水厂水源地。

2008 年 5 月 13 日～6 月 4 日对该水源地的水质进行了应急监测。水质综合评价分值 F 值的变化如图 4-28 所示，综合评价结果见表 4-40。

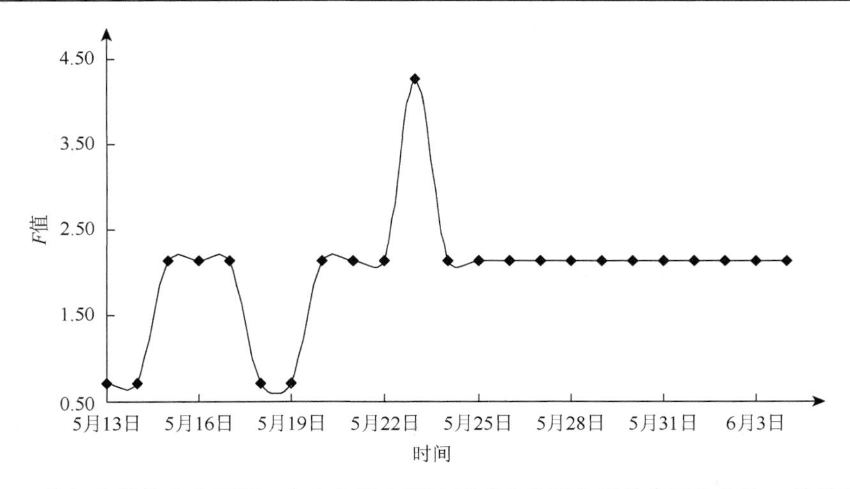

图 4-28　什邡市供排水公司第一自来水厂水源地震后应急期水质综合评价分值 F 值的变化图

表 4-40　什邡市供排水公司第一自来水厂水源地震后应急期水质综合评价结果

监测时间	5 月 13 日	5 月 14 日	5 月 15 日	5 月 16 日	5 月 17 日	5 月 18 日	5 月 19 日	5 月 20 日	5 月 21 日	5 月 22 日	5 月 23 日	5 月 24 日
评价结果	优良	优良	良好	良好	良好	优良	优良	良好	良好	良好	较差	良好
水质标准	Ⅰ类	Ⅰ类	Ⅱ类	Ⅱ类	Ⅱ类	Ⅰ类	Ⅰ类	Ⅱ类	Ⅱ类	Ⅱ类	Ⅳ类	Ⅱ类
超标因子	无	无	无	无	无	无	无	无	无	无	氨氮	无
监测时间	5 月 25 日	5 月 26 日	5 月 27 日	5 月 28 日	5 月 29 日	5 月 30 日	5 月 31 日	6 月 1 日	6 月 2 日	6 月 3 日	6 月 4 日	
评价结果	良好	良好	良好	良好	良好	良好	良好	良好	良好	良好	良好	
水质标准	Ⅱ类	Ⅱ类	Ⅱ类	Ⅱ类	Ⅱ类	Ⅱ类	Ⅱ类	Ⅱ类	Ⅱ类	Ⅱ类	Ⅱ类	
超标因子	无	无	无	无	无	无	无	无	无	无	无	

由评价分析结果可知，该水源地震后应急期的水质总体状况良好，仅有 5 月 23 日的氨氮超标，浓度为 0.395mg/L，超标 1.98 倍。另外，根据表 4-4 地下水质量综合评价级别划分标准，2.50≤F<4.25 为较好级别，该水源地 2008 年 5 月 23 日的综合评价 F 值为 4.26，接近Ⅲ类水质标准，超标程度较轻。

⑯德阳市绵竹市自来水公司水源地。

2008 年 5 月 15 日～6 月 4 日对该水源地的水质进行了应急监测。水质综合评价分值 F 值的变化如图 5-29 所示，综合评价结果见表 4-41。

由评价分析结果可以看出，该水源地震后应急期整体水质状况良好，超标因子有 pH 和砷，pH 超标日期为 5 月 18 日，监测值为 6.0；砷超标日期为 5 月 31 日和 6 月 1 日，超标浓度分别为 0.133mg/L 和 0.156mg/L，超标 2.66 倍和 3.12 倍。

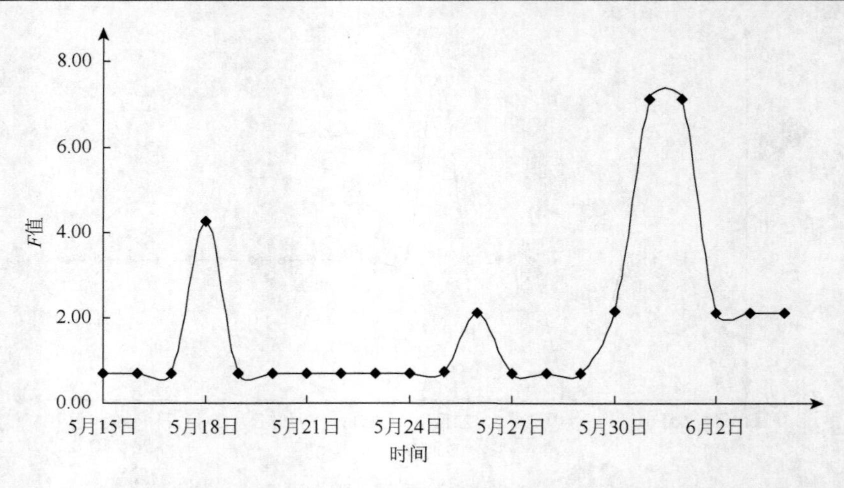

图 4-29　绵竹市自来水公司水源地震后应急期水质综合评价分值 F 值的变化图

表 4-41　绵竹市自来水公司水源地震后应急期水质综合评价结果

监测时间	5月15日	5月16日	5月17日	5月18日	5月19日	5月20日	5月21日	5月22日	5月23日	5月24日	5月25日
评价结果	优良	优良	优良	较差	优良	优良	优良	优良	优良	优良	优良
水质标准	Ⅰ类	Ⅰ类	Ⅰ类	Ⅳ类	Ⅰ类	Ⅰ类	Ⅰ类	Ⅰ类	Ⅰ类	Ⅰ类	Ⅰ类
超标因子	无	无	无	pH	无	无	无	无	无	无	无
监测时间	5月26日	5月27日	5月28日	5月29日	5月30日	5月31日	6月1日	6月2日	6月3日	6月4日	
评价结果	良好	优良	优良	优良	良好	较差	较差	良好	良好	良好	
水质标准	Ⅱ类	Ⅰ类	Ⅰ类	Ⅰ类	Ⅱ类	Ⅳ类	Ⅳ类	Ⅱ类	Ⅱ类	Ⅱ类	
超标因子	无	无	无	无	无	砷	砷	无	无	无	

另外，根据表 4-4 地下水质量综合评价级别划分标准，$2.50 \leqslant F < 4.25$ 为较好级别，该水源地 2008 年 5 月 18 日的综合评价 F 值为 4.26，接近Ⅲ类水质标准，超标程度较轻。

⑰绵阳市高新区供水有限公司水源地。

2008 年 5 月 30 日和 31 日对该水源地的水质进行了应急监测，评价结果（表 4-42）显示水质达到了Ⅰ类标准。

表 4-42　绵阳市高新区供水有限公司水源地震后应急期水质综合评价结果

监测时间	评价结果	水质标准	超标因子
2008 年 5 月 30 日	优良	Ⅰ类	无
2008 年 5 月 31 日	优良	Ⅰ类	无

⑱广元市中区八一综合供水站水源地。

2008 年 5 月 29 日～6 月 3 日对该水源地的水质进行了应急监测，分析结果（表 4-43）显示砷在 5 月 31 日和 6 月 1 日连续超标，监测浓度均为 0.33mg/L，超标 6.6 倍。之后的水质状况良好，均达到 I 类水质标准。

表 4-43　广元市中区八一综合供水站水源地震后应急期水质综合评价结果

监测时间	5 月 29 日	5 月 30 日	5 月 31 日	6 月 1 日	6 月 2 日	6 月 3 日
评价结果	优良	优良	较差	较差	优良	优良
水质标准	I 类	I 类	IV类	IV类	I 类	I 类
超标因子	无	无	砷	砷	无	无

⑲广元市吴家浩水厂水源地。

2008 年 5 月 31 日对该水源地的水质进行了应急监测，评价结果（表 4-44）显示水质达到了 I 类标准。

表 4-44　广元市吴家浩水厂水源地震后应急期水质综合评价结果

监测时间	评价结果	水质标准	超标因子
2008 年 5 月 31 日	优良	I 类	无

⑳广元市东坝水厂水源地。

2008 年 5 月 14 日～6 月 3 日对该水源地的水质进行了应急监测。水质综合评价分值 F 值的变化如图 4-30 所示，综合评价结果见表 4-45。

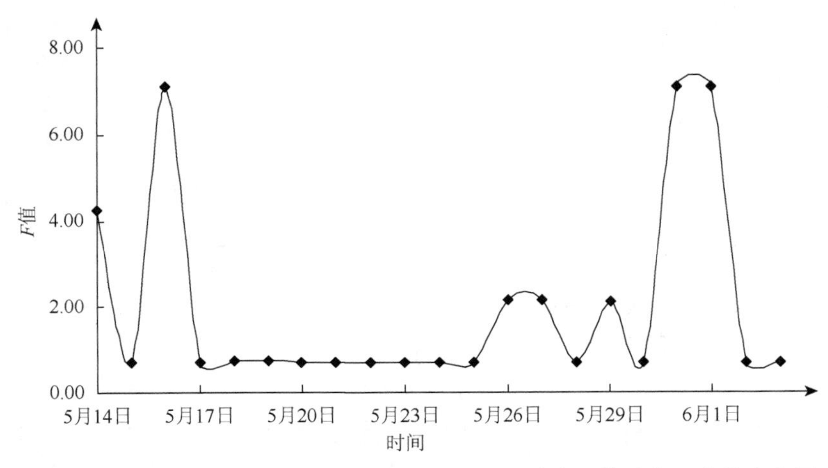

图 4-30　广元市东坝水厂水源地震后应急期水质综合评价分值 F 值的变化图

表 4-45　广元市东坝水厂水源地震后应急期水质综合评价结果

监测时间	5月14日	5月15日	5月16日	5月17日	5月18日	5月19日	5月20日	5月21日	5月22日	5月23日	5月24日
评价结果	较差	优良	较差	优良	优良	优良	优良	优良	优良	优良	优良
水质标准	Ⅳ类	Ⅰ类	Ⅳ类	Ⅰ类	Ⅰ类	Ⅰ类	Ⅰ类	Ⅰ类	Ⅰ类	Ⅰ类	Ⅰ类
超标因子	pH	无	阴离子合成洗涤剂	无	无	无	无	无	无	无	无

监测时间	5月25日	5月26日	5月27日	5月28日	5月29日	5月30日	5月31日	6月1日	6月2日	6月3日
评价结果	优良	良好	良好	优良	良好	优良	较差	较差	优良	优良
水质标准	Ⅰ类	Ⅱ类	Ⅱ类	Ⅰ类	Ⅱ类	Ⅰ类	Ⅳ类	Ⅳ类	Ⅰ类	Ⅰ类
超标因子	无	无	无	无	无	无	砷	砷	无	无

由评价分析结果可以看出，该水源地震后应急期整体水质状况良好，超标因子有 pH、阴离子合成洗涤剂和砷。5 月 14 日 pH 超标，为 6.3；5 月 16 日阴离子合成洗涤剂超标，浓度为 0.7mg/L，超标 2.33 倍；5 月 31 日和 6 月 1 日砷超标，浓度分别为 0.37mg/L 和 0.22mg/L，分别超标 7.4 倍和 4.4 倍。

㉑广元市南河水厂水源地。

2008 年 5 月 14 日～6 月 3 日对该水源地的水质进行了应急监测。水质综合评价分值 F 值的变化如图 4-31 所示，综合评价结果见表 4-46。

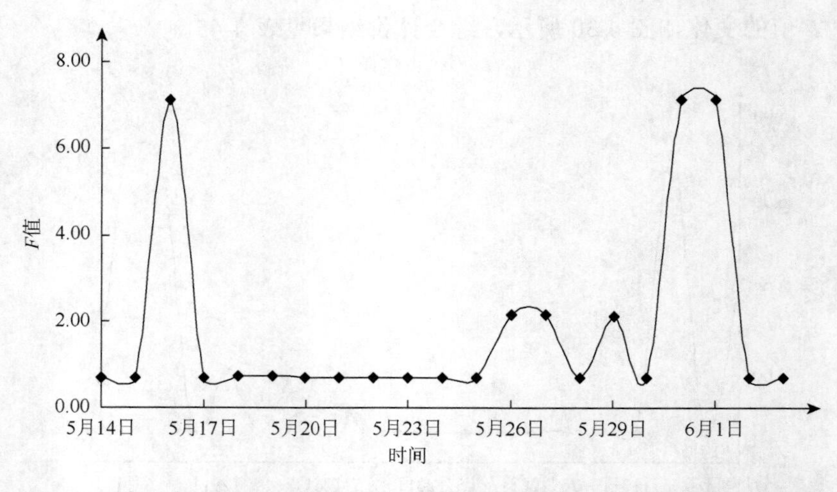

图 4-31　广元市南河水厂水源地震后应急期水质综合评价分值 F 值的变化图

表 4-46　广元市南河水厂水源地震后应急期水质综合评价结果

监测时间	5月14日	5月15日	5月16日	5月17日	5月18日	5月19日	5月20日	5月21日	5月22日	5月23日	5月24日
评价结果	优良	优良	较差	优良	优良	优良	优良	优良	优良	优良	优良
水质标准	Ⅰ类	Ⅰ类	Ⅳ类	Ⅰ类	Ⅰ类	Ⅰ类	Ⅰ类	Ⅰ类	Ⅰ类	Ⅰ类	Ⅰ类
超标因子	无	无	阴离子合成洗涤剂	无	无	无	无	无	无	无	无
监测时间	5月25日	5月26日	5月27日	5月28日	5月29日	5月30日	5月31日	6月1日	6月2日	6月3日	
评价结果	优良	良好	良好	优良	良好	优良	较差	较差	优良	优良	
水质标准	Ⅰ类	Ⅱ类	Ⅱ类	Ⅰ类	Ⅱ类	Ⅰ类	Ⅳ类	Ⅳ类	Ⅰ类	Ⅰ类	
超标因子	无	无	无	无	无	无	砷	砷	无	无	

由评价分析结果可以看出，该水源地震后应急期整体水质状况良好，超标因子有阴离子合成洗涤剂和砷。5 月 16 日阴离子合成洗涤剂超标，浓度为 0.5mg/L，超标 1.67 倍；5 月 31 日和 6 月 1 日砷超标，浓度分别为 0.29mg/L 和 0.2mg/L，分别超标 5.8 倍和 4.0 倍。

㉒广元市城北水厂水源地。

2008 年 5 月 14 日～6 月 3 日对该水源地的水质进行了应急监测。水质综合评价分值 F 值的变化如图 5-32 所示，综合评价结果见表 4-47。

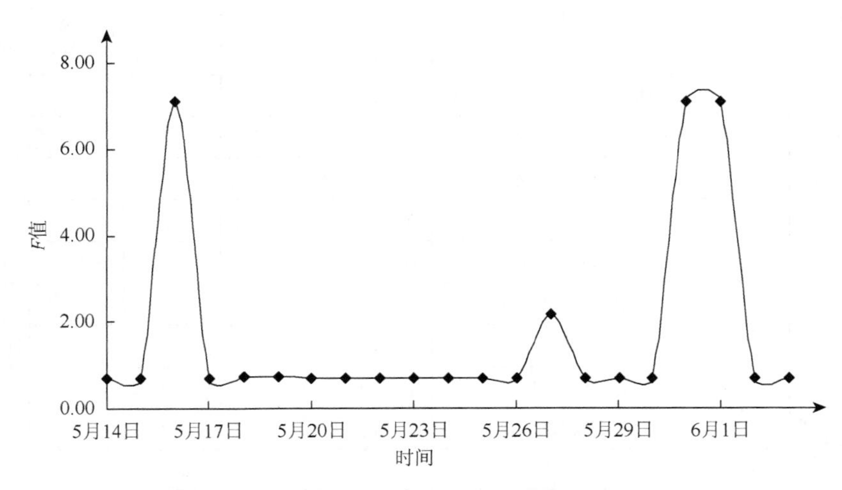

图 4-32　广元市城北水厂水源地震后应急期水质综合评价分值 F 值的变化图

表 4-47　广元市城北水厂水源地震后应急期水质综合评价结果

监测时间	5月14日	5月15日	5月16日	5月17日	5月18日	5月19日	5月20日	5月21日	5月22日	5月23日	5月24日
评价结果	优良	优良	较差	优良	优良	优良	优良	优良	优良	优良	优良
水质标准	Ⅰ类	Ⅰ类	Ⅳ类	Ⅰ类	Ⅰ类	Ⅰ类	Ⅰ类	Ⅰ类	Ⅰ类	Ⅰ类	Ⅰ类
超标因子	无	无	阴离子合成洗涤剂	无	无	无	无	无	无	无	无
监测时间	5月25日	5月26日	5月27日	5月28日	5月29日	5月30日	5月31日	6月1日	6月2日	6月3日	
评价结果	优良	优良	良好	优良	优良	优良	较差	较差	优良	优良	
水质标准	Ⅰ类	Ⅰ类	Ⅱ类	Ⅰ类	Ⅰ类	Ⅰ类	Ⅳ类	Ⅳ类	Ⅰ类	Ⅰ类	
超标因子	无	无	无	无	无	无	砷	砷	无	无	

由评价分析结果可以看出，该水源地震后应急期整体水质状况良好，超标因子有阴离子合成洗涤剂和砷。5 月 16 日阴离子合成洗涤剂超标，浓度为 0.7mg/L，超标 2.33 倍；5 月 31 日和 6 月 1 日砷超标，浓度分别为 0.46mg/L 和 0.34mg/L，分别超标 9.2 倍和 6.8 倍。详见表 4-48 中珍贵的历史监测数据，尤其是西郊水厂在震后的第三天，砷出现了高于当前饮用水标准 10 倍的现象，在区域上，汶川特大地震发生 20 天后，出现了区域性的砷浓度增加状况，为今后特大地震发生后，对重金属砷在地下水中需要加强监测，并高度重视地下水的饮水安全，提供了重要警示作用。

表 4-48　2008 年 5 月 14 日～6 月 3 日地下水水源地水质应急监测结果

日期	市（县）	水源地名称	pH	其他超标因子（mg/L）				
				氨氮	砷	阴离子表面活性剂	高锰酸盐指数	亚硝酸盐
2008.5.14	德阳	自来水公司北郊水厂						
		自来水公司西郊水厂			0.520			
	绵竹	遵道场镇江家坝		0.79				
2008.5.15	安县	花荄镇新盛取水口	6.3					
	绵竹	广济自来水厂	6.4					
		遵道场镇江家坝	6.4					
2008.5.16	广元	城北水厂				0.70		
		东坝水厂				0.70		
		南河水厂				0.50		
	剑阁县	下寺镇拐枣坝				0.90		
	绵竹	广济自来水厂	6.0					
		遵道场镇江家坝	6.2	1.09				

续表

日期	市（县）	水源地名称	pH	其他超标因子（mg/L）				
				氨氮	砷	阴离子表面活性剂	高锰酸盐指数	亚硝酸盐
2008.5.17	安县	晓坝镇中心村3组	6.4					
		永安镇水厂	6.4					
	绵竹	广济自来水厂	6.2					
		遵道场镇江家坝		0.29				
2008.5.18	安县	花荞镇新盛出水口	6.4					
	绵竹	青狮村7组	6.2					
		自来水总公司第三水厂	6.0					
		自来水总公司第四水厂	6.2					
		遵道古龙洞	6.2					
	青川	青川宾馆		0.75				
2008.5.19	绵竹	广济自来水厂	6.0					
		遵道古龙洞源水	6.0					
	青川	青川宾馆		0.96				
2008.5.20	青川	青川宾馆		0.72				
2008.5.21	绵竹	祖师堰		0.35			11.0	
	青川	青川宾馆		1.43				
2008.5.22	青川	青川宾馆		0.40				
2008.5.23	广元	城北水厂	8.6					
	江油	树家湾					5.2	
	青川	青川宾馆		0.35				
	什邡	禾丰镇两棵树渔巷		0.43				
		禾丰镇周家花园		0.41				
	什邡	供排水公司第一水厂		0.69				
2008.5.24	德阳	新盛					5.5	
	罗江	罗江井水						
	青川	青川宾馆		0.52				
2008.5.25	青川	青川宾馆		0.42				
	什邡	马井镇集中饮用水		0.46				
2008.5.26	青川	青川宾馆		0.30				
2008.5.28	广元	城北水厂上游200m		0.38				

续表

日期	市（县）	水源地名称	pH	其他超标因子（mg/L）				
				氨氮	砷	阴离子表面活性剂	高锰酸盐指数	亚硝酸盐
2008.5.30	阿坝	二水厂					3.3	
	德阳	西郊水厂		0.29				
	江油	东安乡		0.23				
		方水乡		0.33				
		西屏乡		0.25				
		香水乡		0.30				
		义新乡		0.23				
		彰明镇		0.70				
	绵竹	马射汇合下游					3.6	
	绵竹	石亭江出境				0.36	3.9	
	映秀	三江乡					4.6	
2008.5.31	阿坝	二水厂			0.087			0.440
		一水厂			0.102			0.660
	安县	花荞镇新盛出水口			0.124			5.130
		老县城水厂老取水口			0.153			4.350
		清泉镇		0.22				
		双泉村			0.144			
		塔水镇			0.055			
		秀水镇顺江村三组			0.068			
2008.5.31	德阳	北郊水厂			0.182			
		东郊水厂			0.182			
		南郊水厂			0.158			
		人民渠			0.202			
		西郊水厂			0.198			
	广元	市中区八一综合供水站			0.330			
		城北水厂			0.460			
		城北水厂上游 200m			0.380			
		东坝水厂			0.370			
		南河水厂			0.290			
		上西水厂			0.300			

续表

日期	市（县）	水源地名称	pH	其他超标因子（mg/L）				
				氨氮	砷	阴离子表面活性剂	高锰酸盐指数	亚硝酸盐
2008.5.31	绵竹	富新镇荣华社区			0.117			0.842
		广济镇水厂			0.407			0.526
		自来水总公司第三水厂			0.132			
		自来水总公司第四水厂			0.128			
		自来水总公司第一、二水厂			0.138			
		遵道场古龙洞			0.094			1.321
	汶川	三江乡						0.470
		水磨镇						1.050
		映秀镇						0.980

综合分析地震灾区各地下水饮用水源地震后应急期水质评价结果（表4-49），可以看出，震区地下水水源地震后应急期的水质总体状况良好，参与评价的22个水源地的水质全部达标。期间曾出现超标现象的监测因子包括挥发性酚类、pH、阴离子合成洗涤剂、氨氮和砷。涉及的水源地有都江堰市自来水公司第二水厂水源地（氨氮）、德阳市自来水公司北郊水厂水源地（挥发性酚类、砷）、德阳市自来水公司西郊水厂水源地（挥发性酚类、砷）、德阳市自来水公司东郊水厂水源地（砷）、德阳市自来水公司南郊水厂水源地（砷）、广汉市三星堆水厂水源地（砷）、什邡市供排水公司第一自来水厂水源地（氨氮）、绵竹市自来水公司水源地（pH、砷）、广元市中区八一综合供水站水源地（砷）、广元市东坝水厂水源地（pH、阴离子合成洗涤剂、砷）、广元市南河水厂水源地（阴离子合成洗涤剂、砷）、广元市城北水厂水源地（阴离子合成洗涤剂、砷）。尤其是砷，尽管其超标时间仅发生在2008年5月31日和6月1日两天，且主要集中在德阳市和广元市的水源地，但其突发性超标现象很有可能与地震造成的地质变化有关。因此，对地震之后所发生的类金属或金属在地下水体中的超标现象应当仔细辨别，并加强对地质原因的识别。

另外，根据四川省环境保护厅发布的环境质量监测报告，2008年6月5日～26日震区所有城市集中式地下水饮用水源地的监测因子均符合《地下水质量标准》（GB/T 14848—1993）中规定的Ⅲ类水质标准。综合毒性检测指标结果表明，所有监测的灾区集中式地下水饮用水源地水质良好，可作饮用水源水使用。

表4-49　地震灾区地下水饮用水源地震后应急期水质综合评价结果

编号	所属地区	水源地名称	综合评价结果	评价标准
1	成都市	成都市温江区自来水公司水源地	Ⅱ类水质	《地下水质量标准》Ⅲ类水质标准
2		成都金马自来水供应有限责任公司水源地	Ⅱ类水质	
3		大邑县自来水公司水源地	Ⅱ类水质	

续表

编号	所属地区	水源地名称	综合评价结果	评价标准
4	成都市	四川省都江堰科技产业开发区自来水有限责任公司水源地	Ⅱ类水质	《地下水质量标准》Ⅲ类水质标准
5		都江堰市东城自来水有限责任公司水源地		
6		都江堰市自来水公司第二水厂水源地	Ⅱ类水质	
7		崇州市自来水有限责任公司水源地	Ⅱ类水质	
8		邛崃市自来水有限责任公司水源地		
9	德阳市	德阳市自来水公司北郊水厂水源地	Ⅲ类水质	
10		德阳市自来水公司西郊水厂水源地	Ⅲ类水质	
11		德阳市自来水公司东郊水厂水源地	Ⅲ类水质	
12		德阳市自来水公司南郊水厂水源地	Ⅲ类水质	
13		中江县继光水厂水源地	Ⅰ类水质	
14		罗江县自来水公司水源地	Ⅰ类水质	
15		广汉市三星堆水厂水源地	Ⅱ类水质	
16		什邡市供排水公司第二自来水厂水源地	Ⅱ类水质	
17		什邡市供排水公司第一自来水厂水源地	Ⅱ类水质	
18		绵竹市自来水公司水源地	Ⅱ类水质	
19	绵阳市	绵阳市高新区供水有限公司水源地	Ⅰ类水质	
20	广元市	市中区八一综合供水站水源地	Ⅲ类水质	
21		吴家浩水厂水源地	Ⅰ类水质	
22		东坝水厂水源地	Ⅱ类水质	
23		南河水厂水源地	Ⅱ类水质	
24		城北水厂水源地	Ⅱ类水质	

（2）有机监测项目。

震后分别在2008年5月23日和24日对德阳和绵竹的部分地下水水源地进行了半挥发性杀虫剂应急监测，监测结果见表4-50。监测结果表明，德阳和绵竹部分地下水水源地的四氯苯、六氯苯、硝基苯、2, 4-二硝基甲苯、2, 4, 6-三硝基甲苯、硝基氯苯、2, 4-二硝基氯苯、敌敌畏、乐果、甲基对硫磷、马拉硫磷、对硫磷、六六六、滴滴涕（DDT）、氯菊酯和溴氢菊酯等16项半挥发性杀虫剂大多数低于监测限，均低于标准值。

表 4-50　震后地下水水源地水质中半挥发性杀虫剂应急监测结果（单位：mg/L）

送样时间	水源地名称	四氯苯[1]	六氯苯	硝基苯	2, 4-二硝基甲苯	2, 4, 6-三硝基甲苯	硝基氯苯[2]	2, 4-二硝基氯苯	敌敌畏	乐果	甲基对硫磷	马拉硫磷	对硫磷	六六六[3]	DDT[4]	氯菊酯[5]	溴氢菊酯
5 月 23 日	德阳市北郊水厂水源地	$<1\times10^{-4}$	$<1\times10^{-4}$	$<1\times10^{-4}$	$<1\times10^{-4}$	$<4\times10^{-4}$	$<1\times10^{-4}$	$<1\times10^{-4}$	$<4\times10^{-4}$	$<2\times10^{-3}$	$<2\times10^{-4}$	$<2\times10^{-4}$	$<2\times10^{-4}$	$<1\times10^{-4}$	$<2\times10^{-4}$	$<1\times10^{-4}$	<0.002
5 月 23 日	德阳市西郊水厂水源地	$<1\times10^{-4}$	$<1\times10^{-4}$	$<1\times10^{-4}$	$<1\times10^{-4}$	$<4\times10^{-4}$	$<1\times10^{-4}$	$<1\times10^{-4}$	$<4\times10^{-4}$	$<2\times10^{-3}$	$<2\times10^{-4}$	$<2\times10^{-4}$	$<2\times10^{-4}$	$<1\times10^{-4}$	$<2\times10^{-4}$	$<1\times10^{-4}$	<0.002
5 月 24 日	绵竹市自来水公司水源地	$<1\times10^{-4}$	$<1\times10^{-4}$	$<1\times10^{-4}$	$<1\times10^{-4}$	$<4\times10^{-4}$	$<1\times10^{-4}$	$<1\times10^{-4}$	$<4\times10^{-4}$	$<2\times10^{-3}$	$<2\times10^{-4}$	$<2\times10^{-4}$	$<2\times10^{-4}$	$<1\times10^{-4}$	$<2\times10^{-4}$	$<1\times10^{-4}$	<0.002
	检出限	1×10^{-4}	1×10^{-4}	1×10^{-4}	1×10^{-4}	4×10^{-4}	1×1^{-4}	1×10^{-4}	4×10^{-4}	2×10^{-3}	2×10^{-4}	2×10^{-4}	2×10^{-4}	1×10^{-4}	2×10^{-4}	1×10^{-4}	0.002
	标准值	0.02	0.05	0.017	0.0003	0.5	0.05	0.5	0.05	0.08	0.002	0.05	0.003	0.002	0.001	/	0.02

注：①四氯苯包括 1, 2, 3, 4-四氯苯、1, 2, 3, 5-四氯苯、1, 2, 4, 5-四氯苯；②硝基氯苯包括间硝基氯苯、对硝基氯苯、邻硝基氯苯；③六六六包括 α-六六六、β-六六六、γ-六六六、δ-六六六；④DDT 包括 p, p'-DDT，o, p'-DDT，p, p'-DDE，p, p'-DDD；⑤氯菊酯包括顺式氯菊酯、反式氯菊酯。

2）震后重建期水质情况分析

2009 年 5 月再次对震区 24 个城市集中式地下水饮用水源地的水质进行了分析评估，评价因子包括总硬度、硫酸盐、氯化物、铁、锰、铜、锌、硝酸盐、亚硝酸盐、氨氮、氟化物、汞、砷、镉、铬（六价）、铅等 16 种，参考标准为《地下水质量标准》（GB/T 14848—1993）Ⅲ类标准，评价方法采用加附注的评分法。各水源地水质综合评价分值 F 值如图 4-33 所示，评价结果见表 4-51。

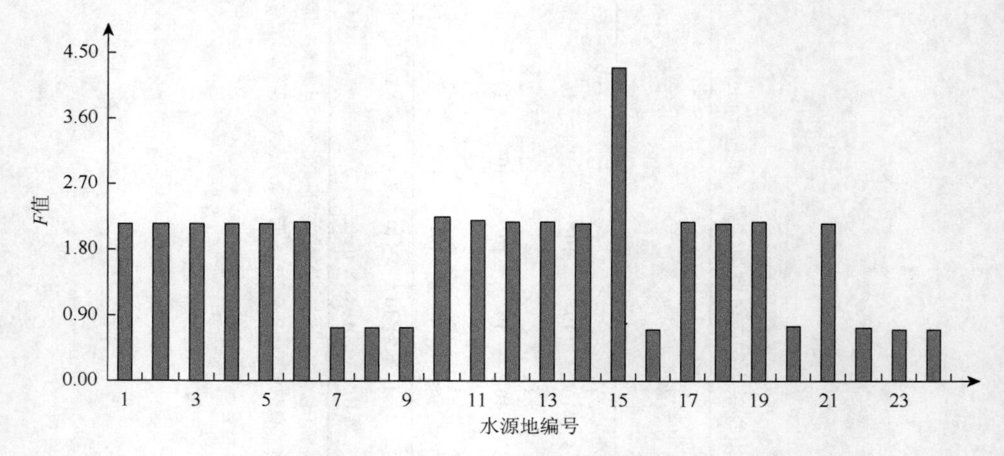

图 4-33　各水源地震后重建期水质综合评价分值 F 值

表 4-51　地震灾区地下水饮用水源地震后重建期水质综合评价结果

编号	所属地区	水源地名称	评价结果	水质标准	超标因子	评价标准
1	成都市	温江区自来水公司水源地	良好	Ⅱ类水质	无	《地下水质量标准》Ⅲ类水质标准
2		成都金马自来水供应有限责任公司水源地	良好	Ⅱ类水质	无	
3		大邑县自来水公司水源地	良好	Ⅱ类水质	无	
4		四川省都江堰科技产业开发区自来水有限公司水源地	良好	Ⅱ类水质	无	
5		都江堰市东城自来水有限公司水源地	良好	Ⅱ类水质	无	
6		都江堰市自来水公司第二水厂水源地	良好	Ⅱ类水质	无	
7		崇州市自来水有限责任公司水源地	优良	Ⅰ类水质	无	
8		邛崃市自来水有限责任公司水源地	优良	Ⅰ类水质	无	
9	德阳市	德阳市自来水公司北郊水厂水源地	优良	Ⅰ类水质	无	
10		德阳市自来水公司西郊水厂水源地	良好	Ⅱ类水质	无	
11		德阳市自来水公司东郊水厂水源地	良好	Ⅱ类水质	无	
12		德阳市自来水公司南郊水厂水源地	良好	Ⅱ类水质	无	
13		中江县继光水厂水源地	良好	Ⅱ类水质	无	

续表

编号	所属地区	水源地名称	评价结果	水质标准	超标因子	评价标准
14	德阳市	罗江县自来水公司水源地	良好	Ⅱ类水质	无	《地下水质量标准》Ⅲ类水质标准
15		广汉市三星堆水厂水源地	较差	Ⅳ类水质	锰	
16		什邡市供排水公司第二自来水厂水源地	优良	Ⅰ类水质	无	
17		什邡市供排水公司第一自来水厂水源地	良好	Ⅱ类水质	无	
18		绵竹市自来水公司水源地	良好	Ⅱ类水质	无	
19	绵阳市	绵阳市高新区供水有限公司水源地	良好	Ⅱ类水质	无	
20	广元市	广元市中区八一供水站水源地	优良	Ⅰ类水质	无	
21		广元市吴家浩水厂水源地	良好	Ⅱ类水质	无	
22		广元市东坝水厂水源地	优良	Ⅰ类水质	无	
23		广元市南河水厂水源地	优良	Ⅰ类水质	无	
24		广元市城北水厂水源地	优良	Ⅰ类水质	无	

综合分析地震灾区各地下水饮用水源地震后重建期水质评价结果，可以看出，该阶段各水源地的水质总体状况良好，参与评价的 24 个水源地中，仅有广汉市三星堆水厂水源地锰超标，超标浓度为 0.329mg/L，超标 3.29 倍。另外，根据表 4-4 地下水质量综合评价级别划分标准，$2.50 \leqslant F < 4.25$ 为较好级别，而广汉市三星堆水厂水源地重建期的水质综合评价 F 值为 4.29，接近Ⅲ类水质标准，超标程度较轻。其余水源地均达标，甚至达到Ⅰ类水质标准。

4.2.3　地震前后典型水质指标变化分析

通过上述对地震灾区地下水饮用水源地震前、震后水质变化情况的基本分析，可以看出有超标情况的监测项目主要为 pH、氨氮、氟化物、总硬度、硝酸盐、亚硝酸盐、铁、锰、砷、挥发性酚类、阴离子合成洗涤剂、总大肠菌群。有些超标因子的超标程度并不严重，而且仅出现在某个时段，其后监测均达标。为了更详细地了解某些因子在地震前后的变化情况，以及便于对比分析，本次选取 2007 年 5 月 30 日、2008 年 5 月 29 日、2008 年 6 月 1 日、2008 年 6 月 3 日和 2009 年 5 月 30 日五个时间段作为时间序列，以受地震影响较大的区域中的城市集中式地下水饮用水源地为重点，并根据水质监测情况，选取氨氮、氟化物、硝酸盐、亚硝酸盐和砷五种评价因子作为重点分析对象。各重点水源地不同时期五种评价因子浓度变化情况如图 4-34～图 4-38 所示，图中水源地编号所对应的水源地见表 4-50。

由图 4-34～图 4-38 可以看出，各重点水源地除砷以外其余 4 个评价因子在五个时间段的浓度值均没有超过《地下水质量标准》（GB/T 14848—1993）Ⅲ类标准，并且从变化趋势来看，震后的浓度并未出现跳跃式变化，虽有起伏，但总体

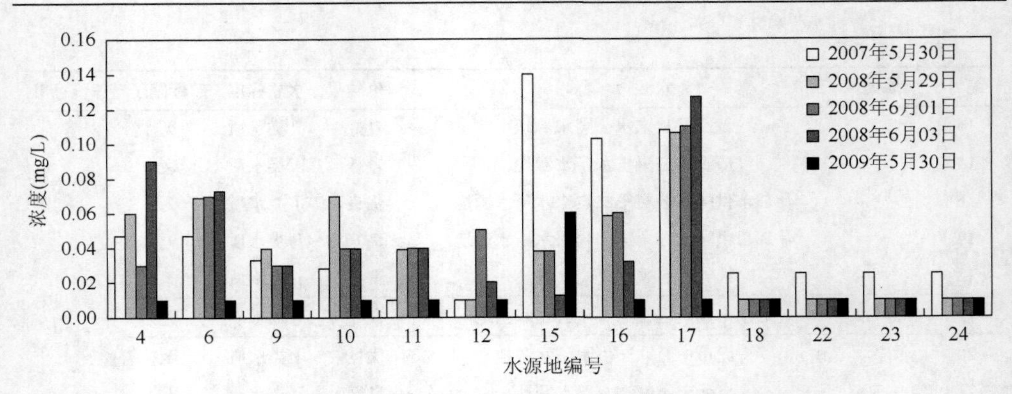

图 4-34 各重点水源地不同时段氨氮浓度值变化图

氨氮浓度的III类水质标准为 0.2mg/L

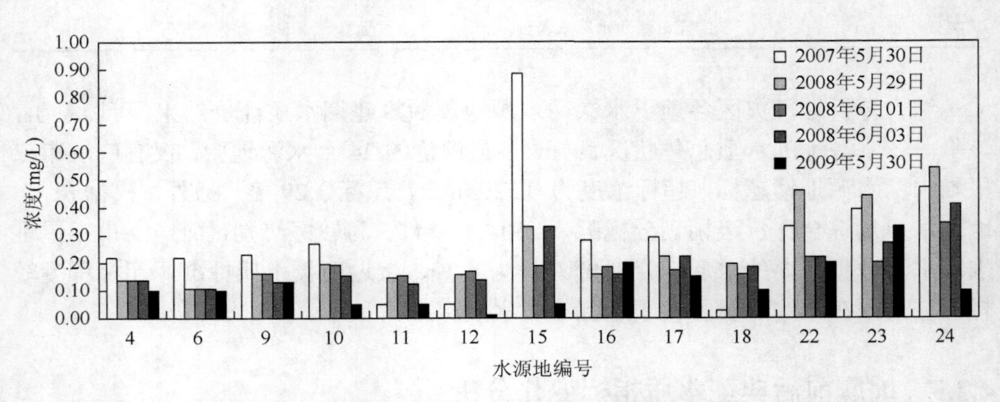

图 4-35 各重点水源地不同时段氟化物浓度值变化图

氟化物浓度的III类水质标准为 1.0mg/L

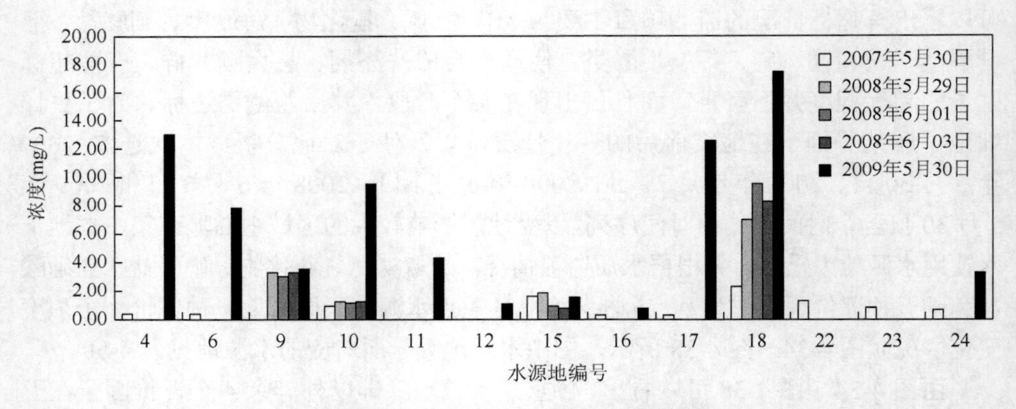

图 4-36 各重点水源地不同时段硝酸盐浓度值变化图

硝酸盐浓度的III类水质标准为 20mg/L

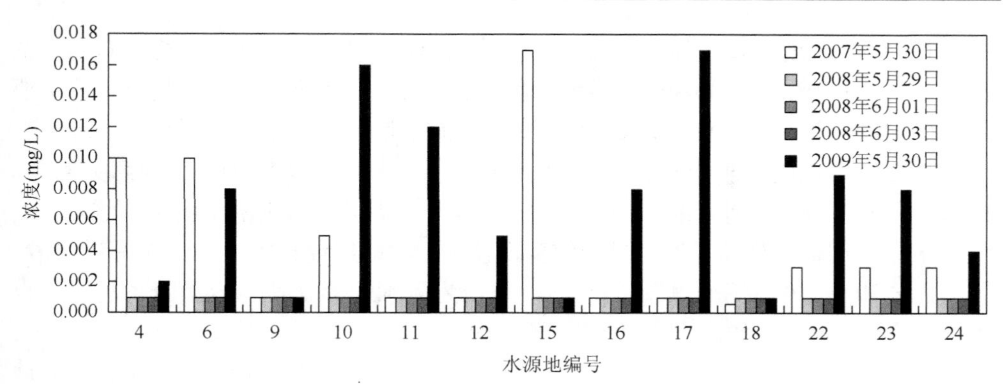

图 4-37　各重点水源地不同时段亚硝酸盐浓度值变化图

亚硝酸盐浓度的III类水质标准为 0.02mg/L

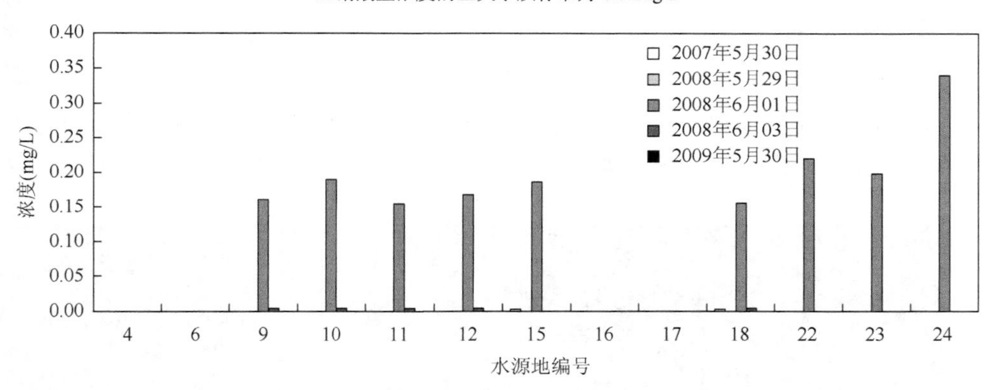

图 4-38　各重点水源地不同时段砷浓度值变化图

砷浓度的III类水质标准为 0.05mg/L

变化不大，因此，可以肯定氨氮、氟化物、硝酸盐和亚硝酸盐这四种评价因子基本不受地震影响。砷的变化则有些异常，由图 4-38 可以看出，在 2008 年 6 月 1 日德阳市和广元市的大部分水源地均出现超标现象，且超标倍数较高。结合此前震后应急期水源地评价结果，可以看出 2008 年 5 月 31 日和 6 月 1 日连续出现砷超标现象，而之前的监测值和之后的监测值又均达到了III类标准，甚至未检出。因此，从监测分析结果来看，地震对砷还是有一定的影响。

4.3　地震对成都平原地下水环境的影响

4.3.1　成都平原区基本概况

1. 地理位置及地貌特征

成都平原位于四川盆地西部，介于东经 103°00′～104°42′，北纬 29°31′～

31°50′，行政区划分属成都市、德阳市、绵阳市所辖23区市县，长约110km，宽约80km，面积约为9000km²，是西南地区最大的第四系堆积平原。整个平原主要呈现山前冲洪积扇，河流阶地、漫滩，冰水-流水堆积扇状平原，周边一、二、三级堆积侵蚀台地的地貌形态。平原内从地形上分为扇状平原和周边台地两大部分。前者为平原主体，称平坝区，面积为6662.1km²；后者绕平原周边断续分布。

平原四周群山环绕，为一封闭的菱形盆地。盆地周边丘陵台地分布有红层砂、砾、泥岩和早、中更新统泥砾卵石层，可视为隔水边界。盆地内第四系基底，也为白垩系红层砂、泥岩，为不透水底板。从地形、地貌及地质条件看，平原地表地下水进、出口清楚，地下水补给边界清晰，为一独立的水文地质单元。区内地形平坦开阔，地势西北高、东南低，高程为460～730m，自然坡降为3‰～5‰。

2. 水文气象

1）水系

成都平原河流分属岷江、沱江、涪江水系。各水系从西北部各大小山口进入平原后呈扇状分流（图4-39）。岷江水系于都江堰山口进入平原，且由水利工程分

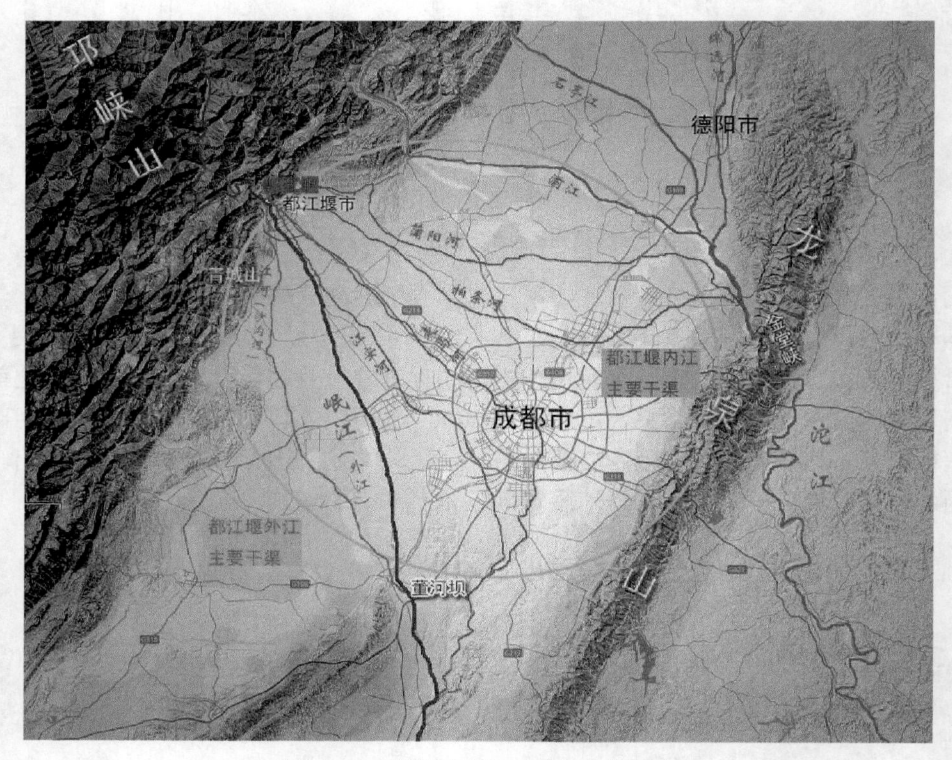

图4-39　成都平原核心区水系分布图

为内外两江。内江分为蒲阳河、走马河、柏条河、江安河。外江分为金马河、羊马河、沙黑总河。此外，尚有龙门山山前地带发育的文锦河、斜江、南江、蒲江河等，它们均纳入金马河正流，于新津流出区外。沱江水系主要由绵远河、石亭江、湔江组成，三大河流入平原后呈扇状分流，并接纳山前发育的马尾河、射水河等于金堂流出区外。涪江水系流经平原东北部后流出区外。各水系在平原的分流密度平均为每公里2.5条，与江河配套的各级渠系每公里达2～4条，是典型水网化平原。都江堰自然地理条件优越，渠首处于岷江冲积扇顶点，利用岷江丰沛的水量控灌整个成都平原。由于都江堰的灌溉，成都平原成为“水旱从人，不知饥馑”的天府之国。

2）降水

成都平原1980～2000年平均年降水量为929.4mm，最大的是西部山前都江堰市的1165mm，最小的是广汉市的784mm。降水量从西部山前向东南方向递减。降水丰沛而集中，一般6～9月降水量占全年降水量的70%左右。

3）蒸发

成都平原1980～2000年平均年水面蒸发量为681.6mm，最大的是平原东北部德阳市的771mm，最小的是西南部邛崃市的619mm。蒸发量从东北向西南方向递减。5～8月蒸发量占全年蒸发量的53%。

4）气候

成都平原属四季分明暖湿亚热带太平洋东南季风气候区。总的气候特点是春旱、夏热、秋雨、冬暖，日照少，无霜期长，多年平均气温为16℃。冬季降雨少蒸发大，无冻土及地下水冻结，1月份平均气温不低于4℃；春季少雨且时有春旱；夏季炎热期长，最高月平均气温为26℃，相对湿度大，时有夏旱、伏旱或洪旱交替；秋季气温下降快，多绵阴雨，相对湿度大。

3. 区域水文地质条件

1）地下水的分布、埋藏

成都平原除周边浅丘低山外，包括周边台地在内的大片地区，均为第四系松散堆积所覆盖。因此，平原内主要分布埋藏第四系松散堆积砂砾卵石层孔隙潜水，仅在周边低山浅丘及台地下伏基岩中，分布基岩裂隙水。

按松散堆积的成因类型、形成时代、埋藏分布特征、相互叠置关系，可将平原松散堆积孔隙潜水分为：①山前扇状冲洪积砂砾卵石层孔隙潜水；②平原河间二级阶地、冰水-流水堆积层含泥砂砾卵石层孔隙潜水；③河道漫滩、一级阶地冲洪积层砂砾卵石层孔隙潜水。这三类孔隙潜水分布于平原坝区，全新统冲洪积、冲击和晚更新统冰水-流水堆积层中。这些不同成因类型的堆积相互叠置，其间又无明显的隔水层，地下水有着密切的水力联系，构成了一个统一的含水层组——

上部含水层组。该含水层结构松散、孔隙性好、分布普遍、厚度稳定（一般为 10～25m，平均为 10～15m，仅山前地段厚度较薄），是区内最佳含水层。

在平原内上部含水层组之下的早中更新统砾石层中，尚分布着早、中更新统泥砾卵石层孔隙潜水，即下部含水层组孔隙潜水。平原中部本层岩性多为含泥砂砾石和砂质泥砾卵石层，厚 10.05～396.11m。

上、下含水层组之间普遍分布中更新统上段砾石层，为相对隔水层。

地下水水位埋深变化受所处地貌及河流切割的控制。成都平原地下水水位埋深变化规律为：多年平均地下水埋深以 1～3m 为主，广布于平原全区；埋深 3～5m 的区域，零星分布于沱江流域石亭江以北及崇州市街子场—都江堰市石羊场、中兴场一带；埋深大于 5m 的点，仅在大邑—邛崃一带区域和绵竹市北部出现。年度平原地下水变幅以 1～3m 为主，主要分布在岷江扇、沱江扇中、前缘、西河扇部分区域；变幅小于 1m 的主要分布在大邑—崇州一带。

2）上部含水层组富水性

平原广大地区，山前冲洪积扇群砂砾卵石含水层组单孔出水量一般为 100～500m^3/d，个别地段大于 1000m^3/d。河流阶地、漫滩砂砾卵石层组、河间二级阶地含泥砾卵石含水层组，一般单孔出水量为 1000～3000m^3/d。近平原周边或台地边缘附近，含水层厚度变薄，单孔出水量为 500～1000m^3/d。

3）下部含水层组富水性

平原下部含水层组，主要由中更新统下段及早更新统风化-强风化泥砂卵石层组成。平原西部含水贫乏，岩性结构特点是强风化泥质砾卵石层夹薄层钙质胶结砾石层。单孔出水量一般小于 100m^3/d。平原中部贫至中富含水带，从含水层岩性结构看，砾石层分段风化差异明显，且下更新统砾石层胶结层次增多，地下水有分段富集的特点，单孔出水量为 100～500m^3/d。平原东部中富含水带，下部含水层组多缺失早更新统，含水层厚度变薄，且由于中更新统上段砾石层局部变相为泥质粉细砂砾石层，使上、下含水层组之间的一些部位具水力联系，单孔出水量为 500～1000m^3/d。

4）浅层地下水的补给、径流与排泄

成都平原的自然地理环境和地质环境，为地下水的蕴藏和补给创造了有利条件。平原降水丰沛，河道、渠系分布密集，农灌用水量大，这些因素不仅给地下水提供了补给、排泄条件，也直接影响到地下水的动态变化。

成都平原多年平均地下水资源总量为 42.98 亿 m^3，其中，当地降水入渗补给量为 12 亿 m^3；灌溉入渗补给量为 12.76 亿 m^3；河道入渗补给量为 11.72 亿 m^3；渠系入渗补给量为 6.40 亿 m^3。成都平原多年平均（1980～2000 年）年降水量为 929.4mm，可换算为 61.9 亿 m^3/a；农灌用水量全区一年（大、小春）总计为 34.75 亿～35.48 亿 m^3/a（郑义加，2005）；地表来水量丰富，平原周边江河进入平原内的地表径流量达 170 亿 m^3/a，其中一部分通过区内水网密布的河渠渗漏补给地下水。降水量、农灌用水量、河渠渗漏量都是平原地下水的重要补给源。平原周边山地丘陵均为红层基岩裂隙水分布地带，地下水贫乏，基本上无地下水侧向补给，仅在西部山前各大小河入口河谷、河床松散层中有明显的侧向径流补给，但总量微小。

成都平原地下水总的流向为自北西向南东径流。扇顶水力坡度为 5‰，砾石粒径大者为 40～50cm，结构松散，渗透能力强，渗透系数为 71.8～175m/d；扇中水力坡度为 3‰左右，砾石粒径为 10～20cm，渗透能力降低，渗透系数为 12.3m/d。由此可见，成都平原地下径流，有自北西向南东速度减弱、渗透系数变小的特点。

成都平原地下水的排泄方式有三种：①垂直排泄，平原地下水一般埋藏浅，主要是直接蒸发和叶面蒸腾；②水平排泄，通过平原密布的河渠排泄；③人工开采。

4. 成都平原地质构造

成都平原位于四川盆地西部，在大地构造上位于扬子地块西缘（图 4-40）。扬子地块是一个稳定的地块。四川盆地的基底形成于 5 亿～6 亿年前，主要由太古界或太古-下元古界结晶基底组成，结晶基底非常稳定。结晶基底之上是可达 10～15km 厚度的海相和陆相沉积，沉积物呈稳定的层状，连续性强。经过漫长的地质作用，早期的沉积物已经变成了坚硬的岩石，构成了包括成都平原在内的四川盆地的基底。

据有关资料显示，四川省重要的地震活动带有 3 条，一是鲜水河断裂带，二是安宁河断裂带，三是龙门山断裂带（图 4-40）。

此次发生大地震的龙门山断裂带是不稳定的青藏高原和稳定的扬子地块的接合部，此结合部位有一组 3 条北东向展布的深大断裂（图 4-41）。一条是安县—灌县断裂，一条是北川—映秀断裂带，一条是汶川—茂汶断裂。这三条断裂都是岩石圈断裂，有几百公里长、几十公里深、几公里宽。这一组 3 条北东向展布的深大断裂承受了不稳定的青藏高原地块逆冲带来的巨大压力，并释放应力（主震和余震）。

4.3.2 地震对区域地下水水位的影响

本次调查收集了成都平原大量的地下水监测资料，其中对 26 眼地下水监测井，监测了 2008 年 1～12 月的地下水水位和水质，空间上，较为均匀地分布在成都市区、双流县、郫县、彭州市、崇州市、大邑县、邛崃市、都江堰市、德阳市、绵竹市、什邡市、广汉市、金堂县、新津县等。各监测点分布如图 4-42 所示。

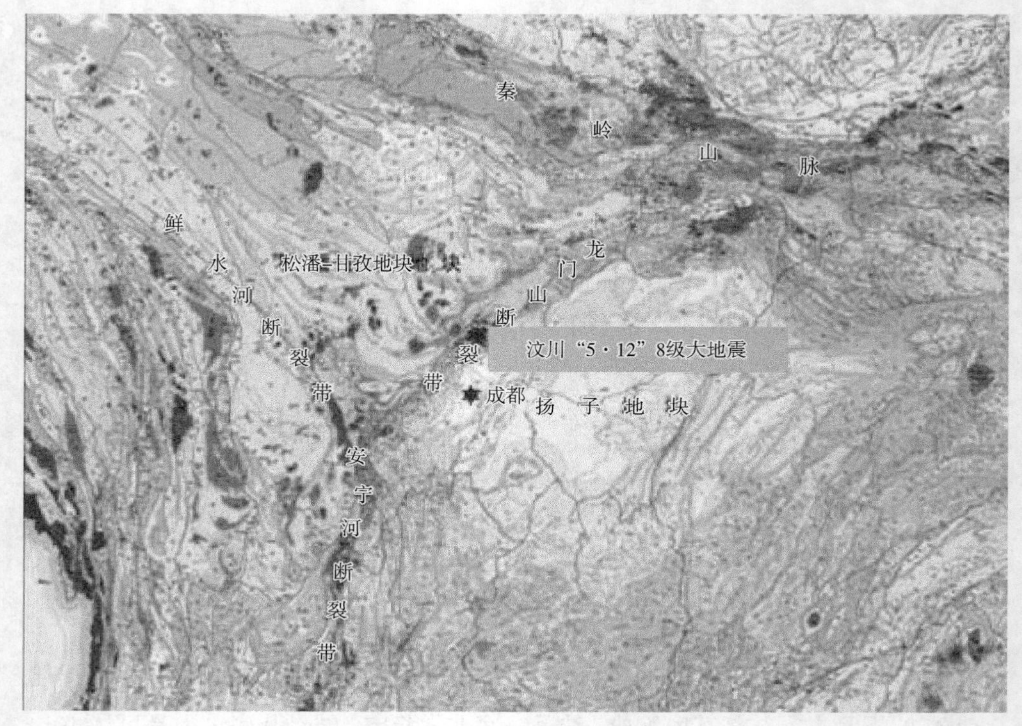

图 4-40　龙门山及周缘地质构造图

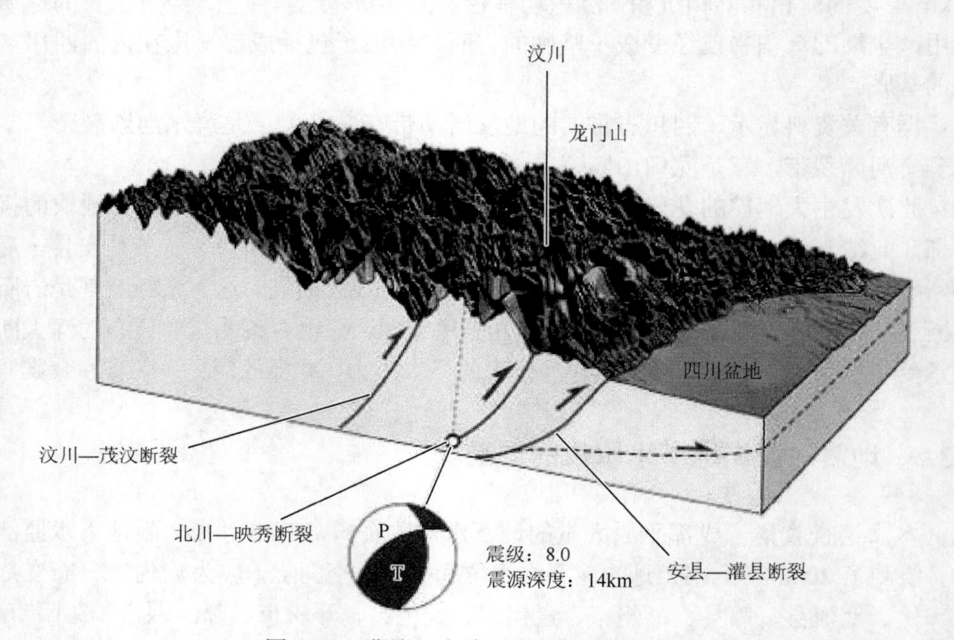

图 4-41　灌县、映秀、茂汶断裂带分布图

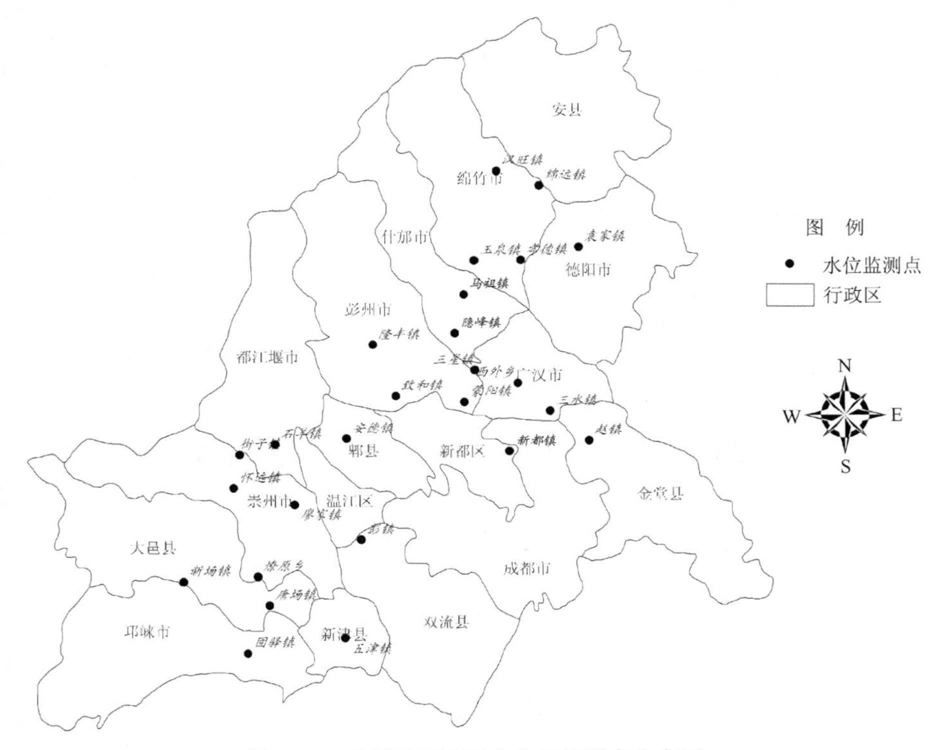

图 4-42 成都平原地下水水位监测点分布图

区域地下水埋深变化结果显示，26 眼监测井中，地下水埋深最小的是成都市新都区新都镇的监测井，年平均为 1.04m；最大是新津县五津镇的监测井，为 9.18m；成都平原 2008 年平均地下水埋深为 3.65m。靠近断裂带及个别有代表性监测点的地下水埋深变化如图 4-43～图 4-68 所示。

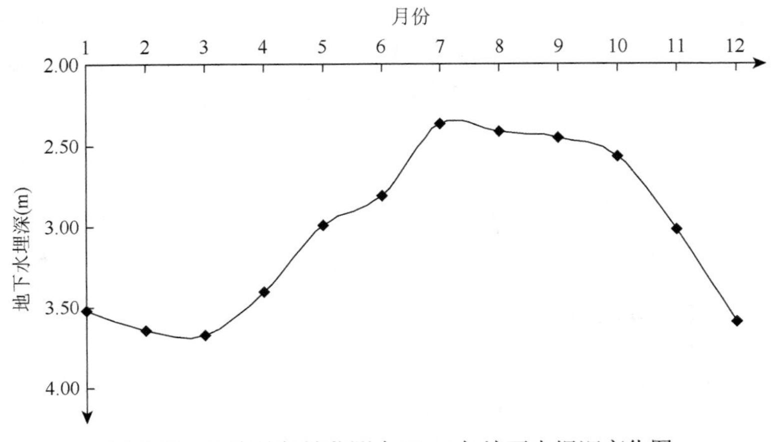

图 4-43 双流县彭镇监测点 2008 年地下水埋深变化图

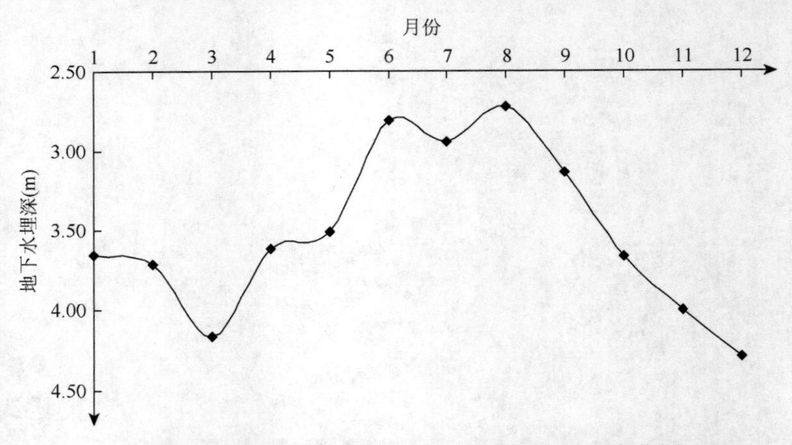

图 4-44　郫县安德镇监测点 2008 年地下水埋深变化图

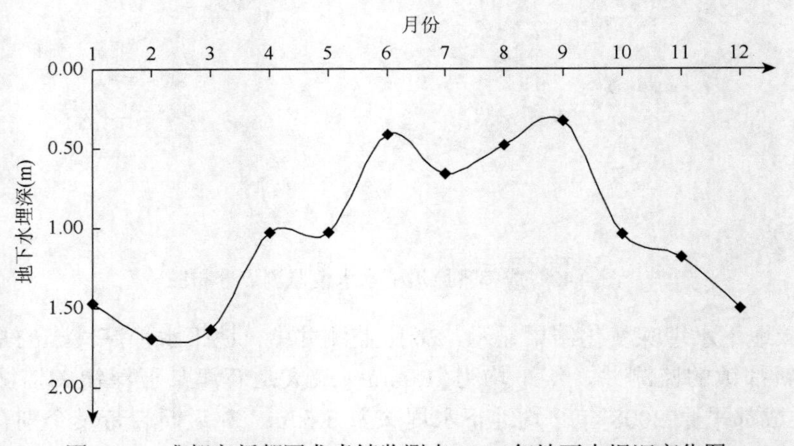

图 4-45　成都市新都区龙虎镇监测点 2008 年地下水埋深变化图

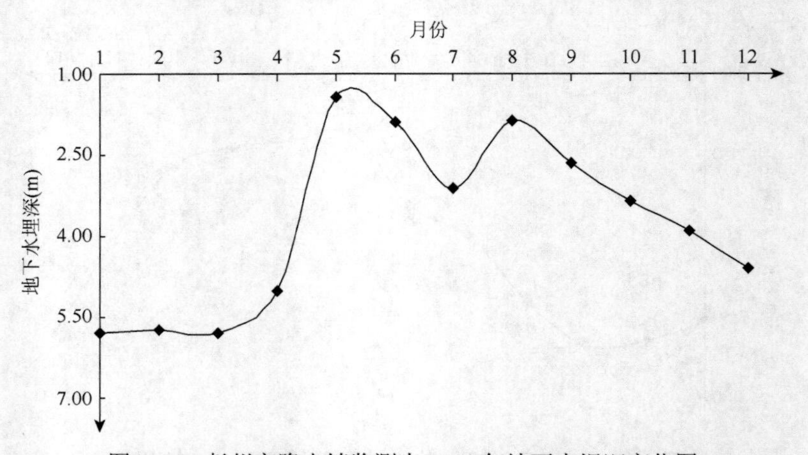

图 4-46　彭州市隆丰镇监测点 2008 年地下水埋深变化图

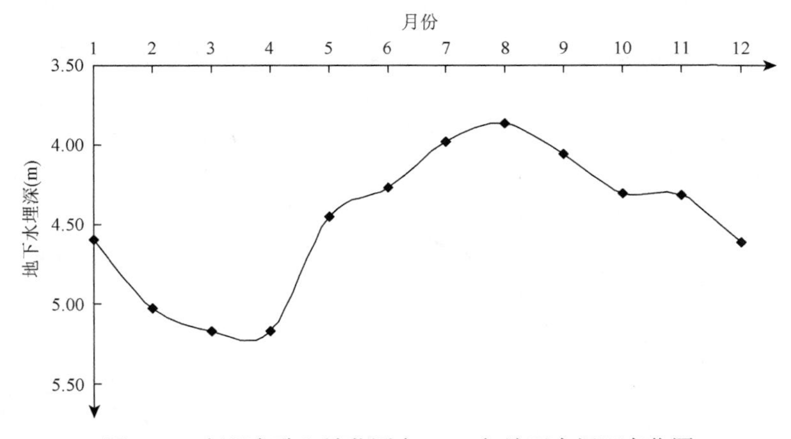

图 4-47　彭州市致和镇监测点 2008 年地下水埋深变化图

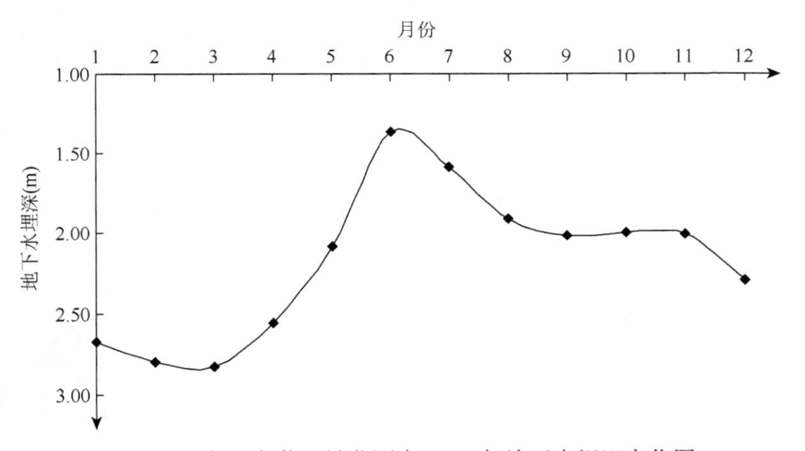

图 4-48　彭州市蒙阳镇监测点 2008 年地下水埋深变化图

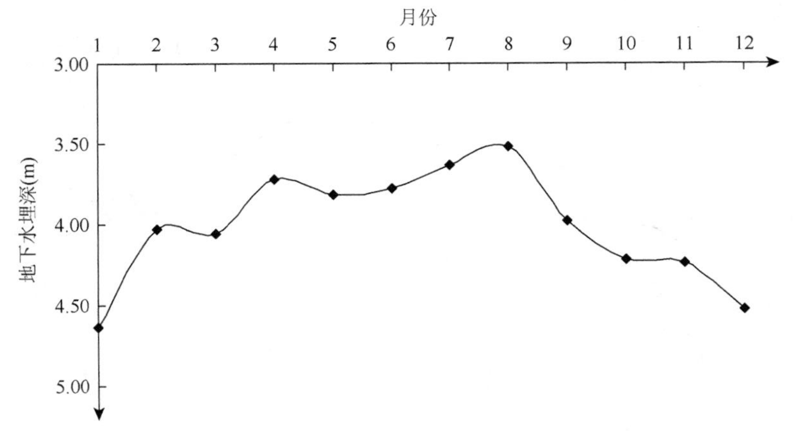

图 4-49　崇州市街子镇监测点 2008 年地下水埋深变化图

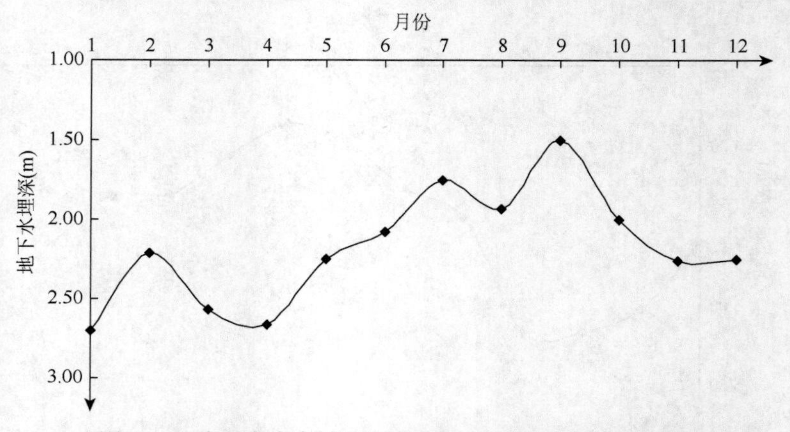

图 4-50 崇州市廖家镇监测点 2008 年地下水埋深变化图

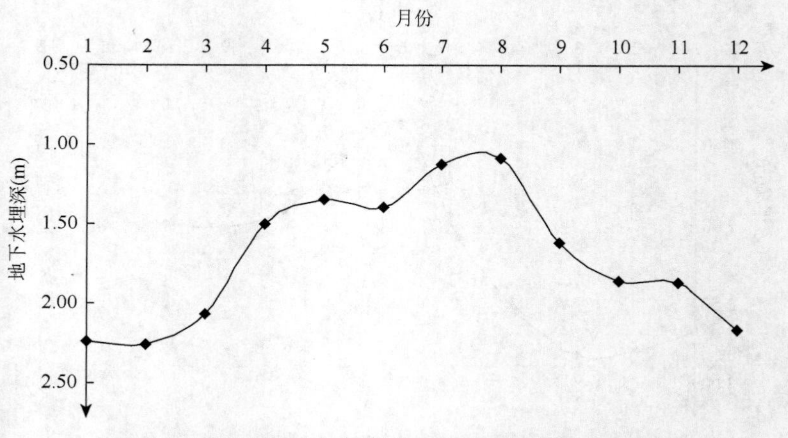

图 4-51 崇州市燎原乡监测点 2008 年地下水埋深变化图

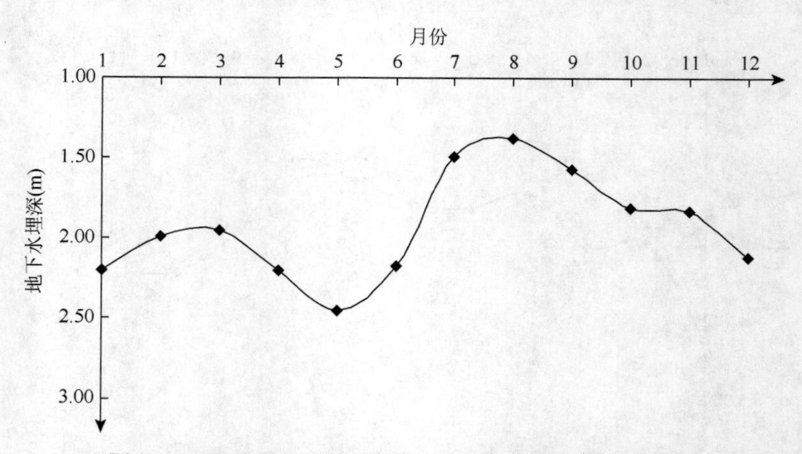

图 4-52 崇州市怀远镇监测点 2008 年地下水埋深变化图

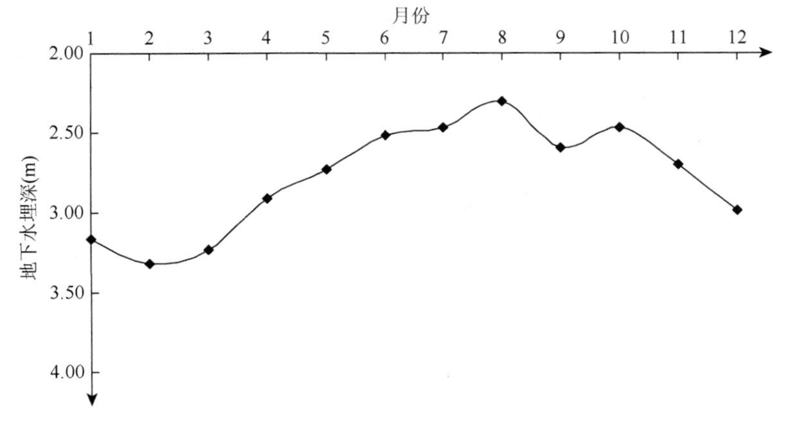

图 4-53　大邑县新场镇监测点 2008 年地下水埋深变化图

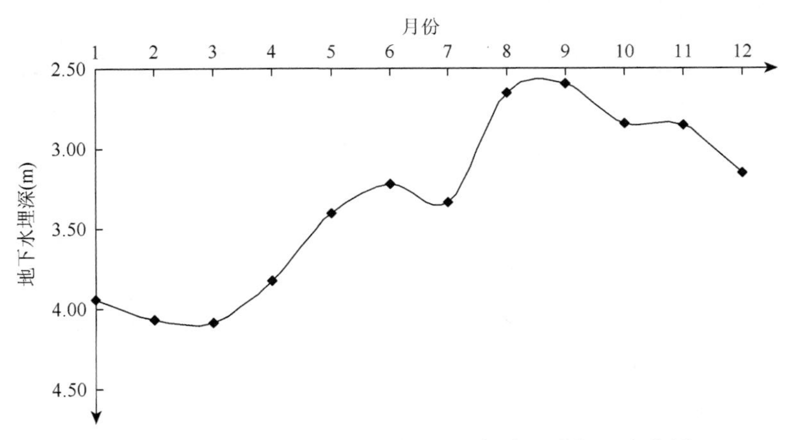

图 4-54　大邑县唐场镇监测点 2008 年地下水埋深变化图

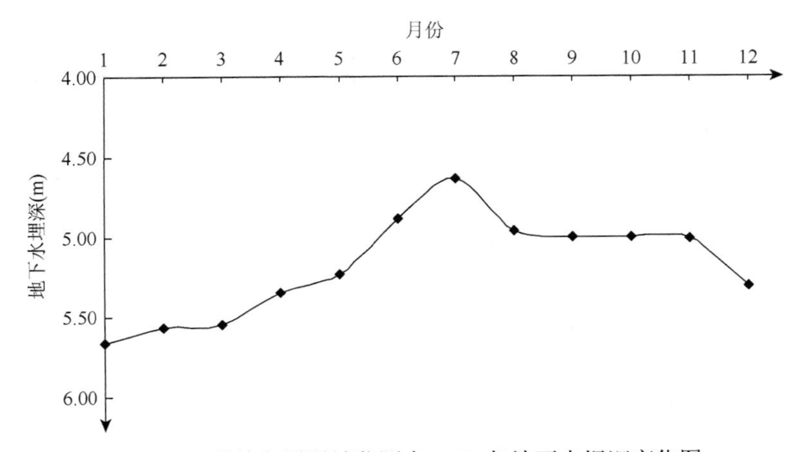

图 4-55　邛崃市固驿镇监测点 2008 年地下水埋深变化图

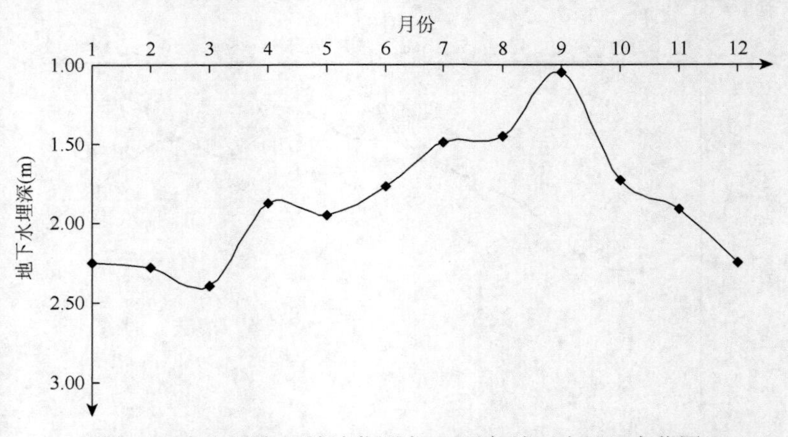

图 4-56　都江堰市石羊镇监测点 2008 年地下水埋深变化图

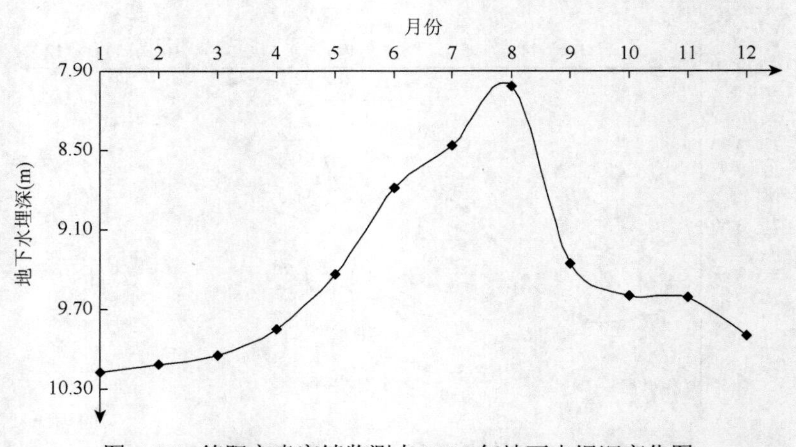

图 4-57　德阳市袁家镇监测点 2008 年地下水埋深变化图

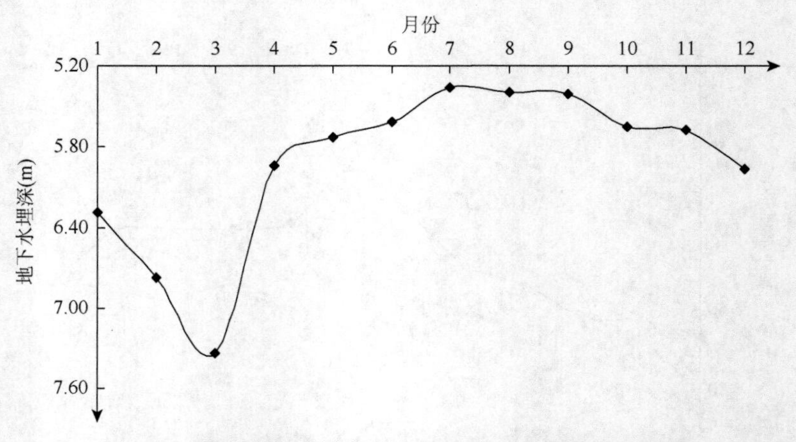

图 4-58　绵竹市汉旺镇监测点 2008 年地下水埋深变化图

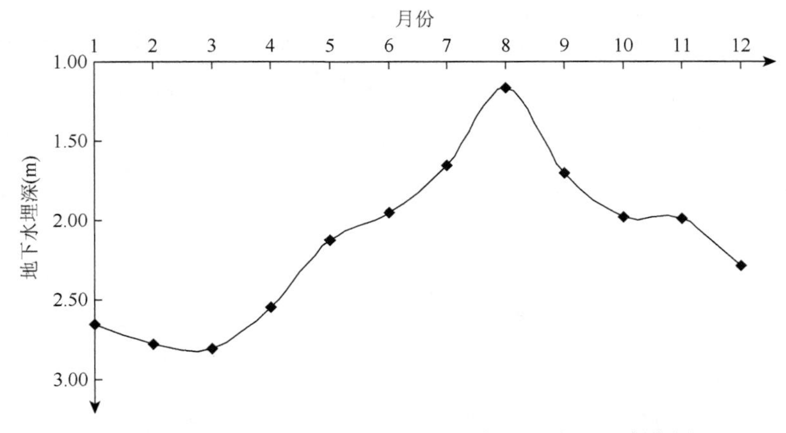

图 4-59　绵竹市绵远镇监测点 2008 年地下水埋深变化图

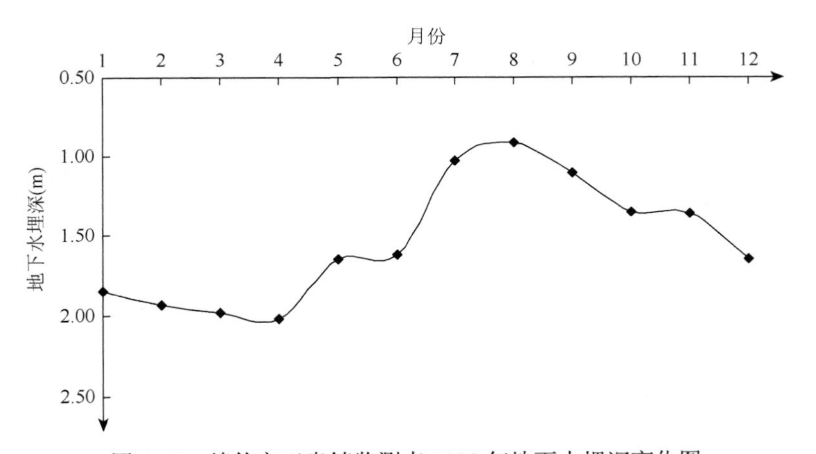

图 4-60　绵竹市玉泉镇监测点 2008 年地下水埋深变化图

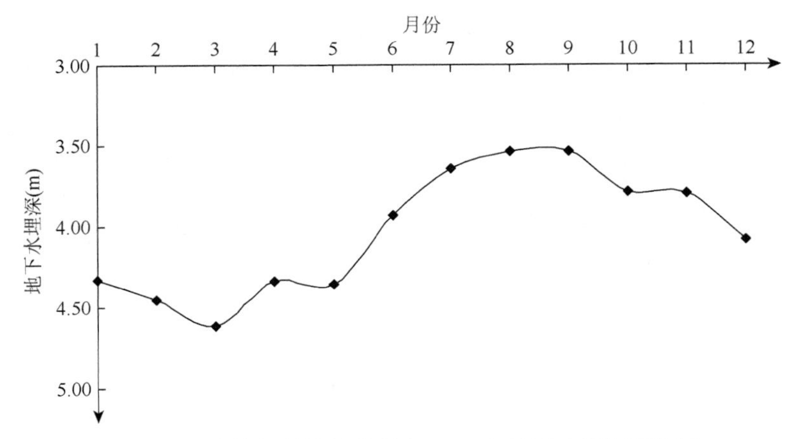

图 4-61　绵竹市孝德镇监测点 2008 年地下水埋深变化图

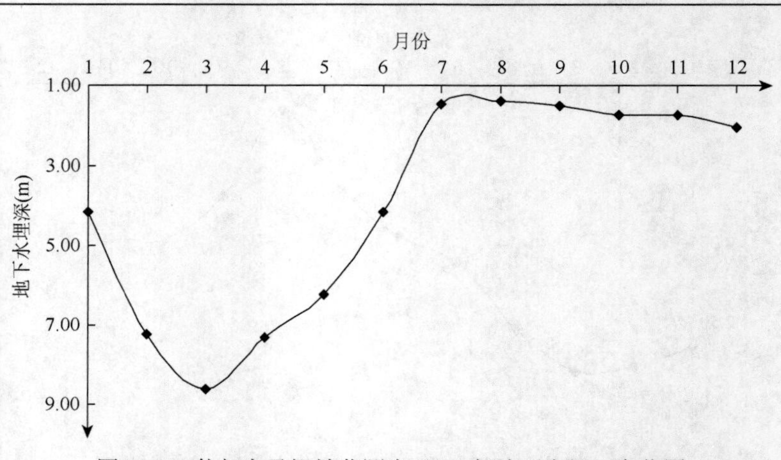

图 4-62　什邡市马祖镇监测点 2008 年地下水埋深变化图

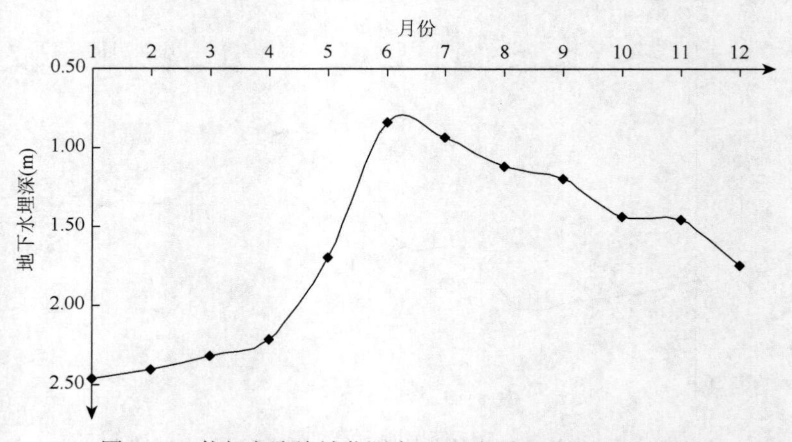

图 4-63　什邡市隐峰镇监测点 2008 年地下水埋深变化图

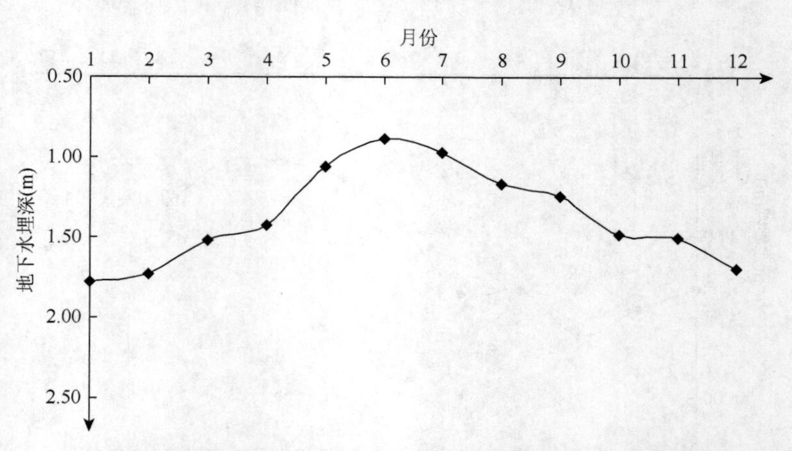

图 4-64　广汉市三星镇监测点 2008 年地下水埋深变化图

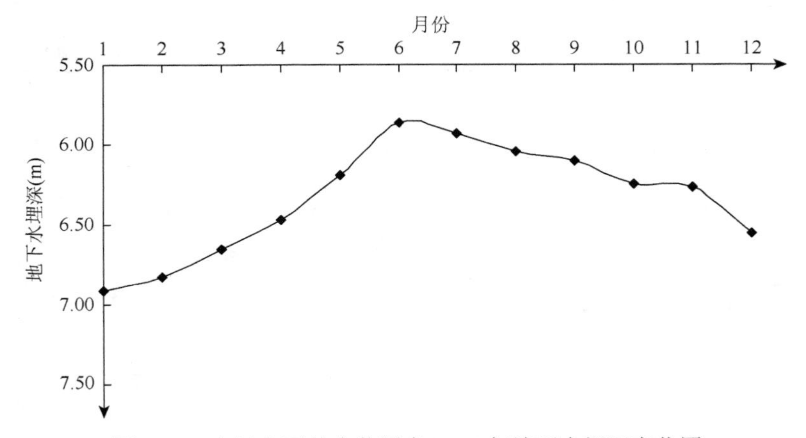

图 4-65　广汉市西外乡监测点 2008 年地下水埋深变化图

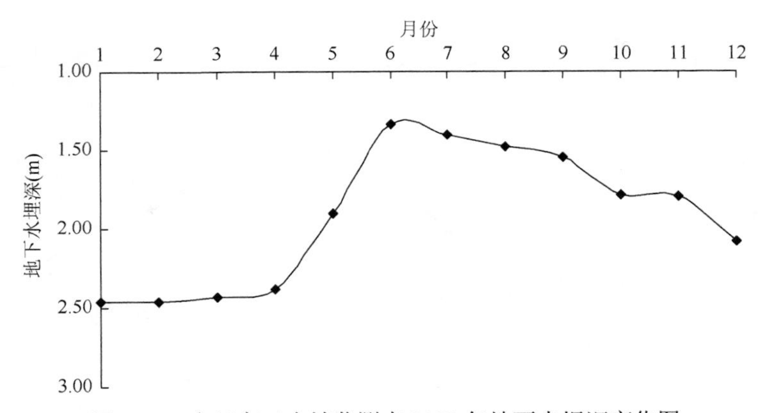

图 4-66　广汉市三水镇监测点 2008 年地下水埋深变化图

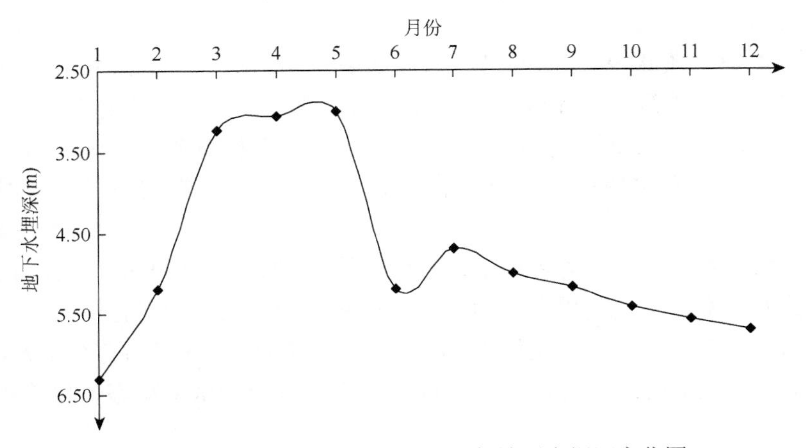

图 4-67　金堂县赵镇监测点 2008 年地下水埋深变化图

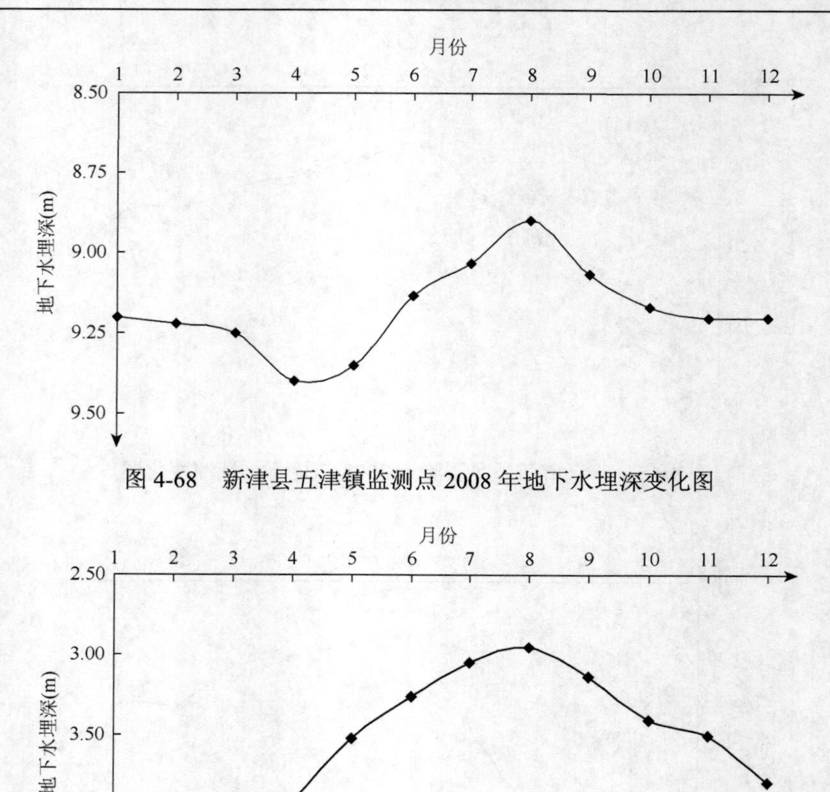

图 4-68 新津县五津镇监测点 2008 年地下水埋深变化图

图 4-69 成都平原 2008 年地下水平均埋深变化图

由图 4-43～图 4-68 可以看出，靠近断裂带的都江堰市、彭州市、什邡市和绵竹市的地下水埋深变化比较稳定，在降水量较小的 1～4 月及 10～12 月，埋深相对较大，在降水量比较集中的 5～10 月，埋深相对较浅，地下水水位变化符合降水型动态变化趋势。与历年的地下水水位变化趋势相似，地震对其影响不明显。

地下水埋深相对最小的新都镇，在降水量较大的 5～10 月份地下水埋深在 1m 以内，其他月份则在 1m 以下；地下水埋深相对较大的五津镇监测井，年内年初与年末地下水水位几乎没有变化，埋深最大的是 4 月份，5 月后持续上升，8 月达到水位最高，此后持续下降，地下水埋深变化均符合降水型动态变化趋势，地震影响不明显。

另外，根据 2002～2007 年《中国地质环境公报》及相关参考文献，成都平原多年平均地下水埋深以 1～3m 为主，年度变幅也为 1～3m，地下水水位基本处于动态平衡状态。而由图 4-43～图 4-69 可以看出，无论是地下水最小埋深还是最大埋深，以及整个成都平原的平均埋深，其年度地下水水位变化都比较稳定。另外，图 4-69 显示成都平原地下水平均埋深变化为 3.02～4.28m，地下水水位最大变幅为 1.26m，符合多年变化规律。因此，地震对于成都平原地下水水位的影响非常小，成都平原区没有出现地下水水位强烈变化地带。

4.3.3　地震对区域地下水水质的影响

根据成都平原地下水监测井的分布，本次选取了 18 眼监测井作为对照分析点（图 4-70），重点分析 2008 年 3 月下旬和 2008 年 8 月下旬的地下水水质资料，以解读地震前后各监测井地下水水质的变化。

图 4-70　成都平原区地下水监测井分布示意图

1. 地震前后水质状况分析

以国家技术监督局 1993 年 12 月 30 日批准、1994 年 10 月 1 日实施的《地下水质量标准》（GB/T 14848—1993）中规定的Ⅲ类水质标准为基准，并根据各监测井已有的监测数据，选取总硬度、溶解性总固体、氯化物、硫酸盐、硝酸盐、亚硝酸盐、氨氮、氟化物、铜、锰、锌、汞、铬（六价）、砷、铅、镉、挥发性酚类和氰化物等 18 个项目作为评价因子，采用加附注的评分法对成都平原区 18 个监测井地震前后的水质状况进行了评价。评价结果见图 4-71 和表 4-52。

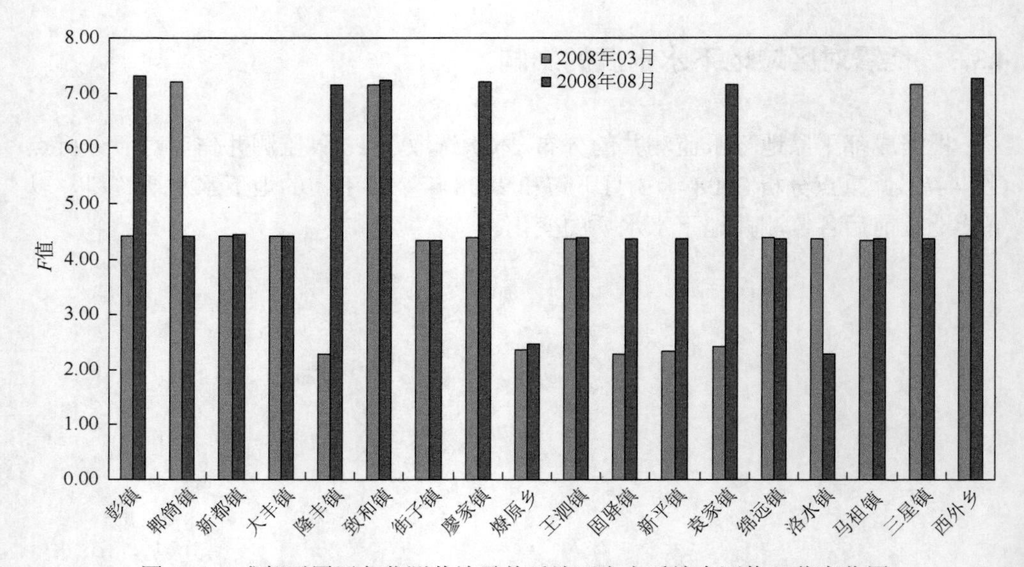

图 4-71 成都平原区各监测井地震前后地下水水质综合评价 *F* 值变化图

表 4-52 成都平原区各监测井地震前后水质综合评价结果

监测点所在位置	2008 年 03 月			2008 年 08 月		
	评价结果	水质标准	超标因子	评价结果	水质标准	超标因子
双流县彭镇	较差	Ⅳ类	亚硝酸盐	极差	Ⅴ类	总硬度、亚硝酸盐
郫县郫筒镇	极差	Ⅴ类	总硬度、硝酸盐	较差	Ⅳ类	总硬度、硝酸盐
新都区新都镇	较差	Ⅳ类	总硬度、锰	较差	Ⅳ类	总硬度、锰
新都区大丰街道	较差	Ⅳ类	总硬度、锰	较差	Ⅳ类	总硬度、锰
彭州市隆丰镇	良好	Ⅱ类		较差	Ⅳ类	硝酸盐、汞
彭州市致和镇	较差	Ⅳ类	硝酸盐	极差	Ⅴ类	硝酸盐
崇州市街子镇	较差	Ⅳ类	硝酸盐	较差	Ⅳ类	硝酸盐
崇州市廖家镇	较差	Ⅳ类	亚硝酸盐	较差	Ⅳ类	亚硝酸盐
崇州市燎原乡	良好	Ⅱ类		良好	Ⅱ类	
大邑县王泗镇	较差	Ⅳ类	总硬度	较差	Ⅳ类	总硬度

续表

监测点所在位置	2008 年 03 月			2008 年 08 月		
	评价结果	水质标准	超标因子	评价结果	水质标准	超标因子
邛崃市固驿镇	良好	Ⅱ类		较差	Ⅳ类	硝酸盐
新津县新平镇	良好	Ⅱ类		较差	Ⅳ类	硝酸盐
德阳市袁家镇	良好	Ⅱ类		较差	Ⅳ类	汞
绵竹市绵远镇	较差	Ⅳ类	硝酸盐	较差	Ⅳ类	硝酸盐
什邡市洛水镇	较差	Ⅳ类	氟化物	良好	Ⅱ类	
什邡市马祖镇	较差	Ⅳ类	硝酸盐	较差	Ⅳ类	硝酸盐
广汉市三星镇	较差	Ⅳ类	硝酸盐	较差	Ⅳ类	硝酸盐
广汉市西外乡	较差	Ⅳ类	硝酸盐	极差	Ⅴ类	硝酸盐

由上述评价结果可知，成都平原区地震前后地下水水质的总体状况比较差，多数监测井的水质属于Ⅳ类水质，且超标因子多为总硬度、硝酸盐、亚硝酸盐、锰和汞。彭州市隆丰镇、邛崃市固驿镇、新津县新平镇和德阳市袁家镇监测井的水质在地震前为Ⅱ类水质，震后则变为Ⅳ类水质，超标因子为硝酸盐和汞；什邡市洛水镇监测井震前水质为Ⅳ类，震后则变为Ⅱ类；其余监测井的水质地震前后变化不大，且震前和震后的超标因子基本一致。因此，总体上来讲，地震对成都平原区地下水的影响甚微。

2. 典型水质指标变化

为了更直观地分析各因子在地震前后的变化，此次选取了 12 个变化相对明显的因子，并利用 ArcGIS，对各个因子在空间和时间上的变化进行了对比分析，分析结果如图 4-72～图 4-83 所示。由对比图并结合表 4-53，对各因子的变化分析如下：

总硬度变化较大的为双流县彭镇和广汉市西外乡监测点。按照地下水质量标准，前者从Ⅲ类水质（390.4mg/L）降为了Ⅴ类水质（570.5mg/L），后者则从Ⅲ类水质（337.8mg/L）降为了Ⅳ类水质（460.4mg/L），德阳市袁家镇的总硬度减小近 300mg/L，同为平行且远离断裂带的三个监测点变化较大，而靠近断裂带的绵竹市、什邡市与彭州市内监测点的水质变化较小。分析原因认为，双流、广汉和德阳三县市主要与震后的人类活动剧烈有关，与地震诱发关系不大。

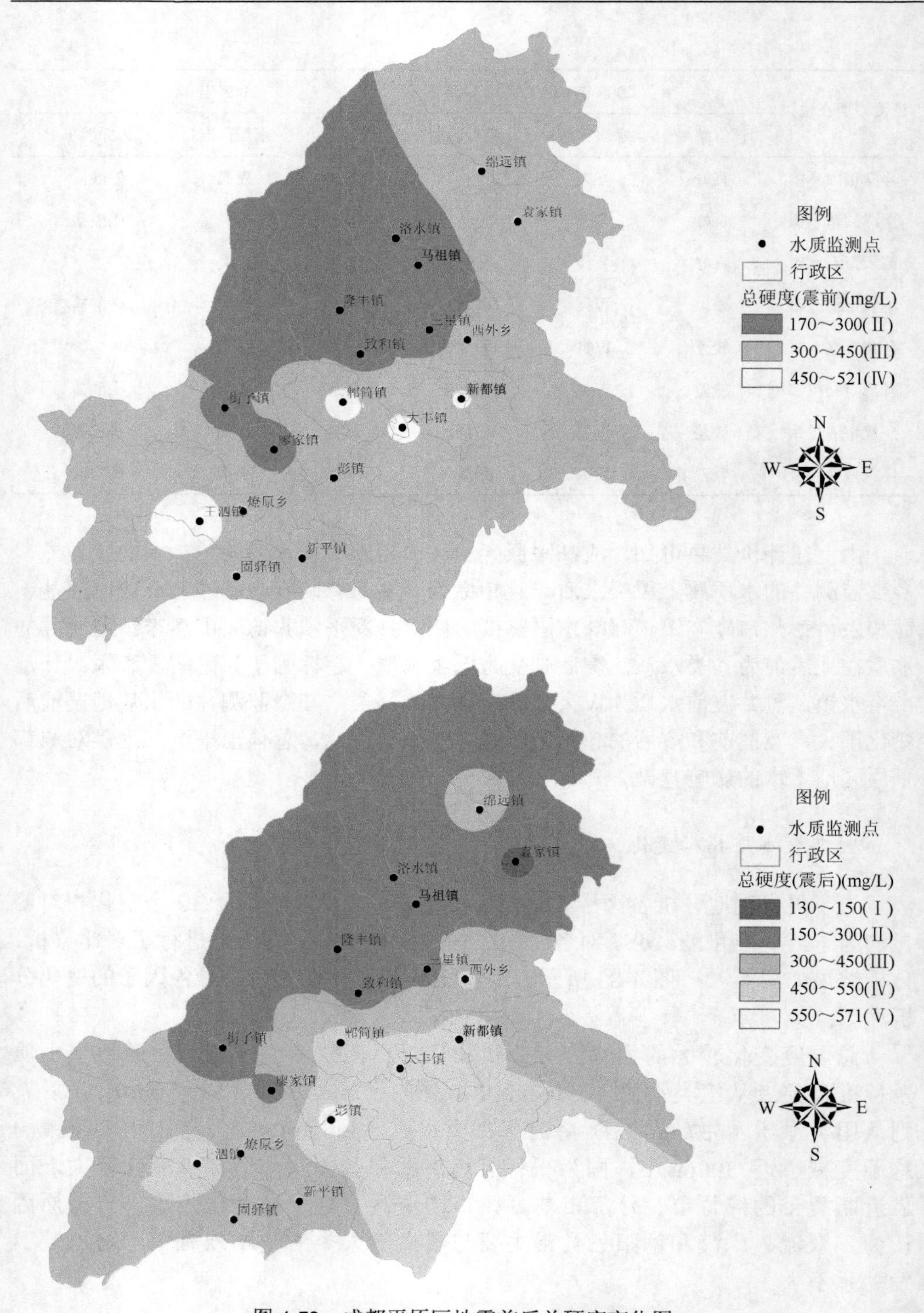

图 4-72　成都平原区地震前后总硬度变化图

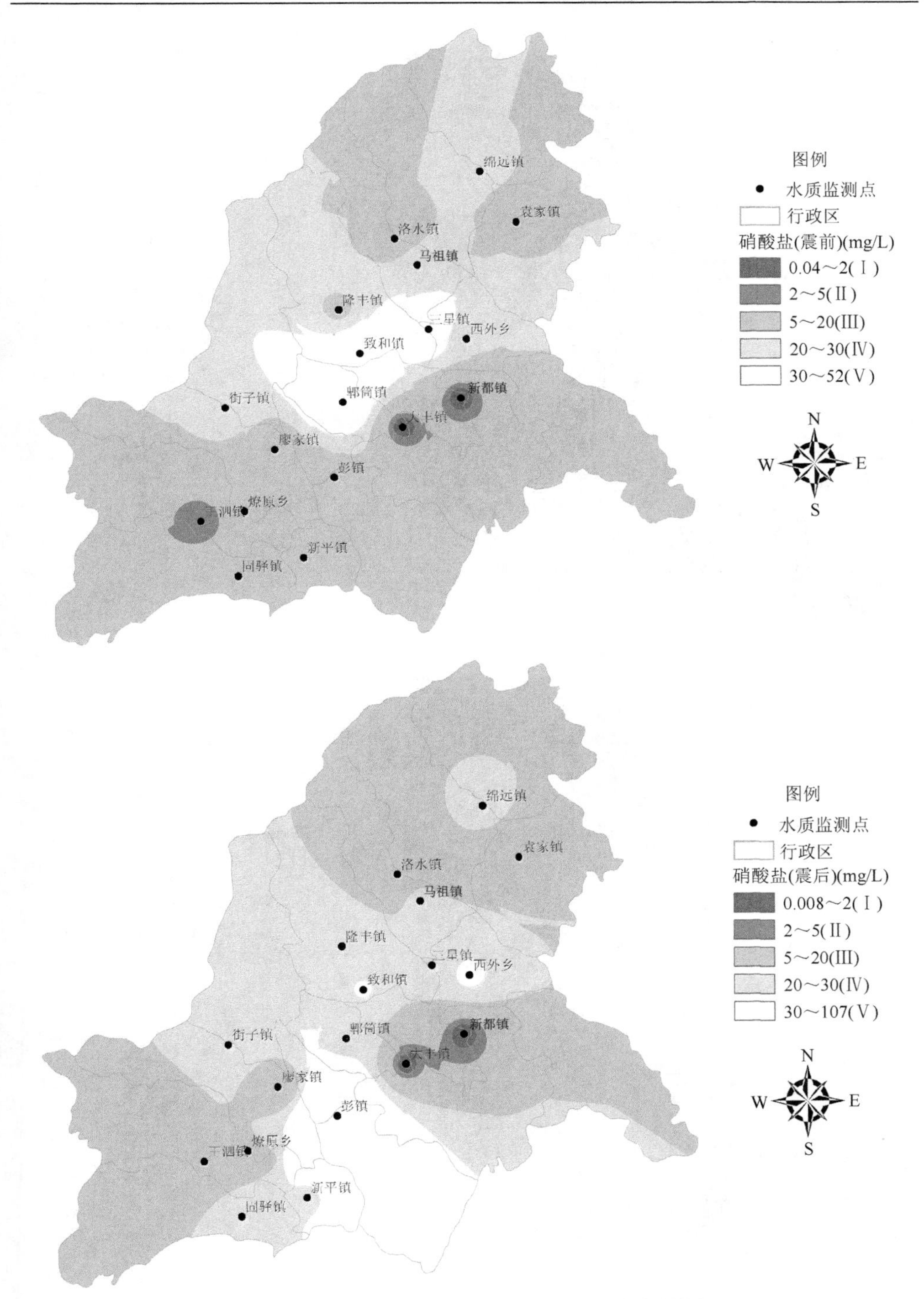

图 4-73　成都平原区地震前后硝酸盐浓度变化图

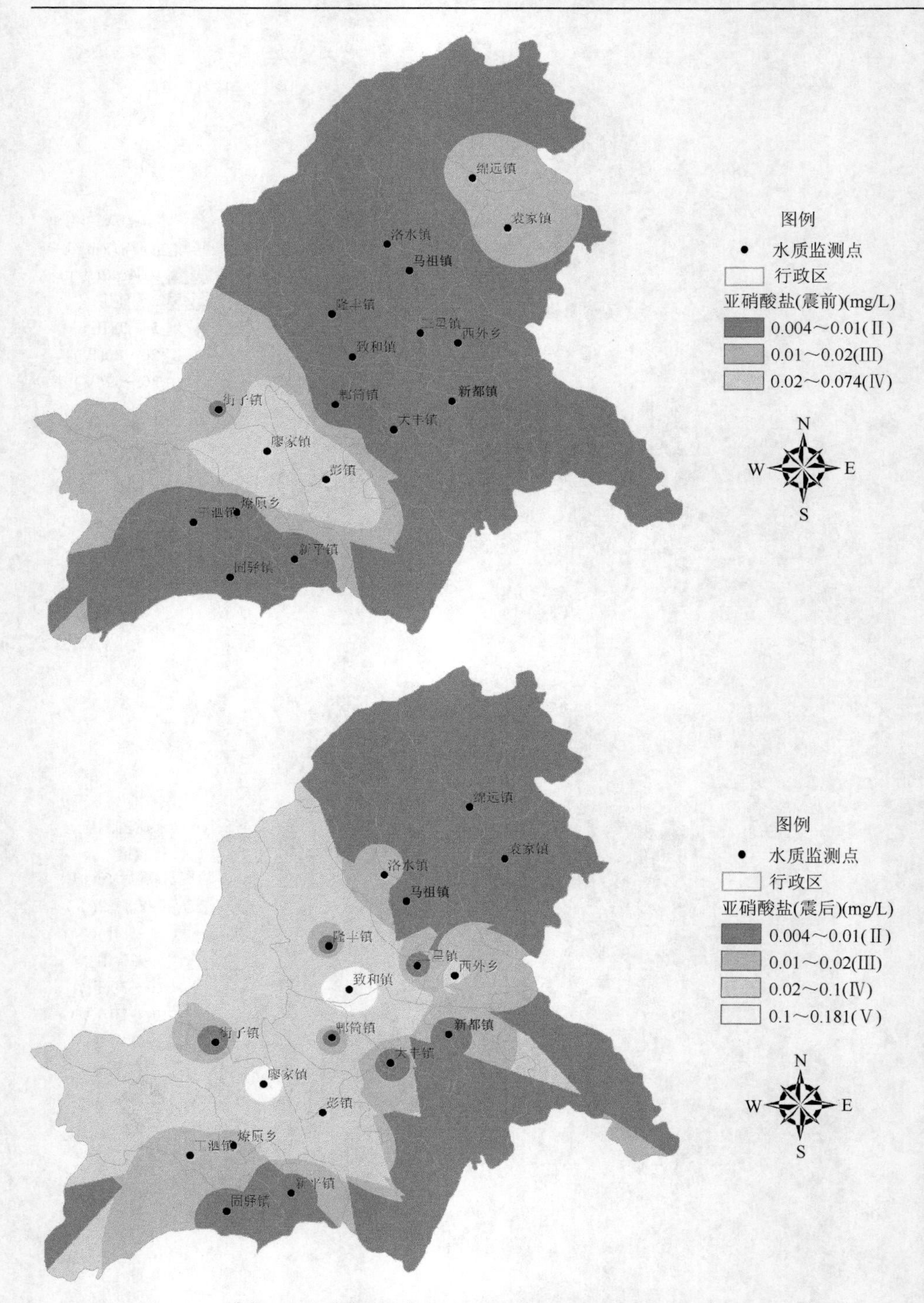

图 4-74　成都平原区地震前后亚硝酸盐浓度变化图

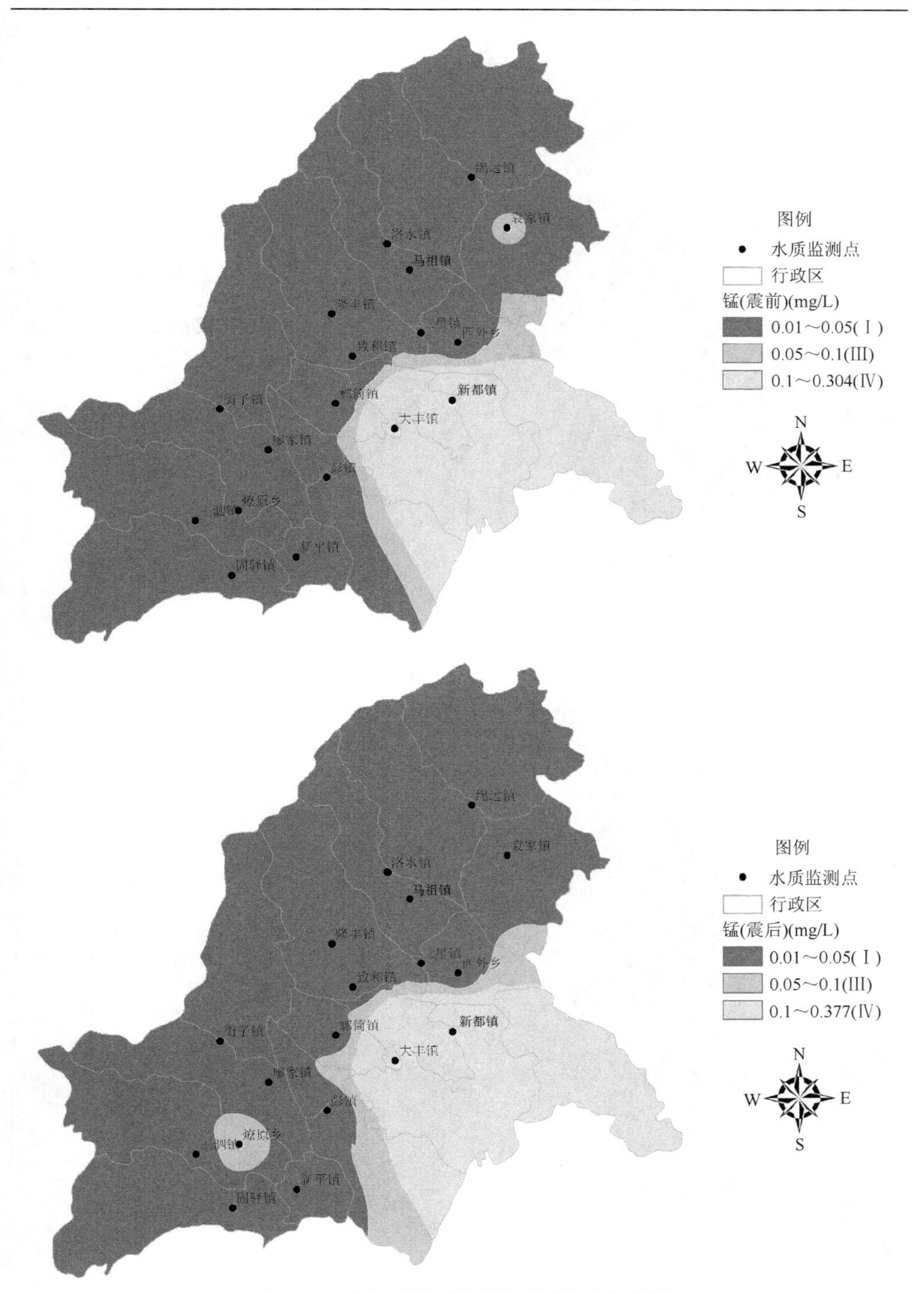

图 4-75　成都平原区地震前后锰浓度变化图

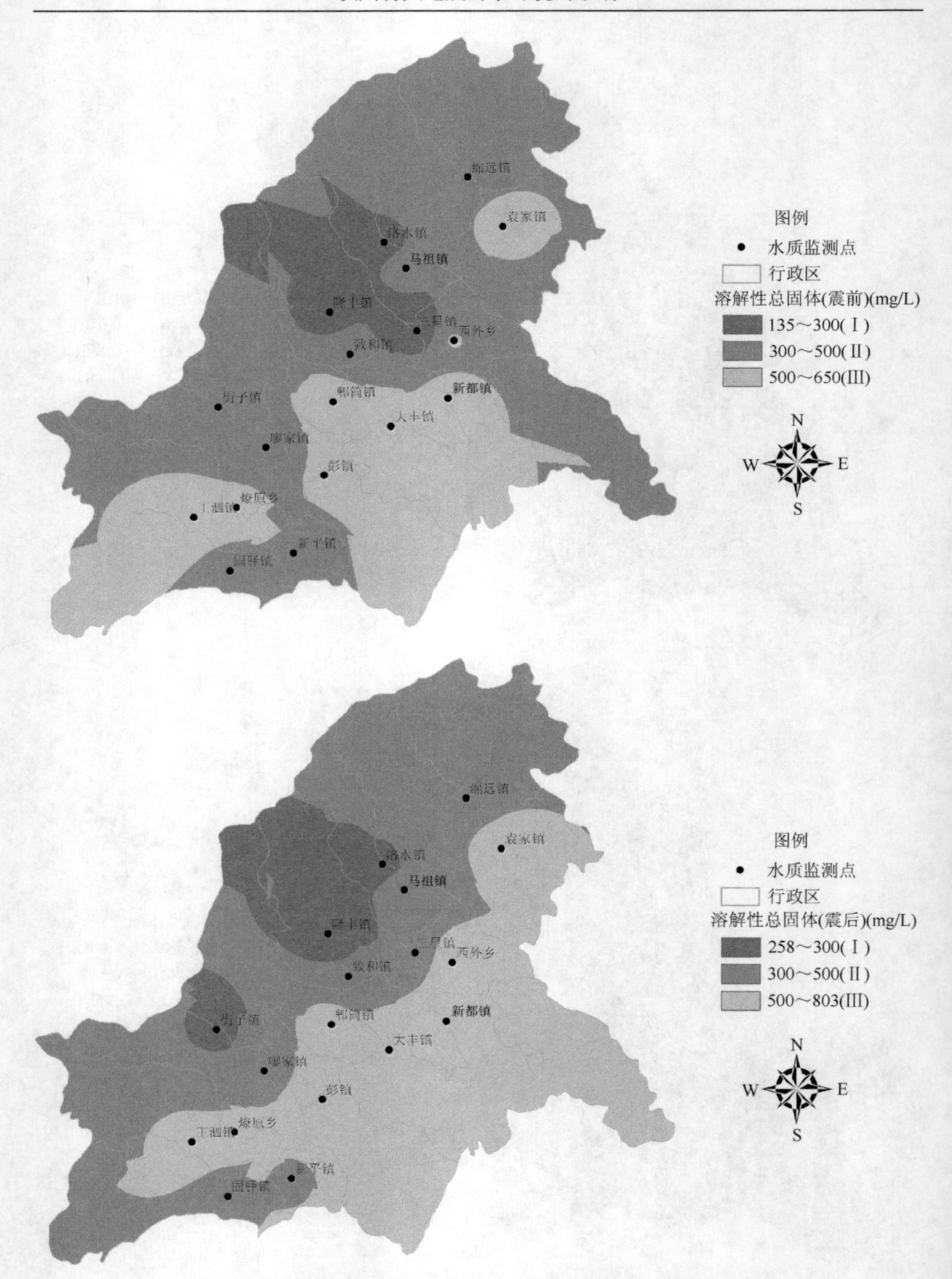

图 4-76　成都平原区地震前后溶解性总固体浓度变化图

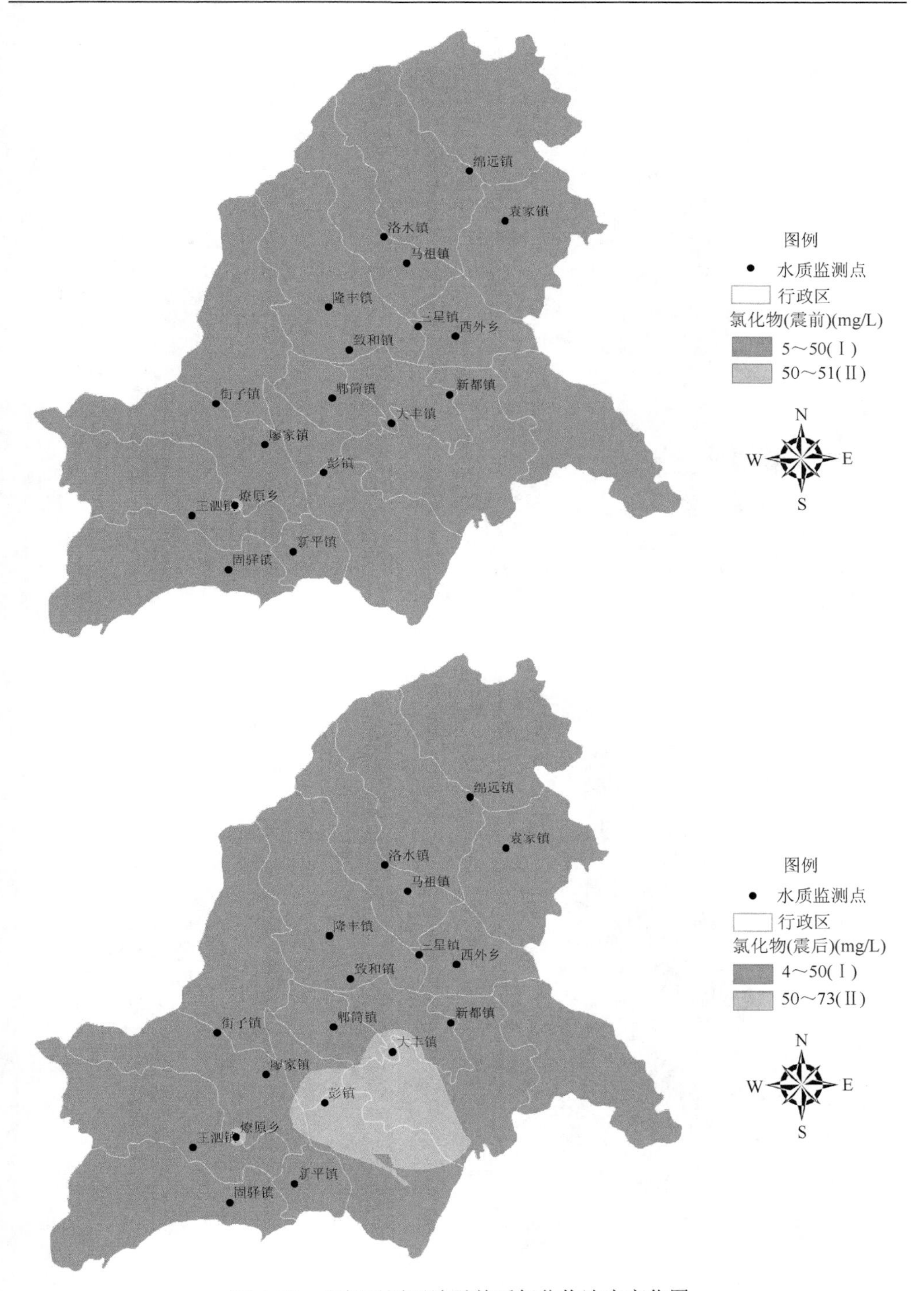

图 4-77　成都平原区地震前后氯化物浓度变化图

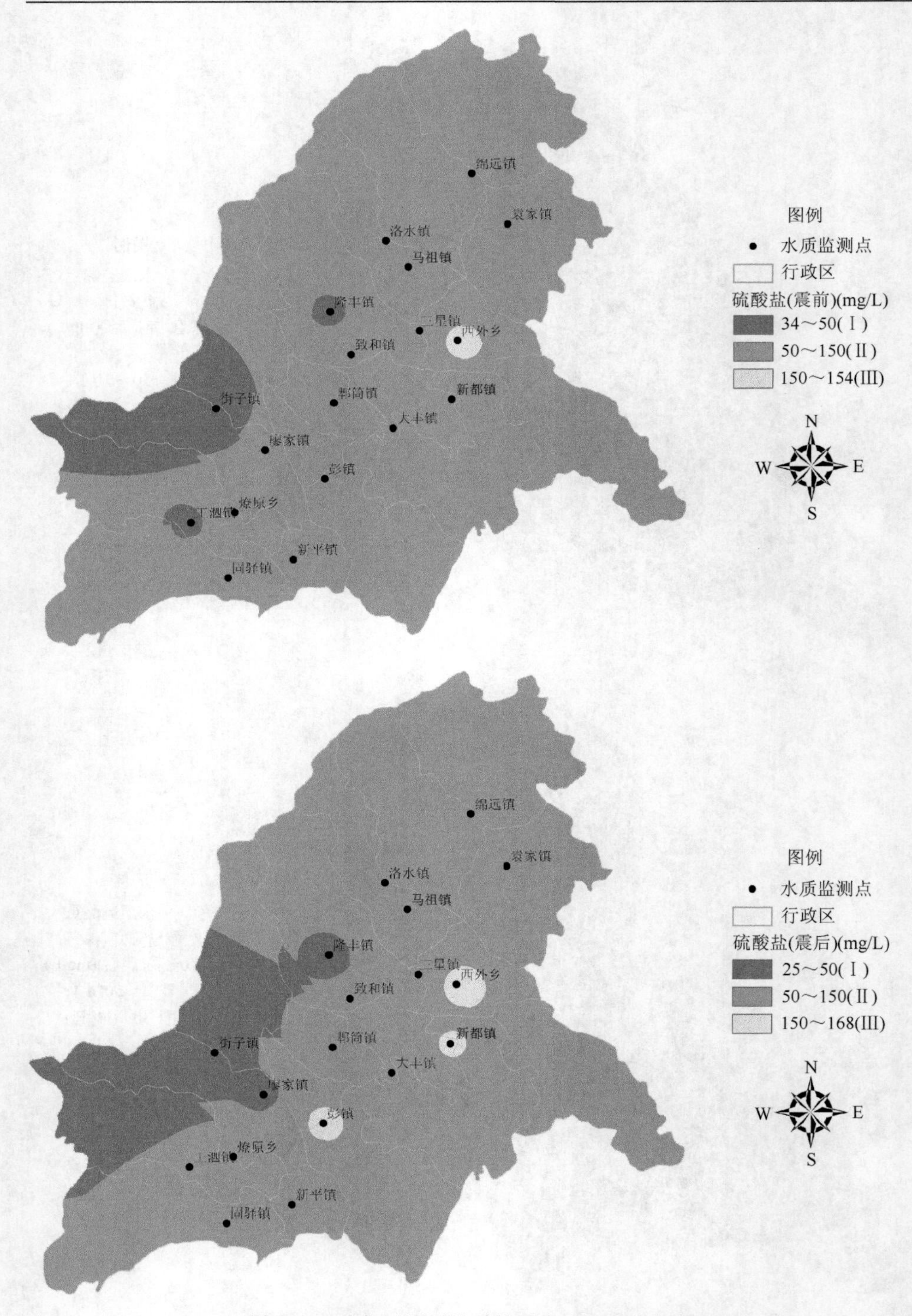

图 4-78　成都平原区地震前后硫酸盐浓度变化图

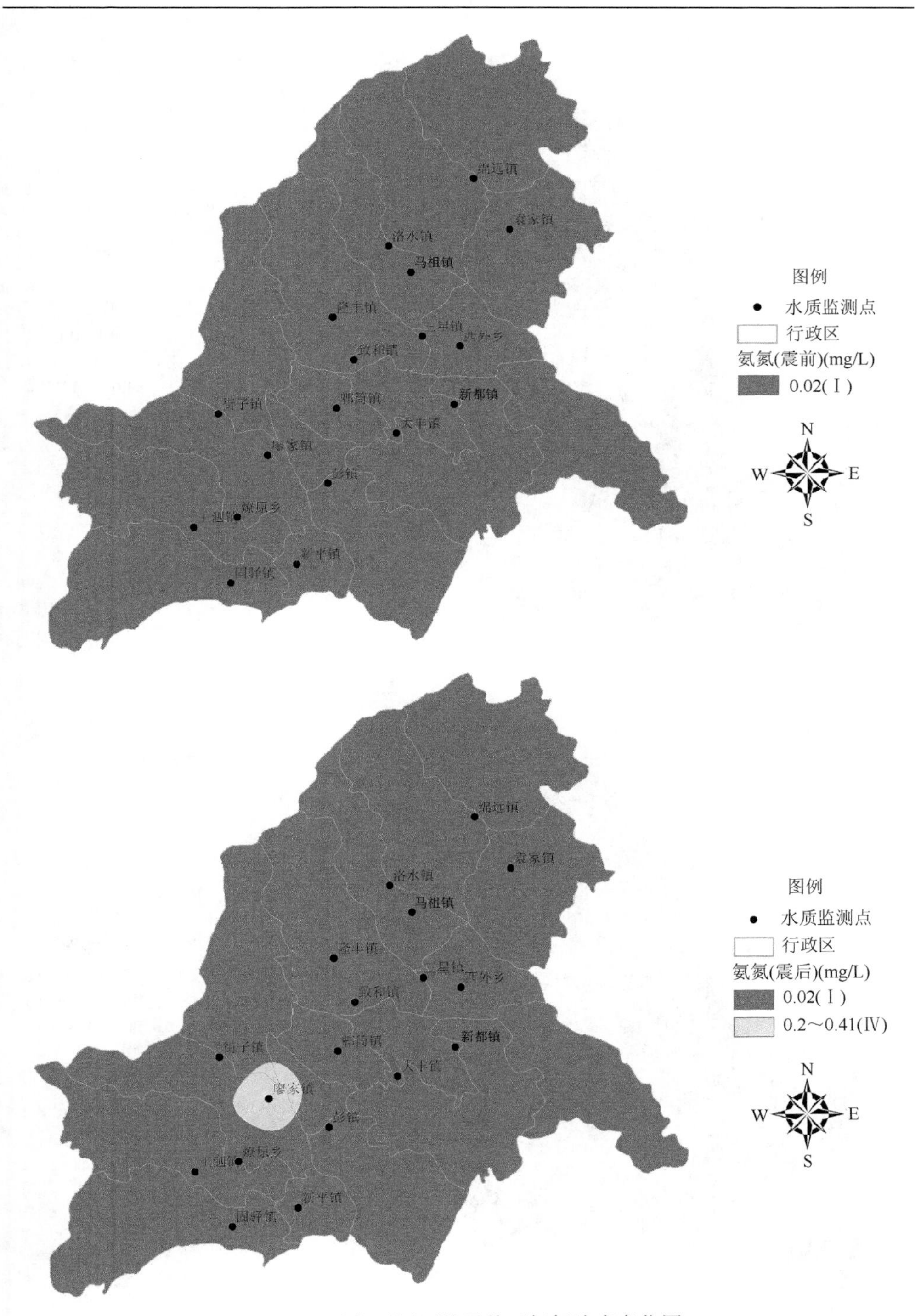

图 4-79　成都平原区地震前后氨氮浓度变化图

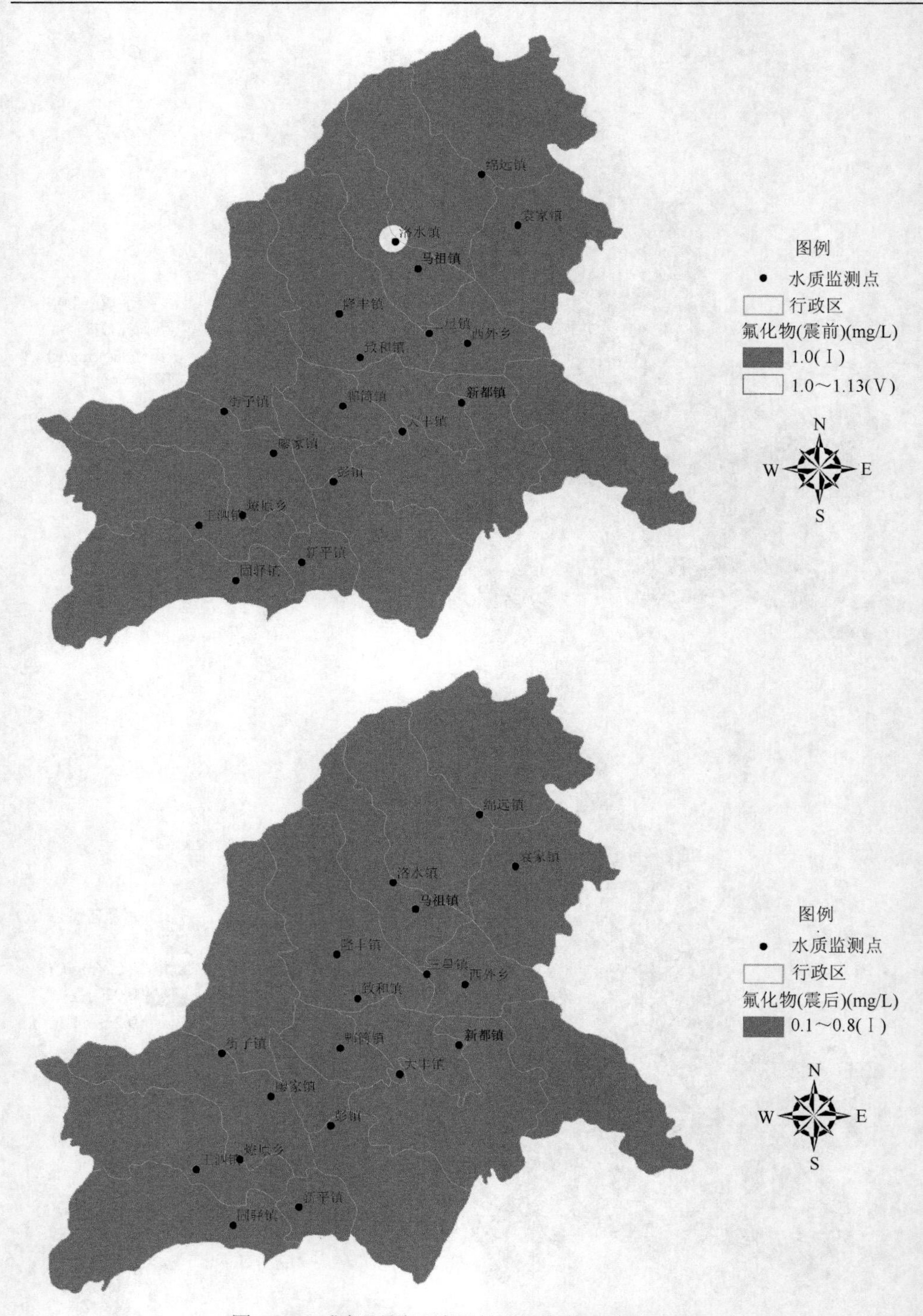

图 4-80　成都平原区地震前后氟化物浓度变化图

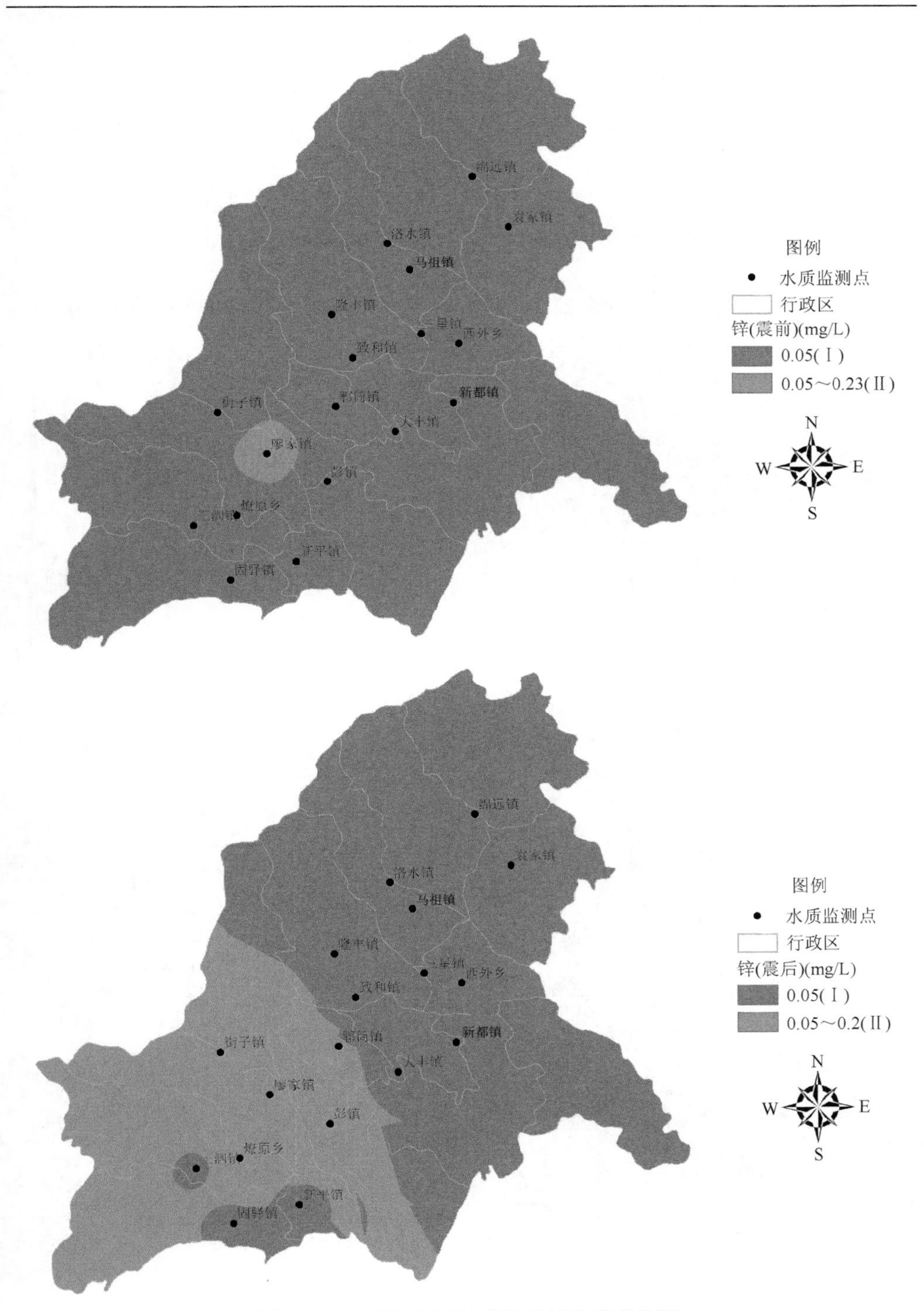

图 4-81　成都平原区地震前后锌浓度变化图

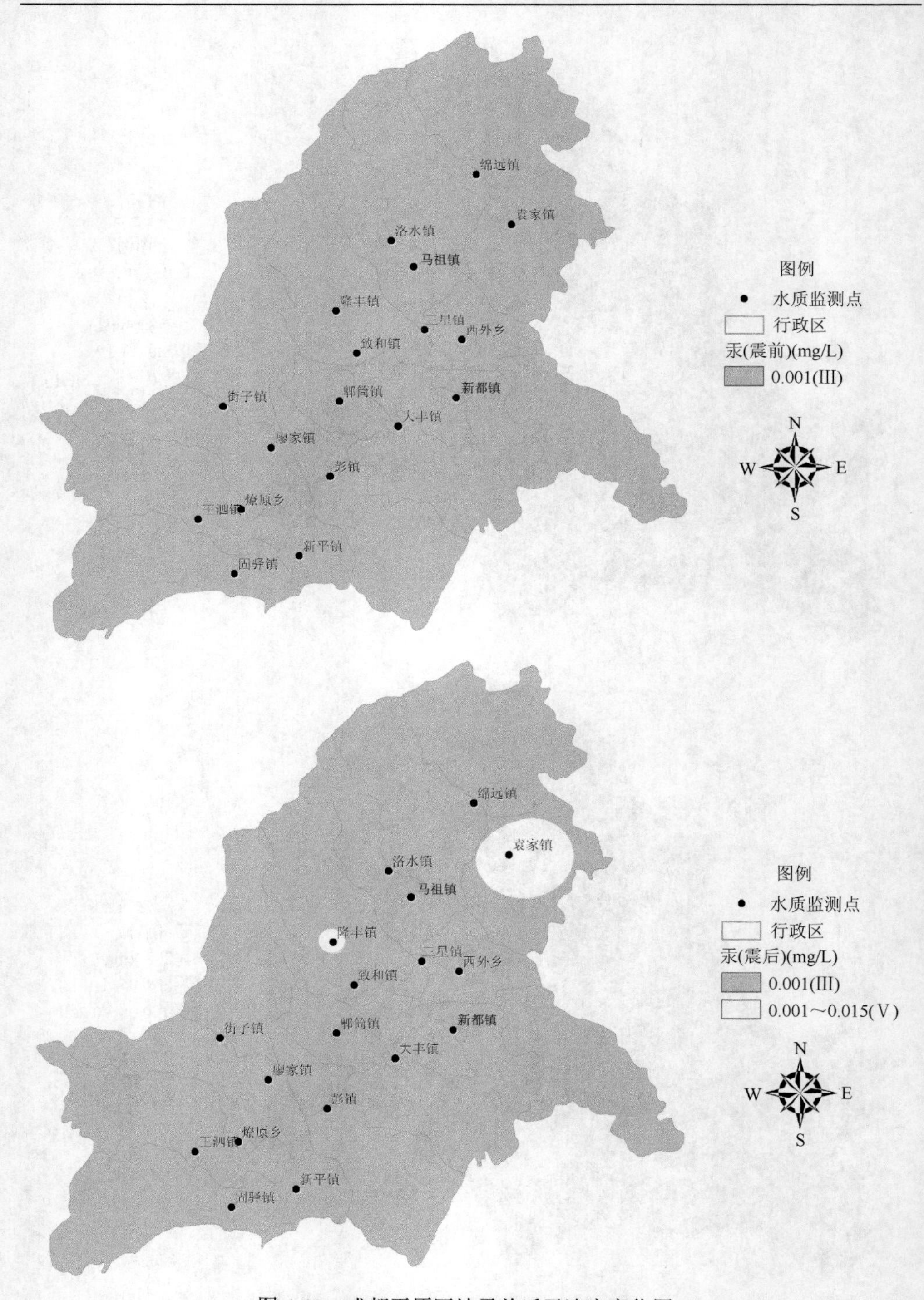

图 4-82　成都平原区地震前后汞浓度变化图

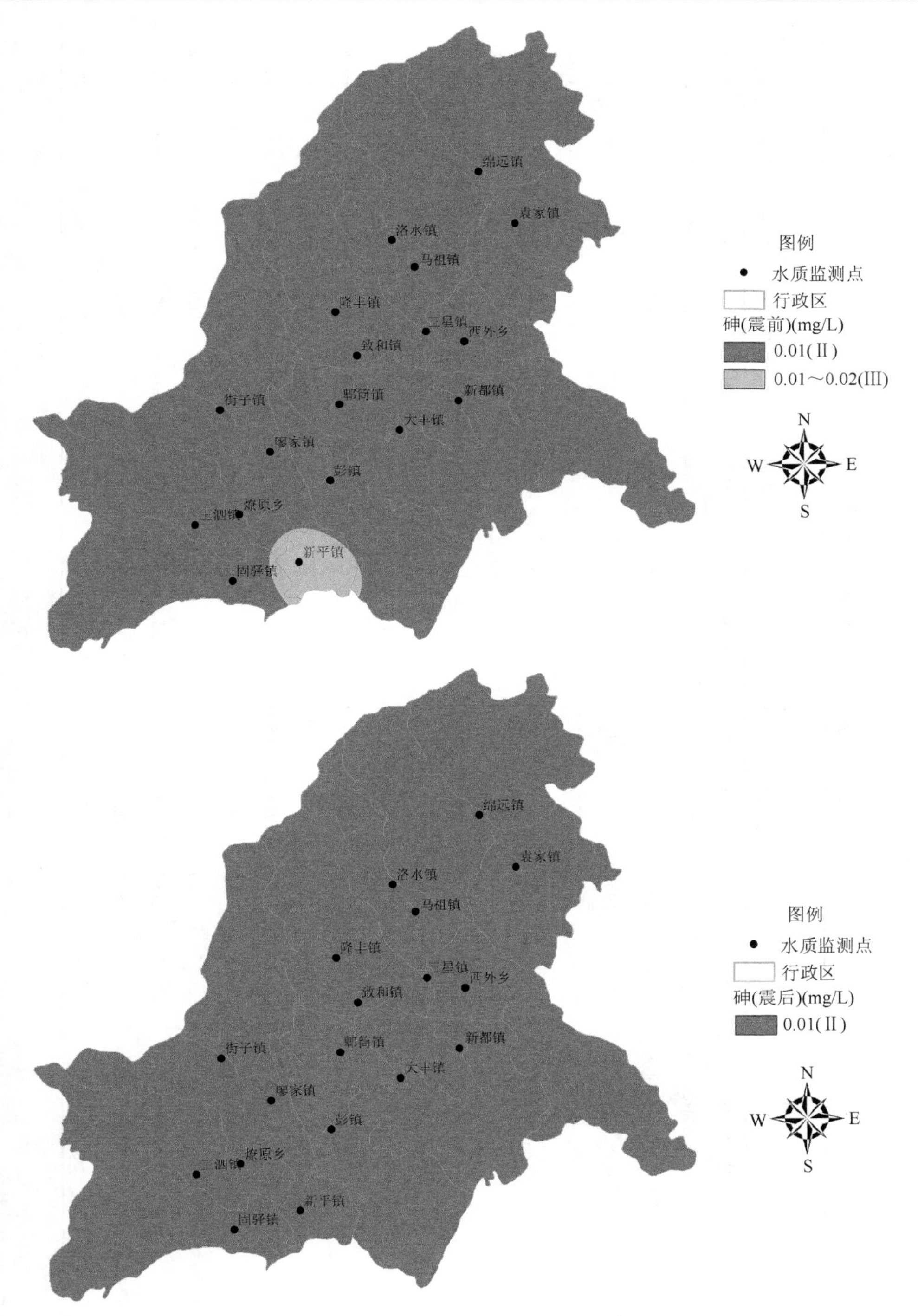

图 4-83　成都平原区地震前后砷浓度变化图

表 4-53　各监测点监测因子地震前后浓度差值变化

编号	监测点所在位置	总硬度（mg/L）			硝酸盐（mg/L）			亚硝酸盐（mg/L）			锰（mg/L）		
		震前	震后	变化量	震前	震后	变化量	震前	震后	变化量	震前	震后	变化量
1	双流县彭镇	390.4	570.5	180.1	15.34	106.60	91.26	0.027	0.023	−0.004	0.010	0.015	0.005
2	郫县郫筒镇	475.4	495.4	20.0	51.26	28.56	−22.70	0.004	0.004	0.000	0.010	0.032	0.022
3	成都市新都区新都镇	451.4	480.4	29.0	0.04	0.04	0.00	0.004	0.004	0.000	0.304	0.377	0.073
4	成都市新都区大丰镇	450.4	540.0	89.6	0.04	0.00	−0.04	0.004	0.004	0.000	0.269	0.299	0.030
5	彭州市隆丰镇	170.2	215.2	45.0	17.34	28.10	10.76	0.004	0.004	0.000	0.010	0.022	0.012
6	彭州市致和镇	260.2	255.2	−5.0	46.43	31.54	−14.89	0.004	0.181	0.177	0.010	0.035	0.025
7	崇州市街子镇	285.3	230.2	−55.1	28.71	28.45	−0.26	0.010	0.004	−0.006	0.010	0.015	0.005
8	崇州市廖家镇	255.2	280.3	25.1	10.73	4.48	−6.25	0.074	0.128	0.054	0.010	0.025	0.015
9	崇州市燎原乡	385.3	415.4	30.1	9.02	18.61	9.59	0.004	0.013	0.009	0.010	0.080	0.070
10	大邑县王泗镇	520.5	510.5	−10.0	2.19	5.97	3.78	0.004	0.014	0.010	0.010	0.027	0.017
11	邛崃市固驿镇	355.3	390.4	35.1	14.25	26.38	12.13	0.004	0.004	0.000	0.010	0.030	0.020
12	新津县新平镇	390.4	410.4	20.0	7.13	29.98	22.85	0.004	0.004	0.000	0.010	0.010	0.000
13	德阳市袁家镇	427.9	130.1	−297.8	15.88	8.95	−6.93	0.014	0.004	−0.010	0.055	0.015	−0.040
14	绵竹市绵远镇	370.3	340.3	−30.0	21.84	23.51	1.67	0.012	0.004	−0.008	0.010	0.010	0.000
15	什邡市洛水镇	205.2	222.7	17.5	11.56	6.77	−4.79	0.004	0.013	0.009	0.010	0.010	0.000
16	什邡市马祖镇	265.3	275.2	9.9	25.18	22.38	−2.80	0.004	0.004	0.000	0.010	0.010	0.000
17	广汉市三星镇	230.2	252.7	22.5	49.33	24.71	−24.62	0.004	0.004	0.000	0.010	0.010	0.000
18	广汉市西外乡	337.8	460.4	122.6	20.10	34.01	13.91	0.004	0.021	0.017	0.010	0.010	0.000

续表 4-53　各监测点监测因子地震前后浓度差值变化

编号	监测点所在位置	溶解性总固体（mg/L）			氯化物（mg/L）			硫酸盐（mg/L）			氨氮（mg/L）		
		震前	震后	变化量	震前	震后	变化量	震前	震后	变化量	震前	震后	变化量
1	双流县彭镇	503.8	803.0	299.2	31.91	72.32	40.41	94.00	167.20	73.20	0.02	0.02	0.00
2	郫县郫筒镇	649.5	594.0	−55.5	28.37	31.20	2.83	98.00	70.80	−27.20	0.02	0.02	0.00
3	成都市新都区新都镇	560.5	568.4	7.9	39.00	44.68	5.68	135.00	154.00	19.00	0.02	0.02	0.00
4	成都市新都区大丰镇	584.4	645.4	61.0	48.83	60.98	12.15	126.00	117.60	−8.40	0.02	0.02	0.00
5	彭州市隆丰镇	227.2	258.6	31.4	6.38	8.51	2.13	46.67	39.68	−6.99	0.02	0.02	0.00
6	彭州市致和镇	376.6	321.0	−55.6	29.78	21.98	−7.80	65.33	55.20	−10.13	0.02	0.02	0.00
7	崇州市街子镇	343.6	274.2	−69.4	14.89	17.73	2.84	33.87	25.76	−8.11	0.02	0.02	0.00
8	崇州市廖家镇	345.9	337.6	−8.3	29.07	28.36	−0.71	54.93	41.33	−13.60	0.02	0.41	0.39
9	崇州市燎原乡	529.0	543.2	14.2	50.35	53.18	2.83	72.00	62.93	−9.07	0.02	0.02	0.00
10	大邑县王泗镇	575.4	540.5	−34.9	18.44	20.56	2.12	49.33	49.87	0.54	0.02	0.02	0.00
11	邛崃市固驿镇	443.9	468.1	24.2	21.27	29.78	8.51	55.47	56.00	0.53	0.02	0.02	0.00
12	新津县新平镇	477.8	479.3	1.5	21.27	31.20	9.93	66.93	54.13	−12.80	0.02	0.02	0.00
13	德阳市袁家镇	544.6	572.8	28.2	26.95	24.82	−2.13	92.00	116.40	24.40	0.02	0.02	0.00
14	绵竹市绵远镇	443.4	417.1	−26.3	13.47	12.76	−0.71	112.00	90.67	−21.33	0.02	0.02	0.00
15	什邡市洛水镇	264.4	299.1	34.7	5.67	4.25	−1.42	96.00	106.00	10.00	0.02	0.02	0.00
16	什邡市马祖镇	352.1	351.8	−0.3	16.31	10.99	−5.32	101.20	97.20	−4.00	0.02	0.02	0.00
17	广汉市三星镇	134.8	353.0	218.2	29.07	20.57	−8.50	67.47	77.20	9.73	0.02	0.02	0.00
18	广汉市西外乡	501.4	657.2	155.8	37.58	29.07	−8.51	154.00	168.00	14.00	0.02	0.02	0.00

续表 4-53　各监测点监测因子地震前后浓度差值变化

编号	监测点所在位置	氟化物（mg/L）			锌（mg/L）			汞（mg/L）			砷（mg/L）		
		震前	震后	变化量	震前	震后	变化量	震前	震后	变化量	震前	震后	变化量
1	双流县彭镇	0.26	0.17	−0.09	0.050	0.065	0.015	0.001	0.001	0.000	0.01	0.01	0.00
2	郫县郫筒镇	0.52	0.31	−0.21	0.050	0.066	0.016	0.001	0.001	0.000	0.01	0.01	0.00
3	成都市新都区新都镇	0.35	0.18	−0.17	0.050	0.050	0.000	0.001	0.001	0.000	0.01	0.01	0.00
4	成都市新都区大丰镇	0.30	0.18	−0.12	0.050	0.050	0.000	0.001	0.001	0.000	0.01	0.01	0.00
5	彭州市隆丰镇	0.35	0.17	−0.18	0.050	0.050	0.000	0.001	0.010	0.009	0.01	0.01	0.00
6	彭州市致和镇	0.26	0.12	−0.14	0.050	0.050	0.000	0.001	0.001	0.000	0.01	0.01	0.00
7	崇州市街子镇	0.24	0.10	−0.14	0.050	0.103	0.053	0.001	0.001	0.000	0.01	0.01	0.00
8	崇州市廖家镇	0.24	0.18	−0.06	0.230	0.200	−0.030	0.001	0.001	0.000	0.01	0.01	0.00
9	崇州市燎原乡	0.62	0.45	−0.17	0.050	0.157	0.107	0.001	0.001	0.000	0.01	0.01	0.00
10	大邑县工泗镇	0.19	0.12	−0.07	0.050	0.050	0.000	0.001	0.001	0.000	0.01	0.01	0.00
11	邛崃市固驿镇	0.23	0.13	−0.10	0.050	0.050	0.000	0.001	0.001	0.000	0.01	0.01	0.00
12	新津县新平镇	0.23	0.19	−0.04	0.050	0.050	0.000	0.001	0.001	0.000	0.02	0.01	−0.01
13	德阳市袁家镇	0.64	0.49	−0.15	0.050	0.050	0.000	0.001	0.015	0.014	0.01	0.01	0.00
14	绵竹市绵远镇	0.21	0.27	0.06	0.050	0.050	0.000	0.001	0.001	0.000	0.01	0.01	0.00
15	什邡市洛水镇	1.13	0.81	−0.32	0.050	0.050	0.000	0.001	0.001	0.000	0.01	0.01	0.00
16	什邡市马祖镇	0.31	0.22	−0.09	0.050	0.050	0.000	0.001	0.001	0.000	0.01	0.01	0.00
17	广汉市三星镇	0.30	0.22	−0.08	0.050	0.050	0.000	0.001	0.001	0.000	0.01	0.01	0.00
18	广汉市西外乡	0.61	0.26	−0.35	0.050	0.050	0.000	0.001	0.001	0.000	0.01	0.01	0.00

注：表中正值代表震后浓度增加，负值代表震后浓度减小。

硝酸盐浓度变化较大的依然是位于双流县彭镇的监测点，震前浓度为15.34mg/L，而震后浓度则为 106.6mg/L，水质也从Ⅲ类水质变为了Ⅴ类水质，变化较大。而靠近断裂带的绵竹市、什邡市和彭州市辖区内监测点的水质也有变化，不过相对较小。

亚硝酸盐浓度变化较大的是位于彭州市致和镇、崇州市廖家镇和广汉市西外乡的监测点。彭州市致和镇监测点亚硝酸盐浓度从震前的 0.004mg/L 变为震后的0.181mg/L，水质从Ⅱ类降为Ⅴ类；崇州市廖家镇监测点亚硝酸盐浓度则从震前的0.074mg/L 变为震后的 0.128mg/L，震前震后均不达标。广汉市西外乡监测点亚硝酸盐浓度从震前的 0.004mg/L 变为震后的 0.021mg/L，水质从Ⅱ类降为Ⅳ类。而其他地方则变化甚微。

锰浓度变化较大的是成都市新都区新都镇和崇州市燎原乡监测点，前者震前和震后浓度分布为 0.304mg/L 和 0.377mg/L，均为Ⅳ类水质；后者则从震前的0.01mg/L 变为震后的 0.08mg/L，水质也从Ⅰ类变为Ⅲ类。靠近断裂带的三个市震前、震后无明显变化，均达到Ⅰ类水质标准。溶解性总固体变化较大的监测点有三处，双流县彭镇、广汉市三星镇和广汉市西外乡，其中广汉市三星镇监测点震前、震后浓度分别为 134.8mg/L 和 353mg/L，水质由Ⅰ类降为Ⅱ类，其他地方则无质的变化，尤其是绵竹、什邡和彭州三市，均达到和超过Ⅱ类水质标准；氯化物浓度变化较大的是双流县彭镇监测点，浓度变化超过 40mg/L，水质由Ⅰ类变为Ⅱ类；硫酸盐浓度变化较大的是双流县彭镇和成都市新都区新都镇监测点，水质均发生了变化，即从震前的Ⅱ类变为震后的Ⅲ类水质。

氨氮浓度变化较大的是崇州市廖家镇监测点，震前浓度为 0.02mg/L，震后则为 0.41mg/L，水质由Ⅰ类变为Ⅳ类，其他地方均为Ⅰ类水质；氟化物浓度变化明显的是什邡市洛水镇监测点，震前浓度为 1.13mg/L，震后则为 0.81mg/L，水质由Ⅳ类变为Ⅰ类，其余监测点则均为Ⅰ类；锌浓度变化明显的监测点相对较多，有双流县彭镇、郫县郫筒镇、崇州市街子镇和崇州市燎原乡四处，不过水质均从Ⅰ类水质变为Ⅱ类水质，符合标准；汞浓度有变化的仅有彭州市隆丰镇和德阳市袁家镇监测点，前者浓度从 0.001mg/L 变为 0.01mg/L，后者浓度从 0.001mg/L 变为0.015mg/L，水质均由Ⅲ类降为Ⅴ类；砷浓度有变化的仅有新津县新平镇监测点，震前浓度为 0.02mg/L，震后则为 0.01mg/L，水质由Ⅲ类变为Ⅱ类。

另外，据地震发生前的 2002～2007 年《中国地质环境公报》数据显示，成都平原区个别区县上述各因子本身存在不同程度的超标现象，这与人类活动有着很大的关系。

综上所述，此次地震对于成都平原地下水水位和水质的影响均较小，没有出现地下水水位强烈变化带，也未出现重大地下水水质污染区，且大部分监测项目均符合《地下水质量标准》（GB/T 14848—1993）Ⅲ类水质标准。

4.4 地震对地下水环境影响研究进展

4.4.1 汶川地震对地下水水位影响研究进展

地震与地下水动态响应关系研究是进行地震预测预报的重要方法之一，地下水能起到“灵敏测压计”的作用，能将含水层系统应力波动放大。地下水水位受震前地震波影响发出“预报”，震后外围地下水点位对其响应或被激发而形成的异常统称为地下水的震后效应。依据含水层结构条件的不同，当地震产生的地震波穿越所观测的含水层系统时，会使其内固体骨架的应力、应变波动，孔隙压和水体发生变化，水流使填充于孔隙、裂隙中的固结物位移或重新排列，使含水层的渗透系数发生变化，进而导致地下水水位的变化。

汶川地震带及集水盆地地下水系统复杂，断裂构造是控制地下水赋存的重要地质构造之一。地震造成断裂构造的形成与继承性发育，反馈影响裂隙介质中地下水的赋存与运移方式。由于断层构造具有空间延伸性，在走向和倾向上具有不同的水文地质作用。汶川地震发生后，国内外对汶川地震对地下水环境系统影响问题的关注度较高，关注点在于探索汶川地震与地下水水位波动的关系。

1. 汶川地震后地下水水位阶变机理

地下水水位对地震的阶变响应，是指地震打破地下水水位的原有变化过程，使地下水水位突然或快速地上升或下降，而这种变化一旦出现将持续一段时间，或为永久性变化，这种变化通常被认为是地下水水位同震阶变。

汶川地震导致龙门山地区滑坡、崩塌及泥石流发育，加之断层错动及深切河谷边坡重力变形，地表形成大量裂隙，致使原有的地表结构、表层岩土水力性质及含水层结构发生较大变化，改变了降水与产流规律和表层岩土降水入渗机制，致使区域地表水与地下水系统平衡和水循环规律发生较大改变（王根绪和程根伟，2008）。

汶川地震后地下水水位异常的空间分布范围比较广，从震中距几十千米到接近几千米的范围内皆有分布，地下水水位异常形态的空间分布规律也比较复杂。地下水水位的异常形态呈丛状分布，呈现出四象限的对称分布，震中南北区域地下水水位明显以上升型为主，震中东西区域地下水水位明显以下降型为主，基本反映了构造条件对地下水水位异常分布的控制作用。

利用概率密度分布原理，提取并分析了汶川地震南北地震带及附近区域地下流体测项的高频异常信息，发现构造带的构造应力作用或构造活动受孕震过程影响程度较高，揭示了地震孕育过程中的地下水动态变化与构造动力学环境相关（黄辅琼等，2010）。

运用地下水动力学理论、多孔线弹性理论、固体潮理论、固体潮加卸载响应比和小波变换等方法，以受地震影响较大的川、滇、陕、甘及渝五省（市）为研究范围，对深层地下水水位动态与地震活动的响应关系研究发现，深层地下水水位对汶川地震的异常响应规律比较复杂，具有异常形态变化多样，变化幅度不等，时间分布多阶段，空间分布不均等特征（兰双双，2010）。

地下水水位变化主要是由地震波作用于含水层引起的。地下水水位变化幅度并不随着震中距增加而单纯地减小。根据孔隙裂隙弹性理论建立地震波和水位波动的关系，结果表明，地下水水位波动变化是由于地震波在近距离范围内产生的静态应力与应变作用造成的地下水水位阶变；在较远距离范围内，静态应变迅速衰减，地下水水位阶跃变化是由地震波疏通了含水层通道或地震波产生的强地面运动作用而引起的。强震可以引起相当大空间范围内地下水水位响应，但地下水水位动态变化与地震响应过程的时空分布规律、影响因素、相互关系和产生机理尚有研究空间。

2. 汶川地震后地下水水位阶变的响应特征

系统分析由地震引起的水位同震响应特征（杨竹转，2011）发现，汶川地震引起的地下水水位同震响应变化以上升为主，地下水水位变化的空间分布、不同变幅具有一定的分区性，在华北中南部、川滇地区，水位同震变化以上升占主体，而在南北带北段、长江带东段，水位下降数量明显增多。选取汶川地震影响区域代表性地下水水位，以汶川震中为中心 1000km 范围内，水位同震响应上升的比例远大于同震下降变化的比例，且近震引起的水位同震阶变地下水水位监测点数量大大增加，振荡和无变化地下水水位监测点的数量在减少。

为进一步明晰震后地下水水位动态影响因素和地下水水位同震响应过程和机制（高东东，2011），以彭州市小鱼洞地区为例，通过测氧、流速和流向及渗水试验等研究，对汶川地震后小鱼洞活动断裂影响下的水文地质特征，地区地下水流动系统进行分析发现，汶川地震导致小鱼洞活动断裂带及上下盘降雨入渗补给能力、断裂带及周围裂隙发育区的地下水径流强度增强；地震改变了断裂带及其附近地下水的补给、径流和排泄条件，即改变了地下水系统的局部流场。

地下水水位对地震的响应特征与局部地质构造和地下含水层系统的水文地质参数密切相关，地下水水位变化与否、变幅大小等与震中距并不是简单的线性关系。地下水水位同震升降的方向不因震源的远近、震级大小、地震形成机制或地震方位的变化而改变，更多地受控于本地的地质构造和水文地质条件。

综上所述，汶川地震发生后，震源构造应力场控制地下水水位的变化，含水层固体骨架发生弹性甚至塑性变形导致地下水水位波动。震中区以阶变型和脉冲型波动为主；外围区地下水水位异常以振荡型、阶变型及脉冲型为主。汶川地震强余震的发生与震后地下水水位波动的空间分布表现出一致性，震后地下水水位波动反映了震后区域应力场的调整过程。地震改变了震区地质结构，导致水文地质条件的改变，进而造成地下水水位的动态阶变。

3. 汶川地震后含水层水文地质参数变化特征

地震发生带来的能量积累和释放会使得周围岩层中的应力、应变状态发生变化，引起岩体变形、碎裂，从而使得岩体中孔隙压力、孔隙度及渗透率发生改变，研究地震后含水层水文地质参数变化对理解地震形成机制非常必要。

以四川和安徽地区的地下水水位变化为研究对象，通过地下水的气压效应分析、含水层介质参数反演等方法研究地震活动与地下水水位动态变化的关系，推导和计算含水层的参数，结果表明（方慧娜，2013）：震后水位埋深变化形态各有差异，震后在经历了几个月的阶变、振荡、缓变之后都回弹到一个平稳状态，但水位没有完全恢复，地震作用力使地壳应力状态发生改变，含水介质结构发生变化，进而对含水层参数和地下水流场产生影响。

利用汶川地震水位资料对同震水位阶变类型进行分析并将其与静态应力场进行比较发现（来贵娟，2014），地震能量和地质构造等因素均会引起水位阶变的静态应力变化，地震引起含水层渗透率增大，渗透率的增强主要与动态应力有关，而与静态应力变化的关系不明显。

由此可知，地震作用力改变地壳应力状态，使含水介质结构发生变化，进而对含水层水文地质参数产生影响，使渗透系数增大。

以三峡地下网地下水水位数据为基础，系统分析了地下水水位对地震波作用的响应能力与响应特征（刘成龙，2012），进一步确定了不同地质构造条件下地下水水位对震后的响应。研究结果表明，地下水水位动态变化主要与所在构造部位、观测含水层的类型与含水层的导水系数有关。不同走向的断裂带上的地下水水位同震响应及其地震后地下水水位的变化特征不同，承压含水层的封闭性好，导水系数大，其地下水水位同震响应幅度大，震后水位恢复时间短。

利用地下水水位的同震响应特征及水位固体潮效应，从大尺度上反演汶川地震对含水层产生的体应变量，发现汶川地震对地下所在含水层造成的体应变量基本在 10^{-7} 量级。由地震引起的体应变随距离的衰减规律比较复杂，其不仅与震中距有关，而且与活动断裂带的展布和地壳岩体结构等密切相关（史浙明和王广才，2013）。

由此可见，地下水水位对地震波作用的响应能力与响应特征主要与关注点所在的构造部位、观测含水层的类型与含水层的导水系数有关。地震作用力改变地壳应力状态，使含水介质结构发生变化，使含水层的渗透系数增大。

4.4.2　汶川地震对地下水水质影响研究进展

汶川特大地震引起了含水层结构的变化，使其导水性和透水性都发生了显著变化，地震产生的地面运动和地质环境变化引起了地下水水位与水质变化，这些变化在震后数年内引起了专家们的关注。地下流体组分受地下应力和构造活动等的控制，能够客观、灵敏地反映地壳的应力、应变状态及地震活动。地下流体地球化学变化与地震的关系研究，在震后地下水水质演变趋势判断方面具有重要意义。

1. 汶川地震对地下水赋存条件变化的影响

汶川地震导致龙门山断裂带构造断裂和褶皱发育，引发地下水系统复杂变化。震后大面积地区滑坡、崩塌及泥石流发育，产生了大量的松散物质，地下水赋存条件发生相应变化，使得降水入渗能力大幅度增强，改变了入渗补给特征，震区原本稳定的水文地质条件也相应发生了巨大变化。这些变化引起地下水系统的补给、径流、排泄条件及地下水与地表水之间的转化关系的改变，影响了浅层地下水的分布、降水-地表水-地下水转化关系，区域水循环规律也将受到一定的影响。

地震作用导致地下水优势通道的改道和闭塞并形成新的优势通道，使区域的地下水赋存条件和地下水流场，尤其是地下水系统的补给、径流与排泄条件发生变化。例如，泉水流量变大或变小，并有自涌泉出现或泉水断流现象发生。地震改变了地下水动态特征，区域内水文地质特征也相应发生改变。

汶川地震后对小鱼洞地区活动断裂水文地质条件和地下水流动系统的分析表明，震后存在区域与局部地下水流动系统的变化。总体来讲，小鱼洞地区地下水系统相对完整，浅层地下水区域流动系统受地形的控制，主要由山前补给区向河流排泄区汇流，局部受断裂影响，形成新的补给与排泄通道（高东东等，2014）。

采用直流充电法流速流向试验及渗水试验等方法（陈盟，2012），对汶川地震后茂县牟托村的浅层地下水的水文地质特征和地震作用影响后的地下水系统进行了分析，结果表明，区域内地下水系统主要受到地形地貌条件控制，系统相对完整，地下水流的总体流动趋势主要是从山前补给区形成径流以泉群排泄，最终汇流入岷江；受地震作用影响，震后堆积物岩性粒径变化较大，结构更松散，渗透系数和孔隙度较大，改变了局部地下水的赋存、运移条件及区域内浅层含水层结构，使地下水流动系统发生改变并形成了新的局部地下水流动系统。径流过程的改变对地下水水质也存在相应的影响。

震后由于次生地质灾害频繁发生，表层碎石和砂砾石覆盖层增厚，其间的土壤含量较低，与此同时区域内浅层含水层结构发生变化，地下水水力坡度也发生变化，影响地下水的赋存和运移条件，由此直接影响区内地下水系统，地下水补给来源、径流条件与地下水动态特征也相应发生改变，进而影响地下水水质。

2. 汶川地震对地下水水质变化的影响

地震后区域构造应力场的变化通常会影响地下水循环路径中流体组分的供给，从而造成地下水化学特征的变化。

对震后绵阳地区地下水水源地进行监测发现，绵阳灾区 5 个地下水饮用水源地有个别监测指标超标，主要超标的监测项目是 pH、氨氮、砷、硝酸盐、亚硝酸（谌志强等，2008）。

强地震的发生容易造成地下水水质的变异。资料表明，特大地震发生后地下水中化学元素的分布状况也会发生改变，从而对地下水供水和人体健康产生一定影响。研究测定，近代大地震中存在地下水和土壤中放射性元素（如 Rn）及有害组分（如 Hg）增加的现象。鉴于汶川地震属于特大地震，类比分析知上述现象可能存在。汶川地震后对都江堰地下水的监测表明地下水水质整体良好，但鉴于地下水径流缓慢和污染物迁移的滞后性，对当地地下水进行长期动态监测，对可能出现的污染问题拟定相应措施加以防范和解决十分必要（刘洁和何彦峰，2011）。

采用小波分析和多参数对比分析的方法，对汶川地震后岷江地区地下水水质变化特征进行了对比分析，结果表明，地震的发生改变了相关物质源的数量和释放规律，地震对水质影响的时滞效应具有指标类型上的差异，地震对不同水质指标的变化趋势的影响有所差别，地震对水质的影响可分为短期和长期两种，其中短期影响持续 1～3 个月，长期影响则可延续 1～2 年（任斐鹏等，2013）。震后水体中 Cl^-、SO_4^{2-} 和 F^-的震荡幅度有所减弱，TH 和 NH_3-N 的震荡幅度有所增强。

为进一步确定地下水水质对地震的响应特征，通过引入基于熵权改进的集对分析模型，对岷江上游流域映秀镇周边地下水水源地水质状况进行综合评价。结果表明，汶川地震对岷江上游流域部分水源地水质影响不大，震后岷江上游流域水质无明显变化，但大肠杆菌指标严重超标，汶川地震造成大量岩石、土壤、植物和人畜尸体等非正常污染物进入水体，对岷江流域水源水质的影响广泛且持续，特别是大量滑坡、泥石流进入岷江，有害元素对水体的污染将是缓慢和长期的，因此要对震区进行系统和长期的地下水水质监测，科学评估汶川地震对地下水水质造成的影响（侯保灯等，2010）。

汶川地震与余震对温泉水地球化学的影响研究集中在川西地区，研究表明，震后龙门山断裂带温泉水的化学组分发生了明显变化，降幅为 23%～95%，氢氧同位素组成也回归至大气降水线附近，该断裂带为余震的集中发生区，而其他断裂带的温泉水样的水化学组分的变化幅度大多在10%以内（陈志，2014），分析龙门山断裂带温泉水的化学组分及氢氧同位素组成的显著变化可能是由该区的地壳应力调整造成的。

显然地震造成地下水水位与压力的动态变化，含水层的孔隙压力的变化使得地震对地下水水化学特征也造成一定的影响，水体自然环境特性不同程度地发生改变，地下水水化学组分中个别离子含量在地震后出现根本性变化。

汶川地震使震区原来相对稳定的水文地质条件发生了巨大改变，地震孔隙介质的孔隙度增大，降水入渗能力大幅度增强，地下水补给量增加；地震引起断裂活动，产生新的断裂与裂隙，起到了储水空间、集水廊道与导水通道的作用，改变了地下水系统之间的水力联系，直接改变原有的降水-入渗-地下径流关系，新产生的断裂还可构成地下含水系统的新边界与水岩作用空间，影响地下水化学组分的构成。

综上所述，地震造成地下水水位与压力的动态变化，含水层的孔隙压力的变化使得地震对地下水水化学特征也造成一定的影响。地震改变了原有地下水赋存条件和水动力运移特征，改变了地下水系统的补给来源及径流条件，导致地下水动态特征也相应发生改变，同时水体自然环境特性发生不同程度改变，地下水化学组分中个别离子含量在地震后出现根本性变化。

地下构造与结构应力的变化特征控制地下水水质组分的变化。地震的发生改变了相关物质源的数量和释放规律，导致其对水质影响的时滞效应具有指标类型上的差异，对不同水质指标的影响程度和对不同水质指标的变化趋势的影响有所不同，鉴于地下水径流缓慢和污染物迁移的滞后性，对当地地下水进行长期动态监测和评估，对可能出现的污染问题拟定相应措施加以防范和解决十分必要。

第5章　地震对水环境影响的应对策略

5.1　震区主要河流环境保护对策

汶川特大地震造成龙门山地区矿山设施几乎全部受到不同程度的损毁，其中北川－绵竹－什邡－都江堰一线矿山损毁最严重，江油－广元、都江堰－宝兴－汉源一线矿山损毁程度中等，其余地区矿山损毁程度轻微；矿种损毁程度最高的是磷矿、煤矿、铜矿；磷矿污染物类型为Cd、As、Hg及放射性元素U、Th，煤矿污染物类型为Cd及放射性元素U、Th，铜矿污染物类型为Cu、Pb、Zn、Mn、Cd、As多金属复合污染。

水是支撑社会经济系统发展不可替代的资源。矿山破坏主要通过水系对下游流域造成影响，矿山破坏对水、水系沉积物影响的研究显示，在矿山及其下游附近区域受影响明显。

5.1.1　沱江流域

沱江是一条非闭合程度极为明显的河流，其水源除本流域降水补给外，还有来自岷江的跨流域引水。沱江多年平均注入长江的年总水量为199.2亿m^3。其中岷江来水为26.2亿m^3，占年总水量的17.6%。由于沱江各支流主要的补给来源是降水，所以径流与降水量成正比，上游山区高于中下游丘陵区。由于受年内降水分配的影响，径流的年内分配也极不均匀，径流年内、年际洪枯水流量变化大。

沱江的枯水期为每年2～5月，2～3月最枯，水量仅有9亿～12亿m^2，枯水期岷江补给量达3.7亿～5.4亿m^3，占枯水期水量的41%～60%，成为沱江中下游枯水期水量的主要来源。中游红层地区地下水资源贫乏，加之区间旱灾频繁，工业用水量大，干流枯期流量常出现“流量倒置”的现象（贾滨洋等，2008）。

沱江流域重点水系绵远河和石亭江水系沉积物震前震后对比研究发现，绝大多数重金属元素和放射性元素 Th 均有较大幅度的提高，反映汶川特大地震造成矿山破坏对环境的影响，最直接的影响是水系。石亭江沿线为四川省重点磷肥生产集聚地，地震造成部分磷肥厂设施损毁，磷石膏堆放场周边土壤分析显示，Cd含量远超过国家土壤二级质量标准，放射性元素含量偏高。

此外，上游地震造成的堰塞湖水系沉积物及河口不同期次洪水形成的沉积物研究表明，堰塞湖水系沉积物中重金属元素含量均高于邻近正常水系沉积物，沉积时间越长，元素含量越高，显示上游矿山运移物质在堰塞湖中淤积，一定程度上堵截了对下游环境的影响，所以堰塞湖是一个巨大的元素储存库；矿区沟谷不同期次洪水形成的沉积物中，元素含量也远高于邻近点正常水系沉积物，表明地震造成矿山破坏，使得物质于沟谷中汇集，于洪水期冲刷下来沉积，所以沟谷也是一个巨大的元素储存库。

针对沱江流域河流水环境现状，应从以下几方面加以重视：

（1）地震造成矿井、坑道损坏，岩层裂隙增多增大，矿坑酸性水外泄，对水质造成严重影响。例如，清平-汉旺绝缘桥，河长 14km，是Ⅱ类水域饮用水保护区，而天池煤矿段酸性水大量外泄，已对附近水质造成较严重的影响。应尽快进行矿坑酸性水的来源途径和影响程度的调查研究，对损毁矿山进行修复治理，围堵或引导矿坑酸性水运移途径，保证饮用水源质量安全。

（2）堰塞湖水系沉积物和河口沟谷冲积物是巨大的有毒有害元素的储存库，具有潜在的危害性，应进行堰塞湖的稳定性研究和监测，预防堰塞湖溃坝对下游环境的灾难性影响。沟谷沉积物必要时可进行清理转移。

（3）石亭江沿线的工矿企业，应集中统一管理，对于不能恢复生产的企业应及时加以清理，以免震后废弃物对河流水环境和周边农田土壤造成污染。对于磷石膏和生产排污应制定相应的监控措施，集中处置。

（4）本次调查研究发现，磷矿、磷肥及含磷地层放射性元素 U、Th 含量很高，研究区农田土壤，特别是沱江流域放射性元素 U、Th 含量相对偏高，应尽快开展相关放射性安全性研究。

（5）水系是矿山破坏对下游流域农田土壤影响的主要途径，虽然目前没有对农田土壤造成明显影响，但通过农田灌溉，对土壤的影响将是一个长期过程，应进行长期监测和分析研究。

5.1.2　岷江流域

岷江造就了天府之国，是成都平原的生命之源，是长江上游重要支流之一。岷江发源于岷山弓杠岭和郎架岭，全长 735km，流域面积 14 万 km^2；全河落差 3560m，水能蕴藏量超过 1300 万 kW。岷江是长江上游水量最大的一条支流，都江堰以上为上游，以漂木、水力发电为主；都江堰市至乐山段为中游，流经成都平原地区，与沱江水系及众多人工河网一起组成都江堰灌区；乐山以下为下游，以航运为主。岷江有大小支流 90 余条，上游有黑水河、杂谷脑河；中游有都江堰灌区的黑石河、金马河、江安河、走马河、柏条河、蒲阳河等；下游有青衣江、大渡河、马边河、越溪河等。

汶川特大地震对文锦江一带三叠系须家河组煤矿、大渡河流域磷矿、铅锌矿有一定程度的破坏，产生了一些局部污染，调查发现影响范围相对较小，该流域工矿企业损毁不大。但彭县铜矿尾矿库在汶川特大地震中受损严重，地震造成尾矿库护坡垮塌，尾矿塌方，排水系统损毁，尾矿酸性水及其夹杂尾矿渣外渗进入水系。上下游农田土壤质量评价显示，Cd、Cr、Cu、Pb、Zn 含量明显偏高，Cd 含量远超过国家土壤二级质量标准，上下游影响范围达数公里。

针对岷江流域河流水环境现状，应从以下方面加以重视：

（1）彭县铜矿尾矿库损毁严重，其上下游影响范围达数公里，应尽快进行尾矿库的整治，修复排水系统和护坡，清理湔江河床及附近农田的淤积物，同时进一步加强环境监测与研究，以保证周边环境及下游水质、农田土壤的质量安全。

（2）该流域须家河组煤矿主要是小规模开采，根据国家《小煤矿管理试行办法》，应该进行集中整治，部分关闭矿山要进行场地清理，防止开采废弃的煤矸石污染周边水域和土壤环境。

（3）调查发现沿江两岸分布有一些小型造纸厂、电镀厂、制药厂、炼焦窑、纸作坊，应加大流域的产业结构调整，在遵循产业发展规律的前提下，依据本流域实际情况，大力发展第三产业。工业结构方面，应充分分析流域各地的区位优势及其资源优势，在可持续发展原则指导下，走出一条低耗高效的工业化道路（丁海容等，2007）。

（4）建立水资源保护区，有效保护水资源的水量和水质。建立流域统一管理机构，设立保护基金，用于发展林业、保持水土、治理污染和山地灾害，以及干旱河谷地带综合治理。

5.1.3 嘉陵江流域

嘉陵江发源于秦岭，是长江水系中流域面积最大的支流，来自陕西省凤县的东源与甘肃天水的西汉水汇合后，西南流经略阳，穿大巴山，至四川省广元市昭化纳白龙江，南流经南充到合川先后与涪江、渠江汇合，到重庆市注入长江。全长 1119km，流域面积近 16 万 km^2，是长江支流中流域面积最大，长度仅次于汉水，流量仅次于岷江的大河。

嘉陵江是四川省内挟带泥沙最多的河流。由于上游黄土区土质疏松，中下游紫红色页岩又易于风化，加之岸坡很陡，耕垦过度，植被覆盖很差，造成坡面侵蚀强烈，流域内出现两个水土流失严重的地区，一个在上游陕西、甘肃境内，一个在中下游四川盆地中部丘陵区。水土的严重流失成为流域内泥沙产生的主要来源。据北碚水文站的实测，一般年份年输沙量可达 1.7 亿 t，多年平均含沙量为 $2.25kg/m^3$。

四川境内嘉陵江流域主要涉及的河流是涪江和嘉陵江。涪江震前、震后水系影响不大，Hg 含量有较大的变化，主要是由阔达镇和武都镇附近局部高异常引起，Cd 含量略有升高，其余元素均比较接近。在嘉陵江水系，由于地震受灾较严重的是青川县，嘉陵江上游的矿产主要集中在广旺集团煤矿区，煤矿处于三叠须家河地层。研究表明，水系中元素相对高值区出现在宝轮镇—阆中沙溪乡附近，其余河段分布并无很明显的异常，下游三江合并后呈现一个较明显的下降趋势。当然，广元附近的高值区不排除上游陕西、甘肃境内大量的铅锌矿损毁所带来的影响（丛深等，2002）。

针对嘉陵江流域河流水环境现状，应从以下几方面加以重视：

（1）加强广旺集团煤矿管理，查明修复矿山损毁所带来的酸性水及乱堆乱放工业矿渣可能产生的废物废水对水系的影响，同时强化企业生产废水的达标排放。

（2）由于上游陕西、甘肃境内存在大量的铅锌矿，建议开展流域水环境专项研究，查明评估上游矿产的影响程度和范围。

（3）涪江水系在进入龙门山前缘后，Cd 含量有较大升高，已对下游水系产生了影响，众所周知，Cd 的毒性较大，建议开展 Cd 来源追踪调查研究。

（4）嘉陵江流域水土流失严重，地震造成地表土层松动，会加剧水土流失带来的水污染问题，应加强退耕还林和坡面水系整治。

四川境内河流众多，绝大多数属长江水系。长江流域在四川境内的面积为 5507 万 km^2。地震对河流水环境的影响，不仅事关整个四川，而且事关整个长江流域的水质安全。因此，必须严格制定河流水环境治理标准，加强水资源保护力度；制定严格的水环境防治规划，合理推进污水深层和分散处理；加强河流水环境监管力度；加强对经济的宏观调控，转变经济增长方式；防治结合，加强对已污染江段和重点污染源的治理。按照水资源的承载能力，推进水资源和经济的协调发展。

5.2　震区地下水环境保护对策

5.2.1　妥善处置固体废弃物等潜在污染源

汶川特大地震造成我国有史以来最大规模的房屋倒塌、毁坏，使大量生活、生产资料变成固体废物；数以千万计的畜禽尸体成为特殊的固体废物；在救灾抢险、安置和恢复重建过程中，必将继续产生大量医疗废物、生活垃圾和粪便等，这些固体废弃物在堆积过程中，经雨水浸淋和自身分解产生的渗出液渗入地下而导致地下水的污染。因此，必须高度重视对灾区地下水存在潜在威胁的污染源的安全处置问题。

（1）地震发生后，遇难者遗体与各种牲畜尸体如果不及时处理或处理不当，可能对灾区的地下水环境产生潜在的威胁，影响饮用水安全，必须妥善地、科学地处理。掩埋点一定要选择在远离水源和生活区的不积水、干燥地段，因地制宜采取一定的工程防渗措施，并对集中掩埋的地方实施生物、化学污染及传染病源等的全面监测与评价。

（2）对于灾后医疗废物应急时处置，重点集中收集和处置感染性废物及被感染性废物污染的物品。有条件的，应当送集中处置设施处置。对不具备条件的，应当尽快就地处置。就地处置具体要求如下：①对使用后的一次性医疗器具和容易致人损伤的医疗废物及感染性废物，应当及时消毒；②能够焚烧的，应当及时焚烧；③不能焚烧的，消毒后予以填埋。

（3）处置建筑垃圾之前，应以分选分类为基础。其中的废弃物经分拣、剔除或粉碎后，大多可以作为再生资源重新利用，如其中的砖、石、混凝土、废钢筋、废铁丝等，剩下的主要为惰性组分的物料则可通过破碎、分选、筛分和加工等步骤制造成初级产品，如基础填料、土壤调节剂和再生骨料等，或更高品级的再生产品，如多孔砖等墙体材料和道路地砖等。另外，如果受条件限制，一些可燃组分（如废木料和废塑料等）则可进行焚烧，回收能量。合理利用和处置上述废弃物，不仅可以帮助灾区重建，且大大减小了污染地下水的可能性，保证了供水安全（伍钧等，2008）。

5.2.2 严密监测地下水饮用水源地水质变化

根据此次地震灾区城市集中式地下水饮用水源地水质评估结果，暂时未发现汶川特大地震对城市水源地产生较大的影响，水质基本达标，偶有部分监测项目在应急期略有超标，但在随后的水质监测中均恢复正常，可以保证城市的正常供水。但由于在重建过程中，还会产生大量的建筑、生活等垃圾，如果处置不当，必将影响水源地的供水安全。因此，必须加强对灾区集中式和分散式地下水饮用水源水质的监测，特别是微生物学指标的监测，防止通过饮用水造成疫病的传播。若发生有毒有害物质泄漏、发现饮用水源水质监测结果出现大幅度变化，则应增加有毒污染物的监测项目和监测频率。

此外，灾后农村饮用水安全也是一个十分重要的问题。强烈地震后，城市自来水系统遭到严重破坏，供水中断，城乡水井井壁坍塌，井管断裂或错开、淤沙，地下水受粪便、污水及腐烂尸体的严重污染，供水极为困难，时常出现水源短缺，有时不得不饮用河水、塘水、沟水、游泳池水及雨水。其中部分饮用水出现泥沙含量大、浑浊度高、受人畜粪便污染、细菌滋生等问题，很难达到国家饮用水的饮用标准，如果直接饮用这种水，会引起身体的不适甚至产生疾病。因此，有必要采取积极措施，确保饮用水安全：①对震区的饮用水进行快速污染物监测分析，明确不同区域饮用水安全水平，并对不同供水环节进行风险评价，确定饮用水不安全因素及原因；②对自来水供应充足的地区，要提醒灾民饮用烧开的自来水；③可用简易的方法对灾区饮用水进行处理，如用漂白粉等卤素制剂消毒饮用水；④尽快研发适合我国农村灾区的简单、高效、低成本水处理设备，包括简易紫外消毒水处理设备，高活性低成本饮用水除氮、去除重金属和有机污染物设备（以活化沸石、改性海泡石、活性炭、反渗透膜等为材料的水处理设备）（唐世荣等，2008）。

5.2.3　高度重视震后灾区地下水运动规律和水环境变化的研究

国内外大量研究表明，地震对地下水系统的影响是十分深刻的，大型地震活动将引起含水层导水性质、含水层结构和岩层透水性质等发生显著变化。例如，台湾集集地震就导致浊水溪洪积扇平原地下水含水层孔隙度和导水系数均呈现下降趋势（Lee et al.，2002；Wang et al.，2004）。由于这次特大地震的发生，剧烈的构造运动使得原有的岩体结构面、节理裂隙特性等发生较大改变，并形成新的构造裂隙带；同时，山地进一步隆升而河谷冲洪积平原地带进一步下沉。这些作用无疑将在一定程度上影响地下水系统原有的补给、径流、排泄规律，以及原有的地下水和地表水之间的水力关系，地下水含水层特性变化引起地下水运动过程改变和地下水均衡场可能出现再造，并改变区域地下水分布状况。

水循环过程及流域径流形成规律的改变将直接导致区域地下水资源形成与分布格局的变化，尽管目前尚未有证据表明区域地下水系统发生多大变化，但是依据国内外已有特大地震作用区水系统变化的经验来看，原来的区域水文地质和地下水资源评价结果可能不再适合作为灾后重建的地下水资源利用依据。需要在震前区域地下水系统分布与运动规律研究成果的基础上，开展水循环过程变化、降水-地表水-地下水转化关系变化及地下水系统变化的比较研究，对比分析地下水系统变化及其对供水和其他水循环环节的影响，开展可持续利用地下水资源评价（王根绪和程根伟，2008）。

另外，地震引起的地下水环境变化最直接的影响就是对饮用水源构成威胁。由于强大地震的破坏，原有的对地下水资源和水环境系统的认识可能不再适用，建议选择典型研究区观测分析污染物随地下水循环的迁移转化过程和污染物沉降与自然消解速率，并对比分析不同破坏地表岩土结构对污染物迁移变化的影响；利用地下水补给、径流与排泄等运动过程的系统监测，分析污染物对地下水系统的可能影响。

5.2.4 尽快建立地下水饮用水源地监控及预警体系

（1）完善饮用水水源地基础设施建设。以城市集中式饮用水水源地为重点，制定饮用水水源保护区的基础设施建设方案，加大饮用水水源地基础设施建设。根据《饮用水水源保护区标志技术要求》（HJ/T 433—2008）完善保护区界碑、界桩、宣传警示牌等标识设置，并及时更换损坏的界碑、标识、宣传牌、警示牌，加强防护设施的维护。

（2）加快城市集中式饮用水水源地水质预警自动监测体系的建设步伐，争取未来几年内，所有省控城市集中式饮用水源地都建设预警自动监测站，全面建成饮用水水源地自动监测及预警体系，全面实现“信息采集自动化、传输网络化、管理数字化、决策科学化”，不断提高饮用水水源地的监控、预警和应急反应能力。

（3）制定饮用水水源突发环境事件应急预案，做到“一源一案”。各地根据不同饮用水水源地存在的风险因素，制定不同风险源的应急处理处置方案。确定应急预案的目标、内容、响应方式和精度，确定主要保护对象；建设饮用水水源地应急系统，主要包括备用水源建设工程、水厂应急深度处理工程、城市应急输配水管网建设工程、污染高危企业的预防措施改善工程及应急监测、保障系统有效运行的措施。加快备用应急水源地建设，逐步改变单一水源供水现状，并进行备用水源地保护区划定和保护，制定水质监测和巡查制度。

参 考 文 献

车用太，鱼金子，等. 2006. 地震地下流体学[M]. 北京：气象出版社

陈翠华，倪师军，何彬彬，等. 2008. 江西德兴矿集区水系沉积物重金属污染的时空对比[J]. 地球学报，29(5)：639-646

陈静生，周家义. 1992. 中国水环境重金属研究[M]. 北京：中国环境科学出版社

陈盟. 2012. “5.12”地震作用后浅层地下水水文地质特征研究——以牟托地区为例[D]. 成都：成都理工大学

陈鹏飞. 2010. 涪江干流重金属元素地球化学特征及污染评价[D]. 成都：成都理工大学

陈志. 2014. 汶川地震后川西地区温泉水地球化学研究[D]. 合肥：中国科学技术大学

谌志强，聂志勇，马新华，等. 2008. “5·12”汶川地震震中映秀镇水质监测安全评价[J]. 军事医学科学院院刊，32(4)：367-369

丛深，周萍，方访. 2002. 嘉陵江广元段流域水污染防治对策[J]. 四川环境，21(2)：79-81

丁海容，易成波，黄晓红，等. 2007. 岷江上游地区水资源现状与可持续利用对策[J]. 国土资源科技管理，24(2)：66-69

方慧娜. 2013. 利用地下水位气压效应反演汶川地震前后含水层参数的研究[D]. 北京：中国地质大学

付虹，万登堡，张立，等. 2004. 昆仑山口西 8.1 级地震与我国西部地下水震后效应关系研究[J]. 地震研究，27(1)：14-20

高东东. 2011. “5·12”地震活动断裂水文地质特征及其对地下水系统划分的影响研究——以小鱼洞地区活动断层为例[D]. 成都：成都理工大学

高东东，吴勇，陈盟. 2014. 汶川地震小鱼洞活动断裂氡气异常及其水文地质意义[J]. 水文，34(4)：44-49

古昌红，丁社光. 2010. 嘉陵江铬盐生产厂段嘉陵江水质铬污染状况及风险评价[J]. 西南师范大学学报(自然科学版)，4：98-102

国家地震局地下水影响因素研究组. 1985. 地震地下水动态及其影响因素分析[M]. 北京：地震出版社

国家地震局科技监测司. 1990. 中国地震地下水动态观测网[M]. 北京：地震出版社

国务院抗震救灾总指挥部灾后重建规划组. 2008. 汶川地震灾后恢复重建总体规划

侯保灯，赵庆绪，王琰，等. 2010. 基于集对分析模型的岷江上游流域震后水质综合评价田[J]. 水力发电，36(1)：29-47

侯赟. 2015. 磷石膏影响区重金属地球化学特征及其赋存形态研究[D]. 成都：成都理工大学

黄飞，黄清辉，周明罗，等. 2009. 长江宜宾境内地表水中氮磷负荷及来源构成[J]. 人民长江，40(15)：7-9

黄辅琼，陆光明，张艳，等. 2010. 地震造成地下水变化的物理机制及其应用前景[J]. 国际地震

动态，(4)：31

黄修保，严如忠，龚敏. 长江流域四川段 Cd 异常源追踪[J]. 成都理工大学学报(自然科学版)，2010，37(1)：103-109

贾滨洋，张伟，张峰瑜. 2008. 严重污染事故后河流的生态恢复——以沱江为例[J]. 环境科学导刊，27(5)：35-40

金继宇. 2006. 与地震有关的水文及地球化学变化[J]. 国际地震动态，7(331)：41-49

来贵娟. 2014. 井水位对气压和潮汐的响应特征与机理研究[D]. 北京：中国地震局地球物理研究所

兰双双. 2010. 深层地下水位动态对地震活动响应关系的研究[D]. 长春：吉林大学

李佳宣，施泽明，唐瑞玲，等. 2010. 磷石膏堆场对周围农田土壤重金属含量的影响[J]. 中国非金属矿工业导刊，5：52-55

李佳宣，施泽明，郑林，等. 2010. 沱江流域水系沉积物重金属的潜在生态风险评价[J]. 地球与环境，38(4)：481-487

李金阳. 2014. 嘉陵江南充段水质监测分析与综合评价[J]. 四川环境，33(4)：77-82

林静，张健，杨万勤，等. 2016. 岷江下游五通桥段小型集水区大气降水中 pH 值对重金属含量的影响[J]. 环境科学学报，36(4)：1419-1427

刘成龙. 2012. 汶川地震地下水前兆异常及同震响应研究[D]. 北京：中国地质大学

刘洁，何彦锋. 2011. 5.12 汶川大地震对都江堰市生态环境的影响及恢复对策[J]. 安徽农业科学，39(5)：2859-2862

刘琼英，张喜长. 2012. 岷江茫溪河水域污染现状及评价[J]. 西华师范大学学报(自然科学版)，33(3)：275-280

刘伟龙，邓伟，王根绪，周俊. 2009. 2008 年“5.12”地震后四川局部区域水体离子特征[J]. 水土保持研究，16(6)：40-45

罗财红，吴庆梅，康清蓉. 2010. 嘉陵江入江河段沉积物重金属污染状况评估[J]. 环境化学，4：636-639

马林转，宁平，杨月红，等. 2007. 磷石膏的综合利用与应重视的问题[J]. 磷肥与复肥，22(1)：54-55

任斐鹏，胡波，张平仓，等. 2013. 汶川地震前后重灾区水源地水质变化特征对比分析[J]. 自然灾害学报，22(3)：168-177

施泽明，倪师军，张成江，等. 2012. 沱江流域磷矿开采和加工过程中放射性环境问题探讨[J]. 地球科学进展，27(10)：1134-1139

石宗飞，代春雷，周兴全，等. 2009. 都江堰供水区水资源量调查评价[J]. 四川水利，4：46-47

史浙明，王广才. 2013. 承压含水层地下水位固体潮潮汐因子和相位滞后与汶川地震的关系[J]. 中国科学(地球科学)，7：1132-1140

宋昊，施泽明，倪师军，等. 2011. 四川省绵远河水系重金属物源探讨及环境质量评价[J]. 地球与环境，39(4)：543-550

孙小龙. 2016. 地下水动态变化与地震活动的关系研究[D]. 北京：中国地质大学

唐世荣，高尚宾，赵玉杰，等. 2008. 地震震后的生态环境保护与新农村建设问题. 农业环境与发展，(4)：1-4

童国庆. 2008-05-23. 震后须关注与地下水相关环境问题. 中国环境报

王根绪，程根伟. 2008. 地震灾区重建中有关水文与水环境问题的若干思考[J]. 山地学报，26(4)：385-389

王菊英，张曼平. 1992. 重金属的存在形态与生态毒性[J]. 海洋湖沼通报，2：23-26

王新宇. 2014. 富磷水体中铀的赋存形态与分配研究[D]. 成都：成都理工大学

伍钧，孙竹，薛永亮. 2008. 地震灾害固体废弃物的污染与防治[J]. 农业环境与发展，(4)：13-16

谢贤健，兰代萍. 2009. 基于因子分析法的沱江流域地表水水质的综合评价[J]. 安徽农业科学，37(3)：1304-1306

熊杰，钱蜀，谢永洪，等. 2014. 丰水期沱江水系环境内分泌干扰物分布特征[J]. 中国环境监测，30(2)：53-57

徐争启，滕彦国，庹先国，等. 2007. 攀枝花市水系沉积物与土壤中重金属的地球化学特征比较[J]. 生态环境，6(3)：739-743

薛喜成，刘刚. 2015. 嘉陵江上游矿区河谷沉积物中重金属污染危害评价[J]. 西北农林科技大学学报(自然科学版)，11：165-171

晏坤，艾南山，王士革. 2003. 岷江上游干旱河谷带山地灾害对水质影响研究——以茂县龙洞沟流域为例[D]. 成都：四川大学

杨宏伟，焦小宝，王晓丽. 2002. 黄河(清水河段)沉积物中重金属的存在形式[J]. 环境科学与技术，25(3)：24-27

杨永强. 2007. 珠江口及近海沉积物中重金属元素的分布-赋存形态及其潜在生态风险评价[D]. 北京：中国科学院广州地球化学研究所

杨竹转. 2004. 地震引起的地下水位变化及其机理初步研究[D]. 北京：中国地震局地质研究所

杨竹转. 2011. 地震波引起的井水位水温同震变化及其机理研究[D]. 北京：中国地震局地质研究所

姚建玉，钟正燕，陈金发. 2009. 灰色聚类关联评估在水环境质量评价中的应用[J]. 环境科学与管理，34(2)：172-174

尹宝军，马丽，陈会忠，等. 2009. 地震地下水动态研究中的若干问题. 国际地震动态，(5)：1-13

张江华，赵阿宁，陈华清，等. 2008. 小秦岭金矿区西峪河底泥重金属污染的潜在生态危害评价[J]. 地质通报，27(8)：1286-1291

张立海，张业成，刘凤民，等. 2007. 地下水化学组分在强震活动下的突变. 安全与环境学报，7(4)：93-96

赵振华. 1997. 微量元素地球化学原理[M]. 北京：科学出版社

郑美扬. 2009. 沱江流域磷矿开发利用中核素迁移及地表环境影响[D]. 成都：成都理工大学

郑义加. 2005. 成都平原地下水资源分布的初步分析[J]. 四川水利，26(4)：28-31

周淑清，侯天爵，黄祖杰. 1993. 狼毒水浸液对几种主要牧草种子发芽的影响[J]. 中国草地，(4)：77-79

Chiung P L，Sheu B H. 2007. Effects of the 921 earthquake on the water quality in the upper stream at the Guandaushi experimental forest[J]. Water Air Soil Pollution，179：19-27

Claesson L，Skelton A，Graham C，et a1. 2004. Hydrogeochemical changes before and after a major earthquake[J]. Geology，32：641-644

Daskalakis K D，O'Connor T P. 1995. Normalization and elemental sediment contamination in the coastal united States[J]. Environmental Science and Technology，29：470-477

Förstner U. 1993. Metal speciation-general concepts and applications[J]. International Journal of Environmental Analytical Chemistry，51：5-23

Igarashi G，Wakita H. 1995. Geochemical and hydrological observations for earthquake prediction in Japan[J]. Journal of Physics of the Earth，43：585-598

King C Y. 1986. Gas geochemistry applied to earthquake prediction：An overview[J]. Journal of Geophysical Research，91：12269-12281

Lee M，Liu T K，Ma K F，et al. 2002. Coseismic hydrological changes associated with dislocation of the September 21，1999 Chichi earthquake，Taiwan[J]. Geophysical Research Letters，29：1824

Ma Z，Fu Z，Zhang Y，et al. 1990. Earthquake prediction：Nine major earthquakes in China（1966—1976）[M]. Beijing：Beijing Seismological Press

Roeloffs E A，Quilty E G. 1995. Water level and strain changes preceding and following the August 4，1985 Kettleman Hills，California，earthquake[J]. Pure and Applied Geophysics，122：560-582

Singh V S. 2008. Impact of the earthquake and tsunami of December 26，2004，on the groundwater regime at Neill Island（south Andaman）[J]. Journal of Environmental Management，89：58-62

Thomas D. 1988. Geochemical precursors to seismic activity[J]. Pure and Applied Geophysics，126：241-266

Tsunogai U，Wakita H. 1995. Precursory chemical changes in groundwater：Kobe earthquake，Japan[J]. Science，269：61-63

Wang C Y，Wang C H，Michael M. 2004. Coseismic release of water from mountains：Evidence from the 1999（M_w=7.5）Chi-Chi，Taiwan，earthquake[J]. Geology，32（9）：769-772